U0167009

普通高等教育“十四五”系列教材

工程质量控制

主　编　彭军志　于洪艳　冯淑珍
副主编　孙海英　崔　海　郑永和

中国水利水电出版社
www.waterpub.com.cn
·北京·

内 容 提 要

本书以建设项目全生命周期各阶段为主线，对质量控制理论、方法、操作要点、检测评定标准和方法、工程质量通病等方面相关知识进行分章节阐述。主要内容包括建设工程质量控制概述，工程设计和施工招标阶段质量控制，工程项目施工阶段的质量控制，工程项目质量验收、保修期的质量控制，工程质量检验、评定，建筑工程项目质量检测和质量事故的处理，工程项目质量数理统计，工程项目施工质量通病及其预防措施。

本书可以作为高等院校教材、建设监理培训教材和全国监理工程师执业资格考试主要参考书，也可以作为建设单位、监理单位、勘察设计单位、施工单位和政府各级建设管理部门项目管理有关工作人员的质量控制培训参考书。

图书在版编目（CIP）数据

工程质量控制 / 彭军志，于洪艳，冯淑珍主编. -- 北京 : 中国水利水电出版社，2021.1
普通高等教育“十四五”系列教材
ISBN 978-7-5170-9391-6

Ⅰ. ①工… Ⅱ. ①彭… ②于… ③冯… Ⅲ. ①建筑工程－质量控制－高等学校－教材 Ⅳ. ①TU712.3

中国版本图书馆CIP数据核字(2021)第025228号

书　名	普通高等教育“十四五”系列教材 **工程质量控制** GONGCHENG ZHILIANG KONGZHI
作　者	主　编　彭军志　于洪艳　冯淑珍 副主编　孙海英　崔　海　郑永和
出版发行	中国水利水电出版社 （北京市海淀区玉渊潭南路1号D座　100038） 网址：www.waterpub.com.cn E-mail：sales@waterpub.com.cn 电话：（010）68367658（营销中心）
经　售	北京科水图书销售中心（零售） 电话：（010）88383994、63202643、68545874 全国各地新华书店和相关出版物销售网点
排　版	中国水利水电出版社微机排版中心
印　刷	北京瑞斯通印务发展有限公司
规　格	184mm×260mm　16开本　13.75印张　335千字
版　次	2021年1月第1版　2021年1月第1次印刷
印　数	0001—2000册
定　价	**42.00**元

凡购买我社图书，如有缺页、倒页、脱页的，本社营销中心负责调换

版权所有·侵权必究

前　言

“百年大计，质量第一”，为造福子孙后代，防止和减少事故发生，保障人民的生命和财产安全，让所有建设者关注质量问题，结合近几年的施工管理体会，对工程项目施工管理中常见的质量问题和质量管理措施进行总结。工程质量问题是建筑施工中的核心问题，工程项目质量是决定工程建筑成败的关键，是提高经济效益、社会效益和环境效益的核心，它直接关系着国家财产和人民生命安全。

《工程质量控制》是高等院校土木工程专业、水利水电工程专业等相关土建专业课程，是一门研究在建设工程施工过程中如何控制和解决质量问题的学科。本书以建设项目全生命周期各阶段为主线，对质量控制理论、方法、操作要点、检测评定标准和方法、工程质量通病现象、发生原因及预防措施等方面相关知识进行分章节阐述。在内容上，力争求实、求精、求新，注重知识的系统性、完整性、创新性、实用性，重点突出应用性。本书内容简洁，语言精练、通俗易懂。为协助老师教学和帮助读者学习，本书章节后配有课件和课后习题。在相应的位置配有二维码，方便手机扫描获得相应的图片、视频和工程资料下载。

全书共八章。由彭军志（吉林农业科技学院）、于洪艳（阿勒泰职业技术学院）、冯淑珍（南京铁道职业技术学院）担任主编，孙海英（吉林农业科技学院）、崔海（中铁大桥（南京）桥隧诊治有限公司）、郑永和（中国铁建大桥局集团有限公司）担任副主编，朱海洋（吉林农业科技学院）、于春红（中国铁建大桥局集团有限公司）参与了编写。具体任务分工：彭军志编写了第二章、第三章和第八章，于洪艳编写了第一章、第四章、第五章、第六章、第七章。冯淑珍、孙海英、崔海、郑永和、朱海洋、于春红提供了施工图片、视频及相应的质量验收表格、程序文件等数字资源。全书由中交一公局集团有限公司技术中心主任教授级高级工程师孙建平主审。

在编写的过程中，编者查阅、参考了有关学者的教材，在此表示衷心感谢。

由于本书编者水平有限，编写时间仓促，书中难免有不足之处，恳求广大读者批评指正。

编　者

2020 年 9 月

数字资源清单

序号	资源名称	资源类型
资源 1.1	工业、民用和公用建筑	图片组
资源 1.2	建筑材料、构配件和半成品	图片组
资源 1.3	机械设备	图片组
资源 1.4	机械设备过度磨损	图片
资源 1.5	分部工程、分项工程和检验批的划分及编号	拓展资料
资源 1.6	施工图设计文件审查机构认定书样本	拓展资料
资源 1.7	施工图审查程序	拓展资料
资源 1.8	保修期限和保修责任	拓展资料
资源 1.9	工程总承包资格证书样本	图片
资源 1.10	第一章　建设工程质量控制概述	课件
资源 2.1	工程项目的设计对项目的经济性影响	拓展资料
资源 2.2	投资、质量和进度三者关系图	图片
资源 2.3	工程设计各阶段划分	拓展资料
资源 2.4	政府机构对设计图纸的侧重审核	拓展资料
资源 2.5	第二章课后习题及答案	拓展资料
资源 2.6	第二章　工程设计和施工招标阶段质量控制	课件
资源 3.1	基准点	图片组
资源 3.2	质量保证体系	拓展资料
资源 3.3	电子秤和千斤顶的定率	图片组
资源 3.4	水平仪线锤测量	拓展资料
资源 3.5	施工日志范本及填写说明	拓展资料
资源 3.6	施工组织平面布置图	图片
资源 3.7	建筑施工特种作业操作资格证样式	图片
资源 3.8	各类检测、试验记录表和报表的式样	图片
资源 3.9	设备鉴定结果	图片
资源 3.10	砂石料粉碎系统	图片
资源 3.11	高压旋喷桩和强夯	拓展资料

续表

序号	资 源 名 称	资源类型
资源 3.12	施工进度 BIM4d 管理	拓展资料
资源 3.13	混凝土多功能检测和非金属超声检测分析仪	图片组
资源 3.14	振捣器	图片
资源 3.15	高空作业、水下作业和爆破作业	图片组、拓展资料
资源 3.16	混凝土的起砂、蜂窝、麻面、裂缝	图片组
资源 3.17	炮孔布置图	图片
资源 3.18	橡胶止水带和钻孔填塞深度	图片组
资源 3.19	砂石料四级配	图片组
资源 3.20	超逊径	拓展资料
资源 3.21	外加剂留样检测	图片组
资源 3.22	钢筋存储和腐蚀	图片组
资源 3.23	混凝土坍落度检测	拓展资料
资源 3.24	混凝土抗压强度试验	图片组
资源 3.25	光面爆破效果和边坡预裂爆破效果	图片组
资源 3.26	围岩类别及稳定性支护类型	图片
资源 3.27	边坡喷射混凝土	拓展资料
资源 3.28	第三章课后习题及答案	拓展资料
资源 3.29	第三章　工程项目施工阶段的质量控制	课件
资源 4.1	地基钎探和桩基地质取样记录	图片组
资源 4.2	建筑工程检验样表	拓展资料
资源 4.3	竣工图章	图片
资源 4.4	各类档案样式	拓展资料
资源 4.5	交付竣工验收通知书	拓展资料
资源 4.6	竣工验收鉴定书	拓展资料
资源 4.7	隧道二衬厚度不足返工	图片
资源 4.8	《建设工程质量管理条例》保修期规定	拓展资料
资源 4.9	房屋建筑工程质量保修书（示范文本）	拓展资料
资源 4.10	第四章课后习题及答案	拓展资料
资源 4.11	第四章　工程项目质量验收、保修期的质量控制	课件
资源 5.1	质检工程师样本	图片

续表

序号	资　源　名　称	资源类型
资源 5.2	预留孔洞位置检测	拓展资料
资源 5.3	钢筋的架立绑扎注意事项	拓展资料
资源 5.4	工程设备水轮机导叶	图片组
资源 5.5	路基的 k30 检测	图片组
资源 5.6	OC 曲线	拓展资料
资源 5.7	第五章课后习题及答案	拓展资料
资源 5.8	第五章　工程质量检验、评定	课件
资源6.1	混凝土浇筑过程随意加水收面和混凝土振捣疏漏	图片组
资源6.2	水利水电质量事故的分类	拓展资料
资源6.3	挖掘机违章作业	图片
资源6.4	地质勘察钻孔留样	图片
资源6.5	沉降缝和伸缩缝设置不当造成二衬裂缝	图片
资源6.6	混凝土局部撞伤后修补	图片组
资源6.7	二衬返工	图片
资源6.8	喷射混凝土背后空洞	图片
资源6.9	二衬混凝土取芯	图片组
资源6.10	直径 16 钢筋密集	图片
资源6.11	模板漏浆造成烂根和混凝土空洞	图片组
资源6.12	模板凸出造成混凝土凹陷	图片
资源6.13	超声波检测仪器检测操作	图片组
资源6.14	回弹仪器检测操作	图片组
资源6.15	回弹法检测混凝土抗压强度	拓展资料
资源6.16	回弹仪器底板	图片
资源6.17	混凝土的钢筋检测	图片
资源6.18	结构功能性检测	图片
资源6.19	第六章课后习题及答案	拓展资料
资源6.20	第六章　建筑工程项目质量检测和质量事故的处理	课件
资源7.1	路基 k30 压实检测	图片组
资源7.2	混凝土抗压强度试验	拓展资料
资源7.3	第七章课后习题及答案	拓展资料
资源7.4	第七章　工程项目质量数理统计	课件

续表

序号	资 源 名 称	资源类型
资源8.1	基坑坍塌	图片组
资源8.2	回填土不密实造成散水下沉破损及骨料碾压	图片组
资源8.3	基坑存水	图片
资源8.4	场地内积水	图片
资源8.5	基坑（槽）泡水	图片
资源8.6	桩身偏移过大	图片组
资源8.7	混凝土预制桩断桩分析	图片
资源8.8	孔规验孔	图片
资源8.9	钢筋笼吊装	图片
资源8.10	导管气密性试验	图片
资源8.11	钢筋笼上浮	图片
资源8.12	填方像皮土	图片
资源8.13	半填半挖路基预留台阶	图片
资源8.14	地基沉陷、CFG 桩施工和土工格栅	图片组
资源8.15	骨料集窝	图片组
资源8.16	钢筋锈蚀	图片组
资源8.17	钢筋未按要求存放	拓展资料
资源8.18	钢筋加工质量通病——钢筋端头不平、移位、端头直螺纹未保护	图片组
资源8.19	钢筋调直加工	拓展资料
资源8.20	骨架尺寸过小	图片
资源8.21	钢筋保护层过小和过大	图片组
资源8.22	构造柱外露钢筋错位	图片
资源8.23	钢筋外露	图片
资源8.24	钢筋间距不一致	图片
资源8.25	箍筋绑扎不牢固	图片
资源8.26	钢架没有满绑	图片
资源8.27	钢筋漏绑	图片
资源8.28	钢筋宽度不均匀	图片组
资源8.29	预埋钢筋偏移	图片
资源8.30	梁钢筋歪曲变形	图片
资源8.31	方管加支撑悬挂法控制保护层	图片

续表

序号	资 源 名 称	资源类型
资源8.32	框架梁柱节点核心部位柱箍筋数量不足	图片
资源8.33	梁钢筋笼绑扎后与轴线不一致	图片
资源8.34	箍筋顺序放反	图片
资源8.35	板钢筋马凳	图片
资源8.36	对焊钢筋不同心，焊接断面歪斜	图片
资源8.37	轴线偏位	图片组
资源8.38	模板底部接茬不平	图片
资源8.39	混凝土浇筑后涨模	图片
资源8.40	脱模剂使用不当	图片
资源8.41	模板未清理干净	图片组
资源8.42	模板支撑系统不当	图片
资源8.43	模板错台漏浆保护层	图片
资源8.44	混凝土工程蜂窝	图片
资源8.45	混凝土麻面	图片
资源8.46	混凝土孔洞	图片
资源8.47	混凝土内缝隙、夹层	图片组
资源8.48	混凝土缺棱掉角	图片组
资源8.49	混凝土表面凹凸不平	图片
资源8.50	混凝土松顶	图片组
资源8.51	混凝土烂根	图片
资源8.52	混凝土裂缝	图片
资源8.53	楼板厚度控制件	图片
资源8.54	同条件养护试件	图片
资源8.55	张拉工序	图片
资源8.56	预应力筋滑丝和断丝	图片组
资源8.57	预留孔道塌陷、堵塞开膛	图片
资源8.58	锚固区产生裂缝	图片组
资源8.59	组砌混乱	图片
资源8.60	砌体结构裂缝	图片
资源8.61	清水墙面游丁走缝	图片
资源8.62	砖砌体砌筑	拓展资料

续表

序号	资 源 名 称	资源类型
资源8.63	墙体裂缝	图片
资源8.64	墙体拉结筋未设置	图片
资源8.65	其他建筑工程质量通病原因分析及预防措施	拓展资料
资源8.66	第八章课后习题及答案	拓展资料
资源8.67	第八章 工程项目施工质量通病及其预防措施	课件

目　录

第一章
建设工程质量控制概述

第一节 基 本 概 念

一、质量

《质量管理体系要求》(GB/T 19001—2016)中质量的定义是：一组固有特性满足要求的程度。

质量的主体是“实体”，其实体是广义的，它不仅指产品，也可以是某项活动或过程、某项服务，还可以是质量管理体系及其运行情况。

质量是由实体的一组固有特性组。特性可以是固有的或赋予的，可以是定性的或定量的。特性有各种类型，一般有：物质特性（如机械的、电的、化学的或生物的特性)、感官特性（如嗅觉、触觉、味觉、视觉及感觉测控的特性)、行为特性（如礼貌、诚实、正直的特性)、人体工效特性（如语言或生理特性、人身安全特性)、功能特性（如飞机的航程、速度的特性)。

满足要求就是应满足明示的（如合同、规范、标准、技术、文件、图纸中明确规定的)、通常隐含的（如组织的惯例、一般习惯）或必须履行的（如法律、法规、行业规则）需要和期望。与要求相比较，满足要求的程度反映了质量的好坏。对质量的要求除考虑满足顾客的需要外，还应考虑其他相关方的利益，即组织自身的利益、提供原材料和零部件等供方的利益和社会的利益等多种需求。顾客需考虑安全性、环境保护、节约能源等外部的强制要求。只有全面满足这些要求，才能评定为好的质量或优秀的质量。

顾客和其他相关方对产品、过程或体系的质量要求是动态的、发展的和相对的。质量要求随着时间、地点、环境的变化而变化，如随技术的发展、生活水平的提高，人们对产品、过程或体系会提出新的质量要求。因此应定期评定质量要求、修订规范标准，不断开发新产品、改进老产品，满足已变化的质量要求。另外，不同国家、不同地区因自然环境条件不同、技术发达程度不同、消费水平和风俗习惯等的不同会对产品提出不同的要求，产品应具有这种环境的适应性，对不同地区应提供不同性能的产品，以满足该地区用户的明示或隐含的要求。

二、建筑工程质量特性

建筑工程质量简称工程质量，是指工程满足业主需要的，符合国家法律法规、技术规范标准、设计文件及合同规定的特性综合。

建筑工程作为一种特殊的产品，除具有一般产品共有的质量特性外，还具有特定的内涵。

1. 适用性

适用性即功能，是指工程满足使用目的的各种性能，包括：①理化性能，如尺寸规格、保温、隔热、隔声等物理性能，耐酸、耐腐蚀、防火、防风化、防尘等化学性能；②结构性能，指地基基础牢固程度，结构的足够承载力、刚度和稳定性；③使用性能，如民用住宅工程能使居住者安居，工业厂房能满足生产活动需要，道路、桥梁、铁路、航道能通达便捷等，建设工程的组成部件、配件、水、暖、电、卫生器具、设备也要能满足其使用功能，即建筑物的造型、布置、室内装饰效果、色彩等要美观大方、协调等。

2. 耐久性

耐久性即寿命，是指工程在规定的条件下，满足规定功能要求使用的年限，也就是工程竣工后的合理使用寿命周期。由于建筑物本身具有结构类型不同、质量要求不同、施工方法不同、使用性能不同的个性特点，目前，国家对建设工程的合理使用寿命周期还缺乏统一的规定，仅在少数技术标准中提出了明确要求。如民用建筑主体结构耐用年限分为四级（15～30 年、30～50 年、50～100 年、100 年以上）；公路工程设计年限一般按等级控制在 10～20 年；城市道路工程设计年限，视不同道路构成和所用的材料也有所不同；对工程组成部件（如塑料管道、屋面防水、卫生洁具、电梯等），也视生产厂家设计的产品性质及工程的合理使用寿命周期而规定不同的耐用年限。

3. 安全性

安全性是指工程建成后在使用过程中保证结构安全、保证人身和环境免受危害的程度。建筑工程产品的结构安全度和抗震、耐火及防火能力，人民防空的抗辐射、抗核污染、抗爆炸波等能力，能否达到特定的要求，是安全性的重要标志。工程交付使用之后，必须保证人身财产、工程实体都能免遭工程结构破坏及外来危害的伤害。工程组成部件，如阳台栏杆、楼梯扶手、电器产品漏电保护器、电梯等各类设备，也要保证使用者的安全。

4. 经济性

经济性是指工程从规划、勘察、设计、施工到整个产品使用寿命周期内的成本和消耗费用。工程经济性具体表现为设计成本、施工成本、使用成本三者之和，包括从征地、拆迁、勘察、设计、采购（材料、设备）、施工、配套设施等建设全过程的总投资和工程使用阶段的能耗、水耗、维护、保养乃至改建更新的使用费用。通过费用的计算，判断工程是否符合经济性要求。

5. 环境的协调性

环境的协调性是指工程与其周围生态环境协调、与所在地区经济环境协调、与周围建筑工程相协调，协调性适应可持续发展的要求。

上述 5 个方面的质量特性彼此之间是相互依存的。总体而言，适用性、耐久性、安全性、经济性与环境的协调性，都是工程必须达到的基本要求，缺一不可。但是对于不同门类、不同专业的工程，如工业建筑、民用建筑、公共建筑、住宅建筑、道路建筑，可对于其所处的特定地域环境条件、技术经济条件的差异，有不同的侧重面。

资源 1.1

工程质量要涉及全过程各个阶段众多活动的相互影响，有时为了强调不同阶段对质量的作用，可称某阶段对质量的作用和影响，如设计对质量的作用和影响、施工对质量的作用和影响等。

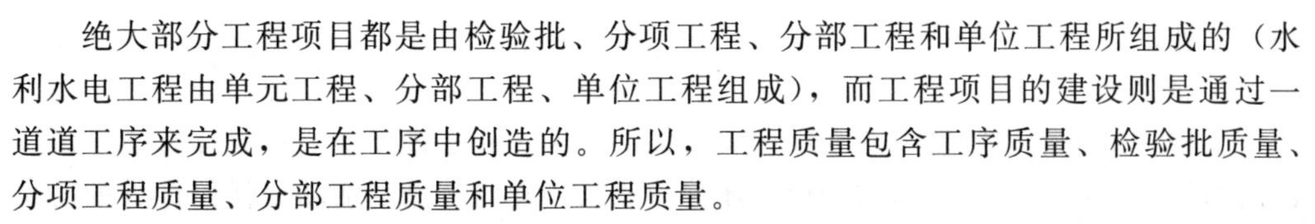
绝大部分工程项目都是由检验批、分项工程、分部工程和单位工程所组成的（水利水电工程由单元工程、分部工程、单位工程组成），而工程项目的建设则是通过一道道工序来完成，是在工序中创造的。所以，工程质量包含工序质量、检验批质量、分项工程质量、分部工程质量和单位工程质量。

工程质量的保证和基础是工作质量。工作质量是指参与工程的建设者为了保证工程质量所从事工作的水平和完善程度。工作质量包括：社会工作质量，如社会调查、市场预测、质量回访和保修服务等；生产工作质量，如政治工作质量、管理工作质量、技术工作质量和后勤工作质量等。工程质量的好坏是决策、计划、勘察、设计、施工等单位各方面、各环节工作质量的综合反映，而不是单纯靠质量检验检查出来的。要保证工程的质量，就要求有关部门和人员精心工作，开发新材料，提高设备的精度，创新技术保证工作质量，对决定和影响工程质量的所有因素严加控制，即通过工作质量保证工程的质量。

三、工程质量形成过程

工程质量是在工程建设过程中逐渐形成的。工程项目建设各个阶段，即可行性研究、项目决策、勘察、设计、施工、竣工验收等阶段，对工程质量的形成都产生不同的影响，所以工程项目的建设过程就是工程质量的形成过程。

1. 项目可行性研究

项目可行性研究是在项目建议书和项目策划的基础上，运用经济学原理对投资项目的有关技术、经济、社会、环境及所有方面进行调查研究，对各种可能的拟建方案和建成投产后的经济效益、社会效益和环境效益等进行技术经济分析、预测和论证，确定项目建设的可行性，并在可行的情况下，通过多方案比较，从中选出最佳方案，作为项目决策和设计的依据。在此过程中，需要确定工程项目的质量要求，并与投资目标相协调。因此，项目的可行性研究及其质量直接影响项目的决策质量和设计质量。

2. 项目决策

项目决策阶段是通过项目可行性研究的项目评估，对项目的建设方案做出决策，使项目的建设充分反映业主的意愿，并与地区环境相适应，做到投资、质量、进度三者协调统一。所以，项目决策阶段对工程质量的影响主要是确定工程项目应达到的质量目标和水平。

3. 工程勘察、设计

工程的地质勘察是为建设场地的选择和工程的设计与施工提供地质资料依据。而工程设计是根据建设项目总体需求（包括已确定的定量目标和水平）和地质勘察报告，对工程的外形和内在实体进行筹划、研究、构思、设计和描绘，形成设计说明书和图纸等相关文件，使得质量目标和质量水平具体化，为施工提供直接依据。

工程设计是决定工程质量的关键环节，工程采用什么样的平面布置和空间形式，选用什么样的结构类型，使用什么样的材料、构配件及设备等都直接关系到工程主体结构是否安全可靠，关系到建设投资的综合功能是否充分体现规划意图。在一定程度上，设计的完美性也反映了一个国家的科技水平和文化水平。设计的严密性、合理性也决定了工程建设的成败，是建设工程的安全、适用、经济与环境保护等目标得以实现的保证。

4. 工程施工

工程施工是指按照设计图纸和相关文件的要求，在建设场地上将设计意图付诸实践的测量、作业、检验、形成工程实体并建成最终建筑产品的活动。任何优秀的勘察设计成果，只有通过施工才能变为现实。因此，工程施工活动决定了设计意图能否实现，它直接关系到工程的安全可靠、使用功能是否能得到保证，外表观感能否体现建筑设计的艺术水平。在一定程度上，工程施工是形成工程实体质量的决定性环节。

5. 工程竣工验收

工程竣工验收就是对工程项目施工阶段的质量通过检查评定、试车运转，考核项目质量是否达到设计要求，是否符合决策阶段确定的质量目标和水平，并通过验收确保工程项目的质量，所以工程竣工验收对质量的影响，是最终保证产品质量的关键因素。

四、影响工程质量的因素

影响工程质量的因素很多，归纳起来主要有5个方面，即人（man）、材料（material）、机械（machine）、方法（method）和环境（environment），简称4M1E因素。

1. 人员素质

人是生产经营活动的主体，也是工程项目建设的决策者、管理者、操作者，工程建设的全过程，如项目的规划、决策、勘察、设计和施工，都是通过人来完成的。人员的素质，即人的文化水平、技术水平、决策能力、管理能力、组织能力、作业能力、控制能力、身体素质及职业道德等，都将直接或间接地对规划、决策、勘察、设计和施工的质量产生影响。而规划是否合理，决策是否正确，设计是否符合所需要的质量要求，施工能否满足合同、规范、技术标准的需要等，都将对工程质量产生不同程度的影响。所以，人员素质是影响工程质量的一个重要因素。因此，建筑行业实行经营资质管理和各类专业从业人员持证上岗制度是保证人员素质的重要管理措施。

2. 工程材料

资源 1.2

工程材料泛指构成工程实体的各类建筑材料、构配件、半成品等。它是工程建设的物质条件，是形成工程质量的物质基础。工程材料选用是否合理、产品是否合格、材质是否通过检验、保管是否得当等都将直接影响到建设工程的结构强度与刚度、工程外表与观感以及工程的使用功能和使用安全。

3. 机械设备

机械设备可分为两类：一类是指组成工程实体及配套的工艺设备和各类机具，如电梯、泵机、水轮机、通风设备等，它们构成了建筑设备安装工程或工业设备安装工程，形成了完整的使用功能；另一类是指施工过程中使用的各类机具设备，包括大型运输设备、各类操作工具、各种施工安全设施、各类测量仪器和计量器具等，统称施工机具设备，它们是施工生产的手段。施工机具设备对工程质量也有重要的影响，工程用机具设备产品质量的优劣直接影响到工程施工能否顺利进行，施工机具设备的类型是否符合工程施工特点、性能是否先进稳定、操作是否方便安全等，都将会影响工程项目的质量。

资源 1.3

4. 方法

方法是指工艺方法、操作方法和施工方案。在工程施工中，施工方案是否合理、施工工艺是否先进、施工操作是否正确都将对工程质量产生重大的影响。大力推进采用新技术、新工艺、新方法，不断提高工艺技术水平，是保证工程质量稳步提高的重要因素。

5. 环境条件

环境条件指对工程质量特性起重要作用的环境因素，包括：工程技术环境，如工程地质、水文、气象等；工程作业环境，如施工环境作业面大小、防护设施、通风照明和通信条件等；工程管理环境，主要指工程实施的合同结构与管理关系的确定、组织体制及管理制度等；周边环境，如工程邻近的地下管线、建（构）筑物等。环境条件往往对工程质量产生特定的影响。加强环境管理，改进作业条件，把握好技术环境，辅以必要的措施，是控制环境对工程质量影响的重要保证。

五、工程质量的特点

工程质量的特点是由工程项目的特点决定的。工程项目具有的特点为：①单项性。工程项目不同于工厂中连续生产的批量产品，它是按业主的建设意图单项进行设计的，其施工内外部管理条件、所在地点的自然和社会环境、生产工艺过程等也各不相同，即使类型相同的工程项目，其设计、施工也是千差万别的。②一次性与寿命的长期性。工程项目的实施必须一次成功，它的质量必须在一次建设过程中全部满足合同规定的要求。它不同于制造业产品，如果不合格可以报废，售出的可以用退货或退还贷款的方式补偿顾客的损失，工程质量不合格会长期影响生产使用，甚至危及生命财产的安全。③高投入性。任何一个工程项目都要投入大量的人力、物力和财力，投入建设的时间也是一般制造业产品不可比拟的，同时业主和实施者对于每个项目都需要投入大量特定的管理力量。④生产管理方式的特殊性。工业项目施工地点是特定的，产品位置固定而操作人员流动的特点形成了工程项目管理方式的特殊性。这种管理方式的特殊性还体现在工程项目建设必须实施监督管理，以便对工程质量的形成有制约和提高的作用。⑤风险性。工程项目在自然环境中进行建设，受大自然的阻碍或损害很多，同时由于建设周期很长，遭遇社会风险的机会也很多，工程的质量会受到或大或小的影响。

正是由于上述工程项目的特点而形成了工程质量本身的特点，主要内容如下。

1. 影响因素多

建设工程质量受到多种因素的影响，如决策、设计、材料、机具设备、施工方法、施工工艺、技术措施、人员素质、工期、工程造价等，这些因素直接或间接地影响工程项目质量。

2. 质量波动大

由于建筑生产的单件性、流动性，它不像一般工业产品的生产有固定的生产流水线、有规范化的生产工艺和完善的检测技术、有成套的生产设备和稳定的生产环境，因此工程质量容易产生波动且波动大。同时由于影响工程质量的偶然性因素和系统性因素比较多，其中任一因素发生变动，都会使工程质量产生波动。如材料规格品种使用错误、施工方法不当、操作未按规程进行、机械设备过度磨损或出现故障、设计计算失误等，都会导致质量波动，产生系统性因素的质量变异，造成工程质量事故。为此，要严防出现系统性因素的质量变异，要把质量波动控制在偶然性因素范围内。

资源 1.4

3. 质量隐蔽性

建设工程在施工过程中分项工程交接多、中间产品多、隐蔽工程多，因此质量存在隐蔽性。若在施工中不及时进行质量检查，事后只能从表面上检查，就很难发现内在的质量问题，这样就容易判断错误，甚至将不合格品误认为合格品。

4. 终检局限性

工程项目建成后不可能像一般工业产品那样依靠终检来判断产品质量，或将产品拆卸、解体来检查其内在质量，或对不合格零部件进行更换，工程项目的终检（竣工验收）无法进行工程内在质量的检验，无法发现隐蔽的质量缺陷。因此，工程项目的终检存在一定的局限性，这就要求工程质量控制应以预防为主，防患于未然。

5. 评价方法的特殊性

工程质量的检查评定及验收是按检验批、分项工程、分部工程、单位工程依次进行的。检验批的质量是分项工程乃至整个工程质量检验的基础，检验批合格质量主要取决于主控项目和一般项目经抽样检验的结果。隐蔽工程在隐蔽前要检查合格后验收，涉及结构安全的试块、试件以及有关材料，应按规定进行见证、取样、检测，涉及结构安全和使用功能的重要分部工程要进行抽样检测。工程质量是在施工单位按合格质量标准自行检查评定的基础上，由监理工程师（或建设单位项目负责人）组织有关单位、人员进行检查确认验收。这种评价方法也体现了“验评分离、强化验收、完善手段、过程控制”的指导思想。

资源 1.5

第二节　质量控制和工程质量控制

一、质量控制

（一）质量管理的概念

质量管理是指在质量方面指挥和控制组织的协调的活动。

质量管理是一个组织全部管理职能的一个组成部分，其职能是质量方针、质量目标和质量策划的制定与实施。质量管理是有计划、有体系的活动，为实施质量管理需要建立质量体系，而质量体系又通过质量策划、质量控制、质量保证和质量改进等活动发挥其职能。

（二）质量控制的概念

质量控制的定义是：质量管理的一部分，致力于满足质量要求。

上述定义可以从以下几方面去理解：

（1）质量控制是质量管理的重要组成部分，其目的是为了使产品、体系或过程的固有特性达到规定的要求，即满足顾客在法律、法规等方面所提出的质量要求（如适用性、安全性等）。所以，质量控制是通过采取一系列的作业技术和活动对全过程实施控制。

（2）质量控制的工作内容包括了作业技术和活动，也就是包括专业技术和管理技术两个方面。围绕产品形成全过程每一阶段的工作如何能保证做好，应对影响其质量的人、机械、材料、方法、环境（4M1E）因素进行控制，并对质量活动的成果进行分阶段验证，以便及时发现问题，查明原因，采取相应纠正措施，防止不合格产品的形成。因此，质量控制应贯彻“预防为主与检验把关相结合”的原则。

（3）质量控制应贯穿在产品形成和体系运行的全过程，每一过程都有输入、转换和输出等三个环节，通过对每一个过程的三个环节实施有效控制，对产品质量有影响的全过程处于受控状态，持续提供符合规定要求的产品质量。

二、工程质量控制

工程质量控制是指致力于满足工程质量要求，也就是保证工程质量满足工程合同、规范标准所采取的一系列的措施、方法和手段。工程质量要求主要表现为工程合同、设计文件、技术规范标准规定的质量标准。

（一）工程质量控制的意义

从工程的角度来说质量控制就是为达到工程项目质量要求所采取的作业技术和活动，作为监理工作控制的三个主要目标之一，质量目标是十分重要的，如果基本的质量目标不能实现，那么投资目标和进度目标都将失去控制的意义。

（二）工程质量控制的内容

质量控制的内容是采取的作业技术和活动。这些活动包括：①确定控制对象，例如一道工序、设计过程、制造过程等；②规定控制标准，即详细说明控制对象应达到的质量要求；③制定具体的控制方法，例如工艺规程；④明确所采用的检验方法，包括检验手段；⑤实际进行检验；⑥说明实际与标准之间有差异的原因；⑦为解决差异而采取行动。

工程质量的形成是一个有序和系统的过程，其质量的高低体现了项目决策、项目设计、项目施工及项目验收等各环节的工作质量。通过提高工作质量来提高工程项目质量，使之达到工程合同规定的质量标准。工程项目质量控制一般可分为三个环节：一是对影响产品质量的各种技术和活动确立控制计划与标准，建立与之相应的组织机构；二是要按计划和程序实施，并在实施活动的过程中进行连续检验和评定；三是对不符合计划和程序的情况进行处置，并及时采取纠正措施等。抓好这三个环节，就能圆满完成质量控制任务。

工程项目质量控制的实施活动通常可分为如下三个层次：

（1）质量检验。采用科学的测试手段，按规定的质量标准对工程建设活动各阶段的工序质量及建筑产品进行检查，不合格产品不允许出厂，不合格原材料不允许使用，不合格工序令其纠正。这种控制实质是事后检验把关的活动。

（2）统计质量控制。在项目建设各阶段，特别是施工阶段中，运用数理统计方法进行工序控制，及时分析、研究产品质量状况，采取对策，防止质量事故的发生。通常又称其为狭义的“质量控制”。

（3）全面质量控制。是指为达到规定的工程项目质量标准而进行的系统控制过程。它强调预防为主，领导重视，狠抓质量意识教育，着眼于产品全面质量，组织全员参与实施全过程控制，采用多种科学方法来提高人的工作质量。保证工序质量，并以工序质量来保证产品质量，达到全面提高社会经济效益的目的。在我国的质量控制活动实践中，常常将全面质量控制理解为广义的“全面质量管理”。

三种不同层次的质量控制标志着质量控制活动发展的三个不同历史阶段。而全面质量控制则是现代的、科学的质量控制，它从更高层次上包括了质量检验和统计质量控制的内容，是实现工程项目质量控制的有力手段。

（三）工程质量控制的基本原理

控制是重要的管理活动。在管理学中，控制通常是指管理人员按计划标准来衡量所取得的成果，纠正发生的偏差，是目标和计划得以实施的管理活动。

建设工程项目的质量控制采用PDCA循环原理（图1-1）。PDCA循环是人们在管理实践中形成的基本理论和方法。从实践论的角度看，管理就是确定任务目标，并按照循环原理来实现预期目标。由此可见，PDCA是目标控制的基本方法，其主要内容如下：

（1）计划P（plan）。可以理解为质量计划阶段，明确质量目标并制订实现目标的行动方案。在建设工程项目的实施中，“计划”是指各相关主体根据其任务目标和责任范围，确定质量控制的组织制度、工作程序、技术方法、业务流程、资源配置、检验试验要求、质量记录方式、不合格处理、管理措施等具体内容和做法的文件，“计划”还须对其实现预期目标的可行性、有效性、经济合理性进行分析论证，按照规定的程序与权限审批执行。

（2）实施D（do）。包含两个环节，即计划行动方案的交底和按计划规定的方法与要求展开工程作业技术活动。计划交底的目的在于使具体的作业者和管理者明确计划的意图和要求，掌握标准，从而规范行为，全面地执行计划的行动方案，步调一致地去努力实现预期的目标。

（3）检查C（check）。指对计划实施过程进行各种检查，报告作业者的自检、互检和专职管理者的专检。各类检查都包含两大方面：一是检查是否严格执行了计划的行动方案，实际条件是否发生了变化以及不执行计划的原因；二是检查计划执行的结果，即产出的质量是否达到标准的要求，并对此进行确认和评价。

（4）处置A（action）。对于质量检查所发现的质量问题或质量不合格，及时进行原因分析，采取必要的措施，予以纠正，保持质量形成处于受控状态。处理分为纠偏和预防两个步骤，前者是采取应急措施，解决当前的质量问题；后者是信息管理部门，用来反馈问题症结或计划的不周，为今后类似问题的质量预防提供借鉴。

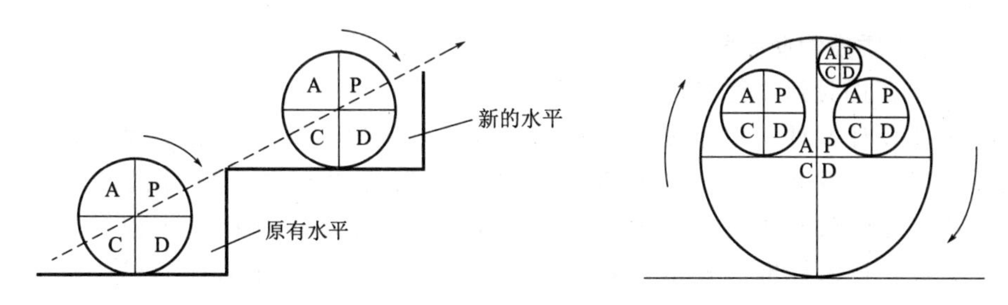

图 1-1　PDCA 循环图

第三节　工程质量的政府监督管理

一、工程质量政府监督管理体制与职能

（一）监督管理体制

国务院建设行政主管部门对全国的建设工程质量实施统一监督管理。国务院铁路、交通、水利等有关部门按国务院规定的职责分工，负责对全国的有关专业建设工程质量的监督管理。县级以上地方人民政府建设行政主管部门对本行政区域内的建设工程质量实施监督管理。县级以上地方人民政府交通、水利等有关部门在各自职责范围内，负责本行政区域内的专业建设工程质量的监督管理。

国务院发展计划部门按照国务院规定的职责，组织稽查特派员对国家出资的重大建设项目实施监督检查；国务院经济贸易主管部门按国务院规定的职责，对国家重大技术改造项目实施监督检查；国务院建设行政主管部门和国务院铁路、交通、水利等在有关专业部门、县级以上地方人民政府建设行政主管部门和其他有关部门，对有关建设工程质量的法律、法规和强制性标准执行情况加强监督检查。

县级以上政府建设行政主管部门和其他有关部门履行检查职责时，有权要求被检查的单位提供有关工程质量的文件和资料，有权进入被检查单位的施工现场进行检查，在检查中发现工程质量存在问题时，有权责令改正。

政府的工程质量监督管理具有权威性、强制性、综合性的特点。

（二）工程项目质量政府监督的职能

为加强对建设工程质量的管理，我国《建筑法》及《建设工程质量管理条例》明确政府行政主管部门设立专门机构对建设工程质量行使监督职能，其目的是保证建设工程质量、保证建设工程的使用安全及环境质量。

各级政府质量监督机构对建设工程质量监督的依据是国家、地方和各专业建设管理部门颁发的法律、法规及各类规范和强制性标准。

政府对建设工程质量监督的职能包括以下两方面：

（1）监督工程建设的主体（包括建设单位、施工单位、材料设备供应单位、设计、勘察单位和监理单位等）的质量行为是否符合国家法律及各项制度的规定。

（2）监督检查工程实体的施工质量。尤其是地基基础、主体结构、专业设备安装等涉及结构安全和使用功能的施工质量。

二、工程质量管理制度

（一）施工图设计文件审查制度

施工图设计文件（以下简称施工图）审查是政府主管部门对工程勘察设计质量监督管理的重要环节。施工图审查是指国务院建设行政主管部门和省、自治区、直辖市人民政府建设行政主管部门委托依法认定的设计审查机构，根据国家法律、法规、技术标准与规范，对施工图结构安全和强制性标准、规范执行情况等进行的独立审查。

资源 1.6

1. 施工图审查的范围

各类新建、改建、扩建的建筑工程项目均属审查范围。省、自治区、直辖市人民政府建设行政主管部门可结合本地的实际，确定具体的审查范围。

建设单位应当将施工图报送建设行政主管部门，由建设行政主管部门委托有关审查机构进行结构安全和强制性标准、规范执行情况等内容的审查。建设单位将施工上报审查时，应同时提供下列资料：批准的立项文件或初步设计批准文件；主要的初步设计文件；工程勘察成果报告；结构计算书及计算软件名称等。

2. 施工图审查的主要内容

资源 1.7

（1）建筑物的稳定性、安全性审查，包括地基基础和主体结构是否安全、可靠。

（2）是否符合消防、节能、环保、抗震、卫生、人防等有关强制性标准、规范。

（3）施工图是否达到规定的深度要求。

（4）是否损害公众利益。

（二）工程质量监督管理制度

国家实行建设工程质量监督管理制度。工程质量监督管理的主体是各级政府建设行政主管部门和其他有关部门。但由于工程建设周期长、环节多，工程质量监督工作是一项专业技术性强且很繁杂的工作，政府部门不可能亲自进行日常检查工作。因此，工程质量监督管理由建设行政主管部门或其他有关部门委托的工程质量监督机构具体监督。

工程质量监督机构是经省级以上建设行政主管部门或有关专业部门考核认定，具有独立法人资格的单位。它受县级以上地方人民政府建设行政主管部门或有关专业部门的委托，依法对工程质量进行强制性监督，并对委托部门负责。

工程质量监督机构的主要任务如下：

（1）根据政府主管部门的委托，受理建设工程项目的质量监督。

（2）制订质量监督工作方案，确定负责该项工程的质量监督工程师和助理质量监督师。根据有关法律、法规和工程建设强制性标准，针对工程特点，明确监督的具体内容、监督方式。在方案中对地基基础、主体结构和其他涉及结构安全的重要部位和关键过程作出实施监督的详细计划安排，并将质量监督工作方案通知建设、勘察、设计、施工、监理单位。

（3）检查施工现场工程建设各方主体的质量行为。检查施工现场工程建设方及有关人员的资质或资格；检查勘察、设计、施工、监理单位的质量管理体系和质量责任制落实情况；检查有关质量文件、技术资料是否齐全并符合规定。

(4) 检查建设工程实体质量。按照质量监督工作方案，对建设工程地基基础、主体结构和其他涉及安全的关键部位进行现场实地抽查，对用于工程的主要建筑材料、构配件的质量进行抽查。对地基基础分部、主体结构分部和其他涉及安全的分部工程的质量验收进行监督。

(5) 监督工程质量验收。监督建设单位组织的工程竣工验收的组织形式、验收程序及在验收过程中提供的有关资料和形成的质量评定文件是否符合有关规定，实体质量是否存在严重缺陷，工程质量验收是否符合国家标准。

(6) 向委托部门报送工程质量监督报告。报告的内容应包括对地基基础和主体结构质量检查的结论，工程施工验收的程序、内容和质量检验评定是否符合有关规定，及历次抽查该工程质量问题和处理情况等。

(7) 政府主管部门委托的工程质量监督管理的其他工作。

(三) 工程质量检测制度

工程质量检测工作是对工程质量进行监督管理的重要手段之一。工程质量检测是对建设工程、建筑构件、制品及现场所有的有关建筑材料、设备质量进行检测的法定方式。在建设行政主管部门领导和标准化管理部门指导下开展检测工作，其出具的检测报告具有法定效力。法定的国家机构出具的检测报告在国内为最终裁定，在国外具有代表国家的性质。

1. 国家级检测机构的主要任务

(1) 受国务院建设行政主管部门委托，对指定的国家定点工程进行检测复核，提出检测复核报告和建议。

(2) 受国家建设行政主管部门和国家标准部门委托，对建筑构件、制品及有关材料、设备及产品进行抽样检验。

2. 各省级、市(地区)级、县级检测机构的主要任务

(1) 对本地区正在施工的建设工程所用的材料、混凝土、砂浆和建筑构件等进行随机抽样检验，向本地区建设工程质量主管部门和质量监督部门提出抽样报告和建议。

(2) 受同级建设行政主管部门委托，对本省、市、县的建筑构件、制品进行抽样检测。

对违反技术标准、失去质量控制的产品，检测单位有权提供主管部门停止其生产的证明，不合格产品不出厂，出厂的产品不得使用。

(四) 工程质量保修制度

建设工程质量保修制度是指建设工程在办理交工验收手续后，在规定的保修期限内，因勘察、设计、施工、材料等原因造成的质量问题，由施工单位负责维修、更换，由承包单位付费赔偿损失。质量问题是指工程不符合国家工程建设强制性标准、设计文件以及合同中对质量的要求。

建设工程承包单位在向建设单位提交工程竣工验收报告时，应向建设单位出具工程质量保修书，质量保证书中应明确建设工程保修范围、保修期限和保修责任等。

资源 1.8

第四节　工程质量的责任体系

在工程项目建设中，参与工程建设的各方应根据国家颁布的《建设工程质量管理条例》及合同、协议等有关文件的规定承担相应的质量责任。

一、建设单位的质量责任

建设单位要根据工程特点和技术要求，按有关规定选择相应资质等级的勘察、设计单位和施工单位，并真实、准确、齐全地提供与建设工程有关的原始资料。凡建设工程项目的勘察、设计、施工、监理以及工程建设有关重要设备材料等的采购均实行招标，依法确定程序和方法，择优选定中标者。不得将应由一个承包单位完成的建设工程项目肢解成若干部分发包给几个承包单位；不得迫使承包方以低于成本的价格竞标；不得任意压缩合理工期；不得明示或暗示设计单位或施工单位违反建设强制性标准，降低建设工程质量。建设单位对其自行选择的设计、施工单位发生的质量问题承担相应责任。

建设单位应根据工程特点，配备相应的质量管理人员。对国家规定强制实行监理的工程项目，必须委托有相应资质等级的工程监理单位进行监理。建设单位应与监理单位签订监理合同，明确双方的责任和义务。

建设单位在工程开工前，负责办理有关施工图设计文件审查、工程施工许可证和工程质量监督手续，组织设计和施工单位认真进行设计交底；在工程施工中，应按国家现行有效工程建设法规、技术标准及合同规定对工程质量进行检查，涉及建筑主体和承重结构变动的装修工程，建设单位应在施工前委托原设计单位或者具有相应资质等级的设计单位提出设计方案，经原审查机构审批后方可施工；工程项目竣工后，应及时组织设计、施工、监理等有关单位进行竣工验收，未经验收备案或验收备案不合格的，不得交付使用。

建设单位按合同的约定负责采购供应的建筑材料、建筑构配件和设备，应符合设计文件和合同要求，对发生的质量问题，应承担相应的责任。

二、勘察、设计单位的质量责任

勘察、设计单位必须在其资质等级许可的范围内承揽相应的勘察设计任务，不许承揽超越其资质等级许可范围的任务，不得将承揽工程转包或违法分包，也不得以任何形式用其他单位的名义承揽业务或允许其他单位或个人以本单位的名义承揽业务。

勘察、设计单位必须按照国家现行的有关规定、工程建设强制性技术标准和合同要求进行勘察、设计工作，并对所编制的勘察、设计文件的质量负责。勘察单位提供的地质、测量、水文等勘察成果文件必须真实、准确。设计单位提供的设计文件应当符合国家规定，达到设计深度要求，注明工程合理使用年限。设计文件中选用的材料、构配件和设备，应当注明规格、型号、性能等技术指标，其质量必须符合国家规定的标准。除有特殊要求的建筑材料、专用设备、工艺生产线外，不得指定生产厂、供应商。设计单位应就审查合格的施工图文件向施工单位作出详细说明，解决施工中对设计提出的问题，负责设计变更，参与工程质量事故分析，并对因设计造成的质量事故，提出相应的技术处理方案。

三、施工单位的质量责任

施工单位必须在其资质等级许可的范围内承揽相应的施工任务，不许承揽超越其资质等级业务范围的任务，不得将承接的工程转包或违法分包，也不得以任何形式用其他施工单位的名义承揽工程或允许其他单位或个人以本单位的名义承揽工程。

资源 1.9

施工单位对所承包的工程项目的施工质量负责。应当建立健全质量管理体系，落实质量责任制，确定工程项目的项目经理、技术负责人和施工管理负责人。实行总承包的工程，总承包单位应对全部建设工程质量负责。建设工程勘察、设计、施工、设备采购的一项或多项实行总承包的，总承包单位应对其承包的建设工程或采购的设备质量负责，分包单位应按照分包合同约定对其分包工程的质量向总承包单位负责，总承包单位与分包单位对分包工程的质量承担连带责任。

施工单位必须按照工程设计图纸和施工技术规范标准组织施工。未经设计单位同意，不得擅自修改工程设计。在施工中，必须按照工程设计要求、施工技术规范标准和合同约定，对建筑材料、构配件、设备和商品混凝土进行检验，不得偷工减料，不使用不符合设计和强制性技术标准要求的产品，不使用未经检验和试验或检验和试验不合格的产品。

四、监理单位的质量责任

监理单位应按其资质等级许可的范围承担工程监理业务，不许超越本单位资质等级许可的范围或以其他监理单位的名义承担监理业务，不得转让工程监理业务，不许其他单位或个人以本单位的名义承担工程监理业务。

监理单位应依照法律、法规以及有关技术标准、设计文件和建设工程承包合同与建设单位签订监理合同，代表建设单位对工程质量实施监理，并对工程质量承担监理责任。监理责任主要包括违法责任和违约责任两个方面。如果监理单位故意弄虚作假，降低工程质量标准，造成质量事故的，要承担法律责任。若监理单位与承包单位串通，谋取非法利益，给建设单位造成损失的，应当与承包单位承担连带责任。如果监理单位在责任期内，不按照监理合同约定履行监理职责，给建设单位或其他单位造成损失的，属违约责任，应当向建设单位赔偿。

五、建筑材料、构配件及设备生产或供应单位的质量责任

建筑材料、构配件及设备生产或供应单位对其生产或供应的产品质量负责。生产厂或供应商必须具备相应的生产条件、技术装备和质量管理体系，所生产或供应的建筑材料、构配件及设备的质量应符合国家和行业现行的技术规定的合格标准和设计要求，并与说明书和包装上的质量标准相符，且应有相应的产品检验合格证，设备应有详细的使用说明等。

第五节　质量管理体系

一、质量管理体系的建立与实施

建立和完善质量管理体系，通常包括质量管理体系的策划与总体设计、质量管理体系文件的编制、质量管理体系的实施运行等三个阶段。

（一）质量管理体系的策划与总体设计

建立和完善质量管理体系，首先应由最高管理者对质量管理体系进行策划，以满足组织确定的质量目标的要求及质量管理体系的总体要求，在对质量管理体系的变更进行策划和实施时，应保持管理体系的完整性。通过对质量管理体系的策划，确定建立质量管理体系要采用的过程、方法、模式，从组织的实际出发进行体系的策划和实施，确保其合理性。ISO 9001 标准引言中指出“一个组织质量管理体系的设计和实施受各种需求、具体目标、所提供产品、所采用的过程以及该组织的规模和结构的影响，统一质量管理体系的结构或文件不是本标准的目的”。

按照标准 GB/T 19000 建立一个新的质量管理体系或更新、完善现行的质量管理体系，一般有以下步骤。

1. 企业领导决策

企业主要领导要下决心走质量效益型的发展道路，建立质量管理体系，需要企业内部多个部门共同参与，亲自领导、亲自实践和统筹安排。建立质量管理体系是建立、健全质量管理体系的首要条件。

2. 编制工作计划

工作计划包括培训教育、体系分析、职能分配、文件编制、仪器仪表设备配备等内容。

3. 分层次教育培训

组织学习 GB/T 19000 系列标准，结合本企业的特点，了解建立质量管理体系的目的和作用，详细研究与本职工作有直接联系的要素，提出控制要素的办法。

4. 分析企业特点

结合企业的特点和具体情况，确定采用哪些要素并达到什么程度。要素要对控制工程实体质量起主要作用，能保证工程的适用性、符合性。

5. 落实各项要素

企业在选好合适的质量体系要素后，要进行二级要素展开，制订实施二级要素所必需的质量活动计划，在领导的亲自主持下，合理地分配各级要素和活动。使企业各职能部门都明确各自在质量管理体系中应担负的责任、应开展的活动和各项活动的衔接办法。分配各级要素与活动的一个重要原则就是责任部门只能是一个，但允许有若干个部门配合。

在各级要素和活动分配落实后，为了便于实施、检查和考核，还要把工作程序文件化，即把企业的各项管理标准、工作标准、质量责任制、岗位责任制形成有效运行的文件。

6. 编制质量管理体系文件

质量管理体系文件按其作用可分为法规性文件和见证性文件两类。质量管理体系法规性文件是用规定质量管理工作的原则，阐述质量管理体系的构成，明确有关部门和人员的质量责任，规定各项活动的目的要求、内容和程序的文件。在合同环境下，这些文件是管理体系的运行情况和证实其有效性的文件（如质量记录、报告等），这些文件记载了各质量管理体系要素的实施情况和工程实体质量的状况，是质量管理体系运行的见证。

（二）质量管理体系文件的编制

质量管理体系文件的编制应在满足标准要求、确保控制质量、提高组织全面管理水平的情况下，建立高效、简单、实用的质量管理体系文件。质量管理体系文件包括质量手册、质量管理体系程序文件、质量计划、质量记录等部分组成。

1. 质量手册

（1）质量手册的性质和作用。质量手册是组织质量工作的“基本法”，是组织最重要的质量法规性文件，它具有强制性。质量手册应阐述组织的质量方针，概述质量管理体系的文件结构并能反映组织质量管理体系的总貌，起到总体规划和加强各职能部门间协调作用。对组织内部，质量手册确立各项质量活动及其指导方针和原则的重要作用，一切质量活动都应遵循质量手册。对组织外部，它既能证实符合标准要求的质量管理体系的存在，又能向顾客或认证机构描述清楚质量管理体系的状况。同时，质量手册是使员工明确各类人员职责的良好管理工具和培训教材。质量手册便于克服由于员工流动对工作连续性的影响。质量手册对外提供了质量保证能力的说明，是销售广告有益的补充，也是许多招标项目所要求的投标必备文件。

（2）质量手册的编制要求。质量手册的编制应遵循“质量手册编制指南”的要求，质量手册应说明质量管理体系覆盖哪些过程和要素，每个过程和要素应开展哪些控制活动，对每个活动需要控制到什么程度，能提供什么样的质量保证等，对这些都做出明确的交代。质量手册提出的各项要素的控制要求，要在质量管理体系程序和作业文件中做出可操作实施的安排。质量手册不属于对外保密文件，为此编写时要注意适度，既要让外部看清楚质量管理体系的全貌，又不涉及控制的细节。

2. 质量管理体系程序文件

质量管理体系程序文件是质量管理体系的重要组成部分，是质量手册的具体展开和有力支撑。质量管理体系程序可以是质量管理手册的一部分，也可以是质量手册的具体展开。对于较小的企业，有一本包括质量管理体系程序的质量手册足矣；而对于大中型企业，在安排质量管理体系程序时，应注意各个层次文件之间的相互衔接关系，下一层的文件应有力地支撑上一层次文件。质量管理体系程序文件的范围和详略程度取决于组织的规模、产品类型、过程的复杂程度、方法和相互作用以及人员意志等因素。程序文件不同于一般的业务工作规范或工作标准所列的具体工作程序，而是对质量管理体系的过程方法所需开展的质量活动的描述。对每个质量管理程序来说，都需要明确何时、何地、何人、做什么、为什么、怎么做，应保留什么记录。

质量管理体系程序的内容为：①文件控制程序；②质量记录控制程序；③内部质

量审核程序；④不合格控制程序；⑤纠正措施程序；⑥预防措施程序。

3. 质量计划

质量计划是对特定的项目、产品、过程和合同，规定由谁在何时应使用哪些程序相关资源的文件。质量手册和质量管理体系程序所规定的是各种产品都适用的通用要求和方法。但各种特定产品都有其特殊性。质量计划是一种工具，它将某产品、项目或合同的特定要求与现行的通用的质量管理体系程序相连接。质量计划在顾客特定要求和原有质量体系之间架起一座“桥梁”，从而大大提高了质量管理体系适应各种环境的能力。

质量计划在企业内部作为一种管理方法，使产品的特殊质量要求能通过有效的措施得以满足。在合同情况下，组织使用质量计划向顾客证明其如何满足特定合同的特殊质量要求. 并作为顾客实施质量监督的依据。如果顾客明确提出编制质量计划的要求，则组织编制的质量计划，需要取得顾客的认可。一旦得到认可，组织必须严格按计划实施，顾客将用质量计划来评定组织是否能履行合同规定的质量要求。实施过程中，各组织对质量计划的较大修改都要征得顾客的同意。通常，组织对外的质量计划应与质量手册、质量管理体系程序一起使用，系统描述针对具体产品是如何满足《质量管理体系 要求》（GB/T 19001—2016）要求，质量计划可以引用手册或程序文件中的适用条款。产品（或项目）的质量计划是针对具体产品（或项目）的特殊要求，以反映重点控制的环节所编制的设计、采购、制造、检验、包装、运输等的质量控制方案。

4. 质量记录

质量记录是“阐明所取得的结果或提供所完成活动的证据文件”，它是产品质量水平和企业质量管理体系中各项质量活动结果的客观反映，应如实加以记录。质量记录证明达到了合同所要求的产品质量，并证明对合同中提出的质量要求予以满足的程度，如果出现偏差，则质量记录应反映出针对不足之处采取哪些纠正措施。

质量记录应字迹清晰、内容完整，并按所记录的产品和项目进行标识。记录应注明日期并经授权人员签字、盖章后方能生效。一旦发生问题，应能通过记录查明情况，找出原因和经手者，有针对性地采取防止重复发生的有效措施。质量记录应安全地保存和维护，并根据合同要求考虑如何向需方提供。

（三）质量管理体系的实施运行

为保证质量管理体系的有效运行，要做到两个到位：一是认识到位。思想认识是处理问题的出发点，人们认识的不同，决定了处理问题的方式和结果的差异。组织的各级领导对问题的认识直接影响本部门质量管理体系的实施效果。如有人认为按质量管理体系认证是“形式主义”、对文件及质量记录控制的种种规定是“多此一举”。因此，对质量管理体系的建立与运行问题一定要达成共识。二是管理考核到位。这就要求根据职责和管理内容不折不扣地按质量管理体系运行，并实施监督和考核。

开展纠正与预防活动，充分发挥内审的作用是保证质量管理体系有效运行的重要环节。内审是由经过培训并取得内审资格的人员对质量管理体系的符合性及有效性进行验证的过程。对内审中发现的问题，要制定纠正及预防措施，进行质量的持续改进，内审作用发挥得好坏与指标认证的实效有着重要的关系。

二、质量认证

（一）质量认证的基本概念

质量认证是第三方依据程序对产品、过程或服务符合规定的要求给予书面保证（合格证书）。质量认证包括产品质量认证和质量管理体系认证两方面。

1. 产品质量认证

产品质量认证按认证性质划分可分为安全认证和合格认证。

安全认证：对于关系国计民生的重大产品，有关人身安全、健康的产品，必须实施安全认证。此外，实行安全认证的产品，必须符合标准法中有关强制性标准的要求。

合格认证：实行合格认证的产品，必须符合规定的国家标准或行业标准要求。

质量认证有两种表示方法，即认证证书和认证标志。

认证证书（合格证书）：它是由认证机构颁发给企业的一种证明文件，它证明某项产品或业务符合特定标准或技术规范。

认证标志（合格标志）：由认证机构设计并公布的一种专用标志，用以证明某项产品或服务符合特定标准或规范。经认证机构批准，使用在每台（件）合格产品出厂的认证产品上。认证标志满足质量标志，通过标志可以向购买者传递正确可靠的质量信息，帮助购买者识别认证的商品和非认证的商品，指导购买者购买自己满意的产品。

认证标志分为方圆标志、长城标志和PRC标志，其中方圆标志又分为合格认证标志和安全认证标志（图1－2）。

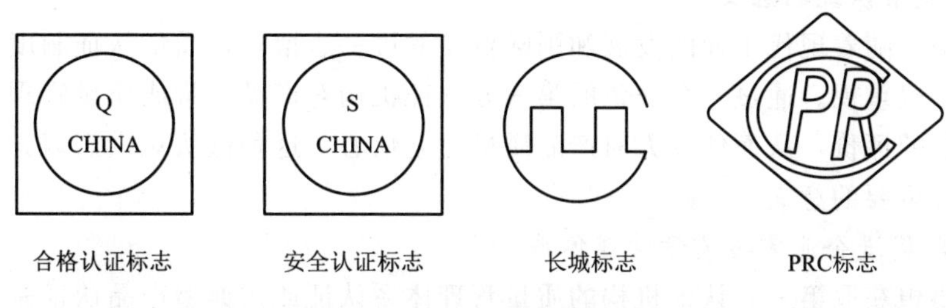

图1－2　我国产品质量认证标志

2. 质量管理体系认证

质量管理体系认证始于机电产品，后来产品类型由硬件拓宽到软件、流程性材料和服务领域，使得各行各业都可以按标准实施质量管理体系认证。从目前的情况来看，除涉及安全和健康领域产品认证之外，在其他领域内，质量管理体系认证的作用要比产品认证的作用大很多。质量管理体系认证具有以下特征：

（1）由具有第三方公正地位的认证机构进行客观的评价，并做出结论，若通过，则颁发认证证书。审核人员要具有独立性和公正性，确保认证工作客观公正地进行。

（2）认证的依据是质量管理体系的标准要求，即GB/T 19001，而不能依据质量管理体系的业绩改进指南标准，即GB/T 19004来进行，更不能依据具体的产品质量标准。

(3) 认证过程中的审核是围绕企业的质量管理体系要求的符合性和满足质量要求和目标方面的有效性来进行的。

(4) 认证的结论不是证明具体的产品是否符合相关的技术标准，而是确认质量管理体系是否符合 ISO 9001，即质量管理体系要求标准是否按规范要求，保证产品质量的能力。

(5) 认证合格标志只能用于宣传，不能将其用于具体的产品上。

产品质量认证和质量管理体系认证的比较见表 1-1。

表 1-1 产品质量认证和质量管理体系认证的比较

项目	产品质量认证	质量管理体系认证
对象	特定产品	企业的质量管理体系
获准认证条件	1. 产品质量符合制定标准要求； 2. 质量管理体系符合 ISO 9001 标准的要求	质量管理体系符合 ISO 9001 标准的要求
证明方式	产品质量认证证书；认证标志	质量管理体系认证（注册）证书；认证标志
证明的使用	证书不能用于产品；标志可以用于获准认证的产品	证书和标志都不能在产品上使用
性质	自愿性；强制性	自愿性
两者的关系	获得产品质量认证资格的企业一般无需再申请质量管理体系认证（除非申请的质量保证标准不同）	获得质量管理体系认证资格的企业可以再申请特定产品的认证，但免除对质量管理体系通用要求的检查

(二) 质量认证的意义

近年来，随着现代工业的发展和国际贸易的进一步增长，质量认证制度得到了世界各国的普遍重视。通过一个公正的第三方认证机构对产品质量或质量管理体系做出正确、可信的评价，从而使双方对产品质量建立信心，这种做法对供需双方及整个社会都有十分重要的意义。

1. 可以促进企业完善质量管理体系

企业要想获取第三方认证机构的质量管理体系认证或按典型产品认证制度实施的产品认证，都需要对其质量管理体系进行检查和完善，以保证认证的有效性，并在实施认证时，对其质量管理体系实施检查和评定中发现的问题均能及时地加以纠正，所有这些都对企业完善质量管理体系起到积极的推动作用。

2. 可以提高企业的信誉和市场竞争能力

企业通过了质量管理体系认证机构的认证，获取合格证书和标志并通过注册加以公认，从而也就证明其具有生产满足顾客要求产品的能力，能大大提高企业的信誉，增加企业市场竞争能力。

3. 有利于保护供需双方的利益

实施质量认证，一方面对通过产品质量认证或质量管理体系认证的企业准予认证标志使用或予以注册公布，使顾客了解哪些企业的产品质量是有保证的，从而可引导顾客防止误购不符合要求的产品，起到保护消费者利益的作用。并且由于实施第三方认证，对于缺少有经验的人员或远离供方的用户来说带来了许多方便，同时也降低了进行重复检验和检查的费用。另一方面，供方建立了完善的质量管理体系，一旦发生质量争议，也可把质量管理体系作为自我保护的措施，较好地解决质量争议。

4. 有利于国际市场的开拓，增加国际市场的竞争能力

认证制度的发展成为世界上许多国家的普遍做法，各国的质量认证机构都在设法通过签订双边或多边认证合作协议，取得彼此之间的相互认可。企业一旦获得国际上有权威的认证机构的产品质量认证或质量管理体系注册，便会得到各国的认可，并可享受一定的优惠待遇，如免检、减免税或优价等。

（三）质量管理体系认证的实施程序

1. 提出申请

申请单位向认证机构提出书面申请。

（1）申请单位填写申请书及附件。附件的内容是向认证机构提供关于申请认证质量管理体系的质量保证情况，一般应包括：一份质量手册的副本；申请认证质量管理体系所覆盖的产品目录、简介；申请方的基本情况等。

（2）认证申请的审查与批准。认证机构收到申请方的正式申请后，将对申请方的申请文件进行审查。审查的内容包括：申报的各项内容是否完整正确，质量手册的内容是否覆盖了质量管理体系要求标准的内容等。经审查符合规定的申请要求，则决定接收申请，由认证机构向申请单位发出“接收申请通知书”，并通知申请方下一步与认证有关的工作安排，预交认证费用。若经审查不符合规定的要求，认证机构应及时与申请单位联系，要求申请单位作必要的补充或修改，符合规定后再发出“接收申请通知书”。

2. 认证机构审核

认证机构对申请单位的质量管理体系审核是质量管理体系认证的关键环节，其基本工作程序如下：

（1）文件审核。文件审核的主要对象是申请书的附件，即申请单位的质量手册及其他说明申请单位质量管理体系的材料。

（2）现场审核。现场审核的主要目的是通过查证质量手册的实际执行情况，对申请单位质量管理体系运行的有效性作出评价，判定是否真正具备满足认证标准的能力。

（3）提出审核报告。现场审核工作完成后，审核组要编写审核报告，审核报告是现场检查和评价结果的证明文件，并经审核组全体成员签字，签字后报送审核机构。

3. 审批与注册发证

认证机构对审查组提出的审核报告进行全面的审查。若经审查批准通过认证，则认证机构予以注册并颁发注册证书。若经审查需要改进后方可批准通过认证的，则由认证机构书面通知申请单位需要纠正的问题及完成修正的期限，到期再做必要的复查和评价，证明确实达到了规定的条件后，方可批准认证并注册发证。经审查，若决定不予批准认证，则由认证机构书面通知申请单位，并说明不予批准的理由。

4. 获准认证后的监督管理

认证机构对获准认证（有效期为3年）的供方质量管理体系实施监督管理。这些管理工作包括供方通报、监督检查、认证注销、认证暂停、认证撤销、认证有效期的延长等。

5. 申诉

申请方、受审核方、获证方或其他方对认证机构的各项活动持有异议时，可向其认证机构或上级主管部门提出申诉或向人民法院起诉。认证机构应对申诉及时作出处理。

资源 1.10

第二章

工程设计和施工招标阶段质量控制

第一节　工程设计阶段的质量控制

工程项目的设计阶段通常包括项目的前期阶段（技术经济论证、可行性研究、编制设计任务书、场址选择等）和项目的设计阶段（项目的初步设计、技术设计和施工图设计）。项目的设计阶段决定了工程项目的质量目标和水平，同时也是工程项目质量目标和水平的具体体现。工程设计在技术上是否先进、经济上是否合理、是否符合有关的法规等，都对项目今后的适用性、安全性、可靠性、经济性和环境的影响起着决定性作用。

工程项目的设计应满足建设者（业主）对项目所要求的功能和使用价值，满足建设者对项目建设的意图和投资的意愿。具体来说，项目的设计应该在符合有关法律、法规、政策的前提下，使项目达到以下目标：平面和立面布置合理，尺度适宜，有利于管理和生产，方便生活；结构的强度、稳定性和刚度有保障，满足安全可靠、坚固耐久的条件，并具有抵御自然灾害（如地震、台风、水灾、火灾、雷电等）的能力；投资低、工期短、效益高，能有效地利用各种资源生产出符合需要的产品；建筑物造型新颖、美观；四周的生态环境、卫生条件得到保护，并能与周围的建筑协调一致，不影响这些建筑的安全和功能的发挥等。

因此，工程项目设计的质量就是在遵守现行有关法规、标准的基础上和符合投资、资源、技术、环境等约束条件的情况下，满足建设者（业主）对项目功能和使用价值的需求，并取得最大的经济效益。

资源 2.1

一、设计阶段质量控制的目的

工程项目的设计涉及项目的投资、质量和进度，这三者之间是互相关联的，三者的关系是辩证统一的。

资源 2.2

投资的减小可以提高项目的投资效益，但投资的减小不能以降低工程项目质量为代价，如果在减少投资的同时也降低了工程项目的质量，则工程项目在投入运行后就会出现各种质量问题，这些问题的返修处理，必然会造成人力、物力的大量损失，从而使工程项目也不能正常运行和发挥预期的效益，其结果反而可能使项目的费用增大，形成更大的经济损失。所以在投资与质量之间，应以质量为主，在达到质量目标和水平的前提下，使投资最低。质量与进度或质量与数量之间的关系也应该是矛盾的统一，工程质量是通过一定的进度或数量来表现的，没有数量就没有质量，也就没有实体；反之，没有质量，数量也就失去了意义。同时，不能片面强调进度而忽视质量，两者之间也应以质量为主，在满足质量要求的前提下，加快进度，缩短工期。所以，在工程项目的设计阶段，应该在保证质量的前提下处理好投资、进度和质量的关系。

因此，工程项目设计阶段质量控制的目的是：项目的投资、质量和进度三大目标之间的关系处于最优状态。

(1) 使工程项目的设计在符合现行法规和标准的前提下，满足建设者（业主）对项目功能和使用价值的需求，即满足建设者的建设意图。

(2) 使工程项目的设计在达到质量要求（即合理质量）的前提下，投资最少；或者使工程项目的设计在满足建设者设定的投资限额的条件下，项目的质量最佳。

(3) 协调设计内外各环节的关系，通过对设计工作进度的计划、控制和协调，确保项目工期目标的实现。

二、设计阶段的划分

工程项目的设计阶段应根据工程项目的规模及其重要性来确定，对一般工程项目常按两个阶段进行设计，即初步设计及概算、施工图设计及预算。

对于大型的工程项目，技术复杂、工艺新颖的重大项目，应按三个阶段进行设计，即初步设计及概算、技术设计及修正概算、施工图设计及预算。

在按两个阶段进行设计时，当完成初步设计及概算，并经有关部门批准后，即可进行施工图设计和预算的编制。在按三个阶段进行设计时，初步设计及概算完成，并经批准后，应进行技术设计和编制修正概算，在技术设计和修正概算批准后，才能进行施工图设计及预算的编制。

初步设计的目的主要是对拟建工程项目在技术上的可行性和经济上的合理性进行进一步的分析论证，并确定项目的主要技术参数、总投资额和主要技术经济指标。初步设计的主要内容包括设计依据，建设规模，产品方案，工艺流程，主要设备选型及配置，主要建筑物、构筑物及其轮廓尺寸，主要材料及其用量，原料、动力的用量与来源，占地面积和土地的利用，新技术的采用情况，外部协作条件，公用辅助设计，“三废”治理，抗震和人防措施，建设程序和期限，技术经济指标等。

技术设计的内容与初步设计大致相同，但比初步设计更深入具体。

施工图设计应完成施工总图和施工详图。施工总图又分为平面图和剖面图两种，图中应表示出结构物、设备和各种管线的布置，相互的连接关系和尺寸；施工详图应包括结构详图、预埋件详图和材料明细表。

三、设计阶段质量控制的依据

(1) 批准的设计任务书、项目的选址报告、可行性研究报告、项目评估报告。经有关部门批准的设计任务书、设计纲要是项目设计阶段质量控制的主要依据，可行性研究报告及评估报告与选址报告也为设计方案的最终确定提供了依据。

(2) 有关工程建设及质量管理的法律、法规、政策及规定。工程建设及质量管理的法律、法规、规定包括：国家对资源利用的法规，关于土地征购、人口迁移及补偿的有关规定；建筑工程质量管理及质量监督的规定；环境保护的法规及其他有关的法律、行政法规及部门规定；国家有关部门的长远规划（如城市规划、水利水电建设规划、交通道路规划）、市政管理规定、“三废”治理等方面的规定。

（3）有关工程建设的技术标准、设计规范和规程、概算指标、定额标准等。

（4）反映项目建设过程及运行期有关自然、技术、经济、社会等方面情况的协议、数据和资料。

（5）设计单位与建设单位签订的设计承包合同。设计合同是根据业主批准的项目设计任务书中规定的质量目标和水平设计的各种具体的质量目标。

（6）体现建设单位（业主）建设意图的设计纲要和设计规划大纲。

四、设计阶段质量控制的内容

在项目设计实施阶段，监理工程师应审核设计成果文件是否符合合同规定的质量要求，同时对有疑问的提出意见，要求设计单位作出解释或修正。

（一）设计各阶段的质量控制

在设计的不同阶段，质量控制的内容也是不同的。

1. 初步设计阶段的质量控制

资源 2.3

初步设计是在确定的建设地点和规定的建设期限内进一步论证拟建工程项目在技术上的可行性和经济上的合理性，解决工程建设中重要的技术问题和经济问题，论证工程项目及主要建筑物的等级标准，对选定方案进行初步设计，并确定各项技术经济指标等。

初步设计阶段质量控制的内容如下：

（1）审核设计依据。审核依据包括：初步设计是否符合批准的设计任务书或规划设计大纲和设计纲要以及有关的批文；签订的设计合同或评定的设计方案；有关的建设标准、规定和法规等。

（2）审核建设规模。包括主要建筑物和构筑物的结构型式及布置、主要设备的选型及配置占地面积及场地布置等。

（3）审核原材料、动力等资源的用量及来源。审核工程建设所需各种原材料的规格、质量、用量和来源，燃料、动力的供应保障等。

（4）审核施工工艺及流程。合理的工艺流程可以保证质量及进度目标的实现。

（5）参与和审核主要设备的选型和配置。

（6）审核各主要建筑物和构筑物的建设顺序和期限。

（7）审核主要技术经济指标。核查各主要技术经济指标是否符合质量目标和水平。

（8）审核项目的总概算。

（9）核实外部协作条件及对外交通。

初步设计的深度应能满足设计方案的评选，满足主要设备、材料的订货及生产安排，土地的征用和移民安排，技术设计（或施工图设计）的进行，施工组织设计的编制和有关的施工准备工作等。

2. 技术设计阶段的质量控制

技术设计的深度比初步设计更进一步，主要应对设计中的某些技术问题或技术方案进行进一步确定，例如：

（1）进行特殊工艺流程方面的试验、研究和确定。

（2）新技术、新工艺、新方案的试验、研究和确定。

（3）主要建筑物、构筑物的某些关键部位的试验、研究和确定。

（4）新型设备试验、制作和应用。

（5）编制修正概算。

技术设计阶段，监理工程师应审查设计文件、图纸和有关的试验研究报告。

3. 施工图设计阶段的质量控制

施工图设计是以批准的初步设计或技术设计为依据而编制的，是按照初步设计（或技术设计）所确定的设计原则、结构方案和强制尺寸，根据建筑和安装工程的需要，绘制出详尽的施工图。其设计深度应满足设备、材料的采购订货，各种非标准设备的制作，建筑、安装工程施工的要求，编制施工图预算的要求等。

监理工程师对施工图设计的审核内容主要包括：计算有无错误；所用材料、数量及布置是否合理；标注的各部分尺寸和标高有无错误；各专业设计之间是否有矛盾；各部位的结构是否表示清楚和明确；是否符合施工要求；是否能够指导施工。

对于普通的工业与民用建筑工程，设计阶段的质量控制包括总体方案的审核、专业设计方案的审核和施工图纸审核三部分。设计方案的审核贯穿在初步设计和技术设计或扩大初步设计阶段内，审核内容包括：审查项目的设计是否符合设计纲要的要求，是否符合国家的有关方针、政策和设计法规；工艺是否合理；技术是否先进；是否符合确定的质量目标和水平；是否能充分发挥工程项目的经济效益、社会效益和环境效益。

（二）总体设计方案的审核

工程项目总体设计方案的主要内容包括以下方面。

1. 设计规模

对生产性项目设计规模系指设计年生产能力，如汽车厂以年生产多少万辆汽车表示，电站以设计装机容量多少万千瓦表示；对非生产性项目设计规模可用设计容量表示，如多少座位的剧院，多少床位的医院，多少学生人数的学校，多少户数的住宅区等。

2. 总建筑面积

总建筑面积包括全部建筑面积和各类面积（使用面积、辅助面积等）的比例。

3. 生产工艺及技术水平

对于生产性项目应确定采用的工艺技术、工艺技术的水平以及主要工艺设备的选择等。

4. 建筑造型

建筑造型是指建筑平面布置、立面造型是否与周围环境相协调，建筑总高度是否符合规定，建筑外观的艺术效果等。

总体设计方案的审核主要是在初步设计时进行，重点审核设计依据、设计规模、产品方案、工艺流程、项目组成及布局、设施配套、占地面积、协作条件、“三废”治理、环境保护、防灾抗灾、建设期限、投资概算等的可靠性、合理性、经济性、先进性。

（三）专业设计方案的审核

专业设计方案的审核，重点审核设计方案的设计参数、设计标准、设备和结构选型、功能和使用价值等方面是否满足适用、经济、美观、可靠等需求。具体的审核内容如下。

1. 建筑设计方案

主要审核平面和空间布置是否合理和适用；建筑物理功能，如采光、隔热保温、隔声、通风等的方式是否达到规定标准，材料的选择、布置和构造是否满足要求。

2. 结构设计方案

主要审核结构方案的设计依据及设计参数；结构方案的选择；安全度、可靠度、抗震是否符合要求；主体结构布置；结构材料的选择等。

3. 其他专业设计方案

其他专业设计方案，指给水工程、排水工程、通风工程、动力工程、供热工程、通信工程、厂内运输和“三废”工程等的设计方案，主要审核设计依据、设计参数、各专业设计方案的选择，路线或管道（管网）的布置及所需设备、器材、工程材料的选择等。

设计方案阶段的质量控制主要是协助设计单位做好设计方案的技术经济分析，以及在设计单位的技术经济分析基础上，对设计方案进行审核。

（四）设计图纸的审核

监理工程师对设计图纸的审核是按设计阶段进行的。

1. 初步设计阶段

在初步设计阶段，设计图纸的审核侧重于工程所采用的技术方案是否符合总体方案的要求，是否达到项目决策阶段确定的质量标准。

2. 技术设计阶段

技术设计是在初步设计基础上方案设计的具体化，所以，对技术设计图纸的审核侧重于各专业设计是否符合预定的质量标准和要求。

监理工程师在初步设计和技术设计阶段审核方案或图纸时，需要同时审核相应的概算文件。因为只有投资在控制限额内，设计质量又符合预定要求的设计，才是符合要求的设计。

3. 施工图设计阶段

对建筑施工图的审核，侧重于使用功能及质量要求是否得到满足。

（1）建筑施工图。主要审核房间、车间尺寸及布置情况，门窗及内外装修，材料选用，要求的建筑功能是否满足等。

（2）结构施工图。主要审核承重结构布置情况、结构材料的选择、施工质量的要求等。

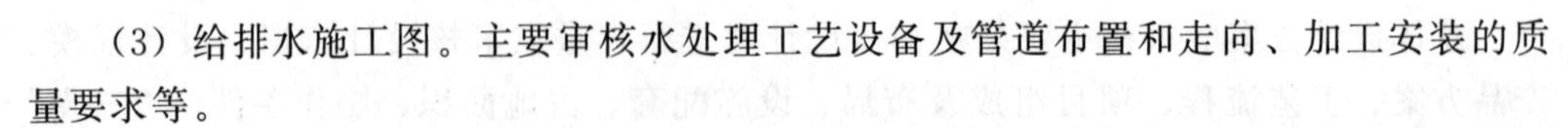

(3) 给排水施工图。主要审核水处理工艺设备及管道布置和走向、加工安装的质量要求等。

资源 2.4

(4) 电气施工图。主要审核供配电设备、灯具及电器设备的布置，电气线路的走向及安装质量要求等。

(5) 供热、采暖施工图。主要审核供热、采暖设备的布置，管网的走向及安装质量要求等。

第二节　工程施工招标阶段质量控制

建设工程设计完成后，项目法人选择施工承包人进行施工和安装工程的招标工作。施工招标过程可分为三个阶段的工作：招标准备阶段，从办理申请招标开始，到发出招标广告或邀请招标时发出投标邀请函为止；招标阶段，从发布广告之日起，到投标截止之日止；决标阶段，从开标之日起，到与中标单位签订施工承包合同为止。各阶段应重点控制的内容如下。

一、招标准备阶段

1. 申请招标

建设市场的行为必须受政府主管部门的监督管理，因此工程施工招标必须经过建设行政主管部门的招投标管理机构批准后才可以进行。建设项目的实施必须符合国家制定的基本建设管理程序，按照有关建设法规的规定，向有关建设行政主管部门申请进行施工招标时，应满足建设法规规定的业主资质能力条件和招标条件才能进行招标。如果业主不具备资质和能力，须委托具有相应资质的咨询公司或监理单位代理招标。

2. 选择招标方式

选择什么方式招标，是由项目法人决定的。主要是依据项目法人自身的管理能力、设计的进度情况、建设项目本身的特点、外部环境条件等因素充分比较后，首先决定施工阶段的分标段数量和合同类型，再确定招标方式。

3. 编制招标文件

建设工程的发包数量、合同类型和招标方式一经确定后，即应编制招标文件，包括招标广告、资格预审文件、招标文件、协议书以及评标办法等。

4. 编制标底

编制标底是工程项目招标前的一项重要准备工作，而且是比较复杂而又细致的工作。标底是进行评标的依据之一，通常是委托设计单位或监理单位来做的。标底须报请主管部门审定，审定后保密封存至开标时，不得泄露。

二、招标阶段

招标阶段的主要工作是：发布招标广告；进行投标申请人资格预审；发布招标文件；组织投标人进行现场考察；召开标前会议解答投标人质疑和接收标书工作等。

1. 资格预审

资格预审是投标申请单位整体资格的综合评定，主要包括法人资格、商业信誉、财务能力、技术能力、施工经验等。

2. 发售招标文件

3. 组织现场考察

在招标文件中规定时间，招标单位负责组织各投标人到施工现场进行考察。其目的主要是让投标人了解招标现场的自然条件、施工条件、周围环境和调查当地的市场价格，以便进行报价。另一方面要求投标人通过自己的实地考察，以确定投标的策略和投标原则，避免实施过程中承包商以不了解实际情况为理由推卸应承担的合同责任。

4. 标前会议

标前会议是指招标单位在招标文件规定的日期（投标截止日期前），为解答投标人研究招标文件和现场考察中所提出的有关质疑问题进行解答的会议。

三、决标阶段

从开标日到签订合同这一期间称为决标成交阶段，是对各投标书进行评审比较，最终确定中标人的过程。

1. 开标

公开招标和邀请招标均应举行开标会议。在投标须知规定的时间和地点由招标人主持开标会议，所有投标人均应参加，并邀请项目建设有关部门代表出席。开标时，由投标人或其推选的代表检验投标文件的密封情况。确认无误后，工作人员当众拆封，宣读投标人名称、投标价格和投标文件的其他主要内容。所有在投标致函中提出的附加条件、补充声明、优惠条件、替代方案等均应宣读，如果有标底也应公布。开标过程应当记录，并存档备查。开标后，任何投标人都不允许更改投标书的内容和报价，也不允许再增加优惠条件。投标书经启封后不得再更改招标文件中说明的评标、定标办法。

在开标时，如果发现投标文件出现下列情形之一，应当作为无效投标文件，不再进入评标：

（1）投标文件未按照招标文件的要求予以密封。

（2）投标文件中的投标函未加盖投标人的企业及企业法定代表人印章，或者企业法定代表人委托代理人没有合法、有效的委托书（原件）及委托代理人印章。

资源 2.5

（3）投标文件的关键内容字迹模糊、无法辨认。

（4）投标人未按照招标文件的要求提供投标保证金或者投标保函。

（5）组成联合体投标的，投标文件未附联合体各方共同投标协议。

2. 评标

（1）评标委员会。评标委员会由招标人的代表和有关技术、经济等方面的专家组成，成员人数为5人以上单数，其中招标人以外的专家不得少于成员总数的2/3。

（2）评标工作程序。大型工程项目的评标通常分成初评和详评两个阶段进行。

资源 2.6

第三章

工程项目施工阶段的质量控制

第一节　概　　述

工程项目施工是使工程设计意图最终实现并形成工程实体的阶段，也是最终形成工程产品质量和工程项目使用价值的重要阶段。因此，可以认为施工阶段的质量控制是参与各方重要的核心内容，也是工程项目质量控制的重点。工程实体施工过程是质量控制最容易出现问题的阶段，控制不当将会引起安全事故或造成一定的经济损失。

一、施工质量控制的系统过程

施工阶段的质量控制是一个经由对投入的资源和条件的质量控制（事前控制）进而对生产过程及各环节质量进行控制（事中控制），直到对所完成的工程产出品的质量检验与控制（事后控制）为止的全过程的系统控制过程。这个过程可以根据在施工阶段工程实体质量形成的时间阶段不同来划分，也可以根据施工阶段工程实体质量形成过程中物质形态的转化来划分。

（一）根据时间阶段进行划分

施工阶段的质量控制根据工程实体形成的时间阶段可以分为：

（1）事前控制。即施工前的准备阶段进行的质量控制。它是指各工程对象、各项准备工作及影响质量的各因素和有关方面进行的质量控制。

（2）事中控制。即施工过程中进行的所有与施工过程有关各方面的质量控制和中间产品（工序产品或分部、分项工程产品）的质量控制。

（3）事后控制。即通过施工过程所完成的具有独立的功能和使用价值的最终产品（单位工程或整个工程项目）及其有关方面（例如质量文档）的质量进行控制。

上述三个阶段的工程实体质量形成过程的时间阶段的划分如图 3-1 所示。

（二）按物质形态转化划分

由于工程对象的施工是一项物质生产活动，所以施工阶段的质量控制的系统过程也是一个系统控制过程，按工程实体形成的物质转化形态进行划分，可以分为以下三个阶段，具体如图 3-2 所示。

（1）对投入的物质资源质量的控制。

（2）施工及安装生产过程质量控制。即在使投入的物质资源转化为工程产品的过程中，对影响产品质量的各因素、各环节及中间产品的质量进行控制。

（3）对完成的工程产出品质量的控制与验收。

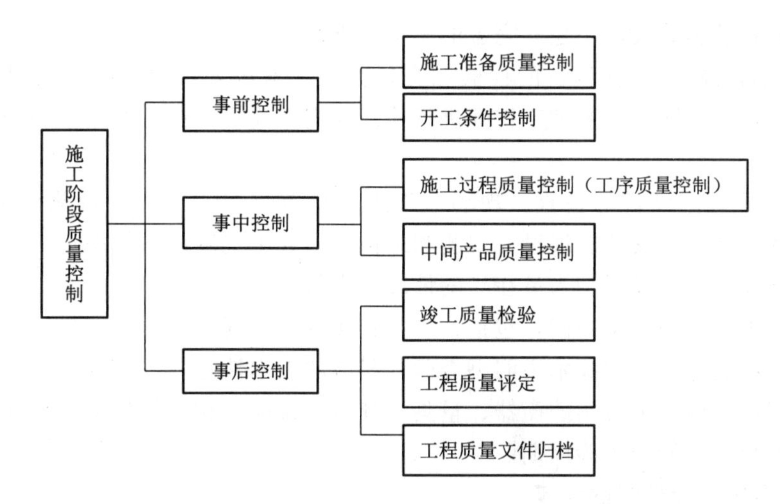

图 3-1　工程实体质量形成过程的时间阶段的划分

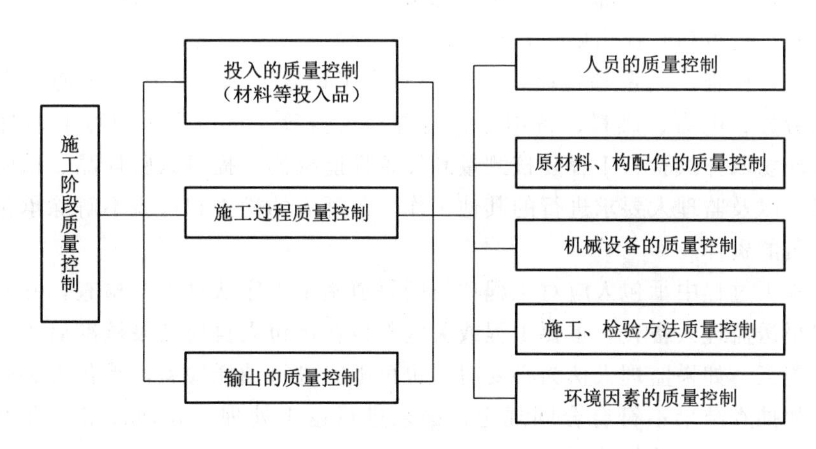

图 3-2　工程实体形成过程中物质形态转化的三阶段

二、实体形成过程各阶段质量控制的主要内容

（一）事前质量控制的内容

事前质量控制的内容是指正式开工前所进行的质量控制工作，其具体内容包括以下方面：

（1）承包人资格审核，主要包括：①检查主要技术负责人是否到位；②审查分包单位的资格等级。

（2）施工现场的质量检验、验收，包括：①现场障碍物的拆除、迁建及清除后的验收；②现场定位轴线、高程标桩的测设、验收；③基准点、基准线的复核、验收等。

资源 3.1

资源 3.2

（3）负责审查批准承包人在工程施工期间提交的各单位工程和分部工程的施工措施计划、方法和施工质量保证措施。

（4）督促承包人建立和健全质量保证体系，组建专职的质量管理机构，配备专职的质量管理人员。承包人现场应设置专门的质量检查机构和必要的实验条件，配备专职的质量检查、实验人员，建立完善的质量检查制度。

(5) 采购材料和工程设备的检验和交货验收。承包人负责采购的材料和工程设备，应由承包人会同现场监理工程师进行检验和交货验收，检验材质证明和产品合格证书。

(6) 工程观测设备的检查。现场监理人需检查承包人对各种观测设备的采购、运输、保存、标定、安装、埋设、观测和维护等。其中观测设备的率定、安装、埋设和观测均必须在有现场监理人员在场的情况下进行。

资源 3.3-1

(7) 施工机械的质量控制，包括：①凡直接危及工程质量的施工机械，如混凝土搅拌机、振动器等，应按技术说明书查验其相应的技术性能，不符合要求的，不得在工程中使用；②施工中使用的衡器、量具、计量装置应有相应的技术合格证，使用时应完好并不超过它们的校验周期。

资源 3.3-2

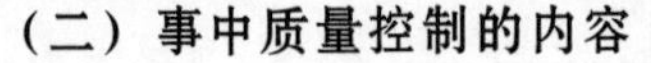

(二) 事中质量控制的内容

(1) 监理人有权对全部工程的所有部位及其任何一项工艺、材料和工程设备进行检查和检验，也可随时提出要求，在制造地、装配地、储存地点、现场、合同规定的任何地点进行检查、测量和检验，以及查阅施工记录。承包人应提供通常需要的协助，包括劳务、电力、燃料、备用品、装置和仪器等。承包人也应按照监理人的指示，进行现场取样试验、工程复核测量和设备性能检测，提供试验样品、试验报告和测量成果，以及监理人要求进行的其他工作。监理人的检查和检验不解除承包人按合同规定应负的责任。

(2) 施工过程中承包人应对工程项目的每道施工工序认真进行检查，并应把自行检查结果报送监理人备查，重要工程或关键部位在承包人自检结果核准后才能进行下一道工序施工。如果监理人认为必要时，也可随时进行抽样检验，承包人必须提供抽查条件。如抽查结果不符合合同规定，必须进行返工处理，处理合格后方可继续施工，否则将按质量事故处理。

(3) 依据合同规定的检查和检验，应由监理人与承包人按商定的时间和地点共同进行。

(4) 隐蔽工程和工程隐蔽部位的检查。内容如下：

1) 覆盖前的检查。经承包人的自行检查确认隐蔽工程或工程的隐蔽部位具备覆盖条件的，在约定的时间内承包人应通知监理人进行检查，如果监理人未按约定时间到场检查，拖延或无故缺席，造成工期延误，承包人有权要求延长工期和赔偿其停工或窝工损失。

2) 虽然经监理人检查，并同意覆盖，但事后对质量有怀疑时，监理人仍可要求承包人对已覆盖的部位进行钻孔探测，以致揭开重新检验，承包人应遵照执行；当承包人未及时通知监理人，或监理人未按约定时间派人到场检查时，承包人私自将隐蔽部位覆盖，监理人有权指示承包人进行钻孔探测或揭开检查，承包人应遵照执行。

(5) 不合格工程、材料和工程设备的处理。在工程施工中禁止使用不符合合同规定的等级质量标准和技术特性的材料和工程设备。

(6) 行使质量监督权，下达停工令。出现下述情况之一的，监理人有权发布停工通知：①未经检验即进入下一道工序作业的；②擅自采用未经认可或批准的材料的；③擅自将工程转包的；④擅自让未经同意的分包商进场作业的；⑤没有可靠的质量保证措施贸然施工，已出现质量下降征兆的；⑥工程质量下降，经指出后未采取有效改正措施，或采取了一定措施而效果不好，继续作业的；⑦擅自变更设计图纸要求的。

（7）行使好质量否决权，为工程进度款的支付签署质量认证意见。

（三）事后质量控制的内容

（1）整理完工资料。

（2）施工承包人提供质量检验报告及有关技术性文件。

（3）整理有关工程项目质量的技术文件，并编目、建档。

（4）评价工程项目质量状况及水平。

（5）组织联动试车等。

第二节 质量控制的依据、方法及程序

一、质量控制的依据

施工阶段监理人进行质量控制的依据，主要有以下几类。

（一）国家颁布有关质量方面的法律、法规

为了保证工程质量，监督规范建设市场，国家颁布的法律、法规主要有《中华人民共和国建筑法》《建设工程质量管理条例》等。

（二）已批准的设计文件、施工图纸及相应的设计变更与修改文件

“按图施工”是施工阶段质量控制的一项重要原则，已批准的设计文件无疑是监理人进行质量控制的依据。但是从严格质量管理和质量控制的角度出发，监理单位在施工前还应参加建设单位组织的设计交底工作，以达到了解设计意图和质量要求、发现图纸差错和减少质量隐患的目的。

（三）已批准的施工组织设计、施工技术措施及施工方案

施工组织设计是承包人进行施工准备和指导现场施工的规划性、指导性文件。它详细规定了承包人进行工程施工的现场布置、人员组织配备和施工机具配置，每项工程的技术要求，施工工序和工艺、施工方法及技术保证措施，质量检查方法和技术标准等。施工承包人在工程开工前，必须提出对于所承包建设项目的施工组织设计，报请监理工程师审查。一旦获得批准，它就成为监理人进行质量控制的重要依据之一。

（四）合同中引用的国家和行业（或部颁）的现行施工操作技术规范、施工工艺规程及验收规范、评定规程

国家和行业（或部颁）的现行施工技术规程规范和操作规程，是建立、维护正常的生产秩序和工作秩序的准则，也是为有关人员制定的统一行动准则，它是工程施工经验的总结，与质量形成密切相关，必须严格遵守。

（五）合同中引用的有关原材料、半成品、构配件方面的质量依据

这类质量依据主要包括以下内容：

（1）有关产品技术标准。如水泥、水泥制品、钢材、石材、石灰、砂、防水材料、建筑五金及其他材料的产品标准。

（2）有关检验、取样方法的技术标准。如《水泥细度检验方法》（GB/T 1345—2005）、《水泥化学分析方法》（GB/T 176—2017）、《水泥胶砂强度检验方法》（GB/T 17671—1999）、《普通混凝土用砂质量标准及检验方法》（JGJ 52—2006）、《建筑用砂》（GB/T 14684—2011）、《建筑用卵石、碎石》（GB/T 14685—2011）、《水工混凝土试验规程》（DL/T 5150—2017）。

（3）有关材料验收、包装、标志的技术标准。如《型钢验收、包装、标注质量证明书的一般规定》（GB/T 2101—2017）、《钢管验收、包装、标志及质量证明书的一般规定》（GB 2101—2008）、《钢铁产品牌号表示方法》（GB/T 221—2008）等。

（六）发包人和施工承包人签订的工程承包合同中有关质量的条款

这类合同条款是指监理合同写有发包人和监理单位有关质量控制的权利和义务的条款，施工承包合同写有发包人和施工承包人有关质量控制的权利和义务的条款。各方都必须履行合同中的承诺，尤其是监理单位，既要履行监理合同的条款，又要监督施工承包人履行质量控制条款。

（七）制造厂提供的设备安装说明书和有关技术标准

制造厂提供的设备安装说明书和有关技术标准是施工安装承包人进行设备安装必须遵循的重要技术文件，同样是监理人对承包人的设备安装质量进行检查和控制的依据。

二、施工阶段质量控制方法

施工阶段质量控制的主要方法有以下几种。

（一）旁站监理

监理人按照监理合同约定，在施工现场对工程项目的重要部位和关键工序的施工，实施连续的全过程检查、监督与管理。旁站是监理人的一种主要现场检查形式。对容易产生缺陷的部位以及隐蔽工程，尤其应该加强旁站。

在旁站检查中，监理人必须检查承包人在施工中所用的设备、材料及混合料是否与已批准的配比相符，检查是否按技术规范和批准的施工方案、施工工艺进行施工，注意及时发现问题和解决问题，制止错误的施工方法和手段，避免事故的发生。

（二）检验

（1）巡视检验。监理人对所监理的工程项目进行的定期或不定期的检查、监督和管理。

（2）跟踪检测。在承包人进行试样检测前，监理人对其检测人员、仪器设备以及拟定的检测程序和方法进行审核；在承包人对试样进行检测时，实施全过程的监督，确认其程序、方法的有效性以及检测结果的可信性，并对该结果确认。

（3）平行检测。监理人在承包人对试样进行自行检测的同时，独立抽样进行检测，检验承包人的检测结果。

（三）测量

测量是对建筑物的几何尺寸进行控制的重要手段。开工前，承包人要进行施工放样，监理人员要对施工放样及高程控制进行检查，不合格者不准开工。对模板工程、已完工程的几何尺寸、高程、宽度、厚度、坡度等质量指标，按规范要求进行测量验收，不符合要求的要进行修整，无法修整的进行返工。承包人的测量记录均要事先经监理人审核签字后才能使用。

资源 3.4

（四）现场记录和发布文件

监理人应认真、完整记录每日施工现场的人员、设备、材料、天气、施工环境以及施工中出现的各种情况。并通过发布通知、指示、批复、签认等文件形式进行施工全过程的控制和管理。

资源 3.5

三、施工阶段质量控制程序

（一）合同项目质量控制程序

（1）监理机构应在施工合同约定的期限内，经发包人同意后向承包人发出进场通知，要求承包人按约定及时调遣人员和施工设备、材料进场进行施工准备。进场通知中应明确合同工期起算日期。

（2）监理机构应协助发包人向承包人移交施工合同约定的应由发包人提供的施工用地、道路、测量基准点以及供水、供电、通信设施等开工的必要条件。

（3）承包人完成开工准备后，应向监理机构提交开工申请。监理机构在检查确认发包人和承包人的施工准备满足开工条件后，签发开工令。

（4）由于承包人原因使工程未能按施工合同约定时间开工，监理机构应通知承包人在约定时间内提交赶工措施报告并说明延误开工原因。由此增加的费用和工期延误造成的损失由承包人承担。

（5）由于发包人原因使工程未能按施工合同约定时间开工，监理机构在收到承包人提出的顺延工期的要求后，应立即与发包人和承包人共同协商补救办法。由此增加的费用和工期延误造成的损失由发包人承担。

合同项目质量控制程序如图 3－3 所示。

（二）单位工程质量控制程序

监理机构应审批每一个单位工程的开工申请，熟悉图纸，审核承包人提交的施工组织设计、技术措施等，确认后签发开工通知。单位工程质量控制程序如图 3－4 所示。

（三）分部工程质量控制程序

监理机构应审批承包人报送的每一分部工程开工申请，审核承包人递交的施工措施计划，检查该分部工程的开工条件，确认后签发分部工程开工通知。

（四）工序或单元工程质量控制程序

第一个单元工程在分部工程开工申请获批准后自行开工，后续单元工程凭监理机构签发的上一单元工程施工质量合格证明方可开工。工序或单元工程质量控制程序如图 3－5 所示。

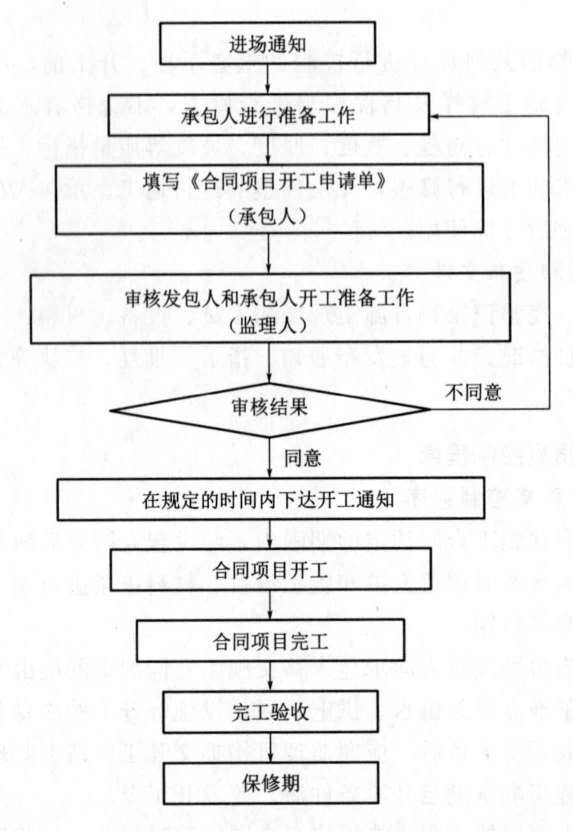

图 3-3　合同项目质量控制程序

（五）混凝土浇筑开仓

监理机构应对承包人报送的混凝土浇筑开仓报审表进行审核。符合开仓条件后，方可签发。

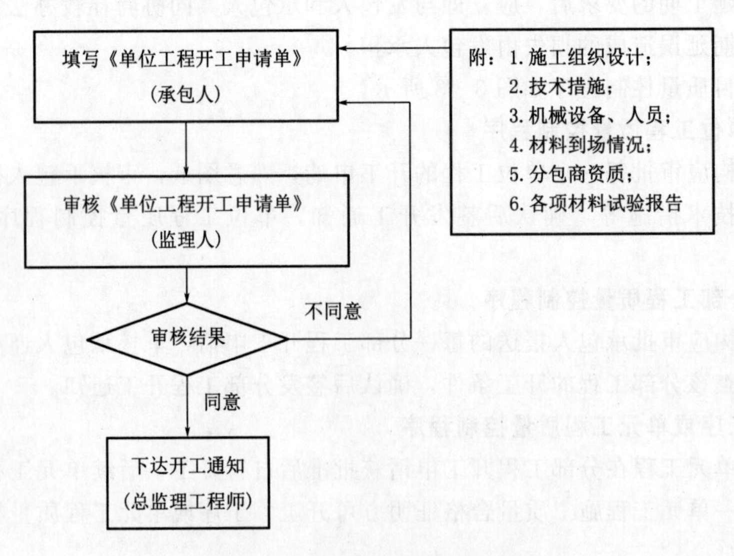

图 3-4　单位工程质量控制程序

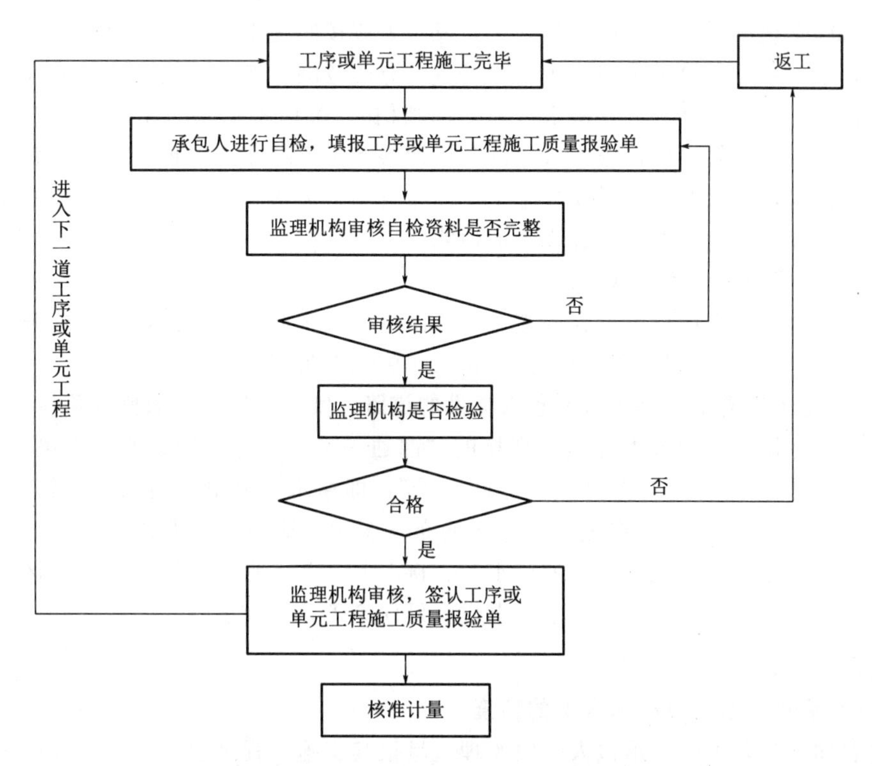

图 3-5　工序或单元工程质量控制程序

第三节　合同项目开工条件的审查

事前质量控制分两个层次：第一个层次是监理人对合同项目开工条件的审查；第二个层次是随着工程施工的进展，把握各单位（分项）工程开工之前的准备工作。开工条件的审查既要有阶段性，又要有连贯性。因此，监理人对开工条件的审查工作必须有计划、有步骤、分期和分阶段地进行，要贯穿工程的整个施工过程。

合同项目开工条件的审查内容包括发包人和承包人两方面的准备工作。

一、发包人的准备工作

（一）首批开工项目施工图纸和文件的供应

发包人在工程开工前应向承包人提供已有的与本工程有关的水文和地质勘测资料，以及由发包人提供的图纸。

（二）测量基准点的移交

发包人（或监理人）应该按照技术条款规定的期限，向承包人提供测量基准点、基准线和水准点以及书面资料。

（三）施工用地及必要的场内交通条件

为了使承包人能尽早进入施工现场开始主体工程的施工，发包人应按合同规定，事先做好征地、移民工作，并且解决承包人施工现场占有权及通道。为了使施工承包人能进入施工现场，尽早开始工程施工，发包人应按照施工承包人所承包的工程施工的需要，事先划定并给予承包人占有现场各部分的范围。如果现场有的区域需要由不同的承包人先后施工（例如基础部分和上部结构），就应根据整个工程总的施工进度计划，规定各承包人占用该施工区域的起讫期限和先后顺序。这种施工现场各承包人工作区域的划定和占有权，需要在施工平面布置图上标明。对各工作区的坐标位置及占用时间，在各承包合同中要有详细的说明。

资源 3.6

（四）工程预付款的付款

工程预付款是在项目施工合同签订后，由发包人按照合同约定，在正式开工前预先支付给承包人的一笔款项，主要供承包人作施工准备用。

（五）施工合同中约定应由发包人提供的道路、供电、供水、通信等条件

监理人应协助发包人做好施工现场的“四通一平”工作，即通水、通电、通路、通信和场地平整（某些工程要求“七通一平”，即通水、通电、通路、通信、通气、通邮、通网和场地平整）。在施工总体平面布置图中，应明确标明供水、供电、通信线路的位置，以及各承包人从何处接水源、接电源，并将水、电送到各施工区，以免在承包人进入施工工作区后因无水、电供应延误施工，引起索赔。

二、承包人的准备工作

（一）承包人组织机构和人员的审查

在合同项目开工前，承包人应向监理人呈报其实施工程承包合同的现场组织机构表及各主要岗位人员的主要资历，监理人应认真予以审查。监理机构在总监理工程师主持下进行认真审查，要求施工单位实质性地履行其投标承诺，做到组织机构完备。技术与管理人员熟悉各自的专业技术、有类似工程的长期经历和丰富经验，能够胜任所承包项目的施工、交工与工程保修工作；配备能对工程进行有效监督的工长和领班；投入顺利履行合同义务所需的技工和普工。主要审查内容如下。

1. 施工单位项目经理资格审查

施工单位项目经理是施工单位驻工地的全权负责人，项目经理必须持有建造师注册证书，必须胜任现场履行合同的职责。

监理机构在对施工单位指派的项目经理（建造师）审查后，上报发包人同意。项目经理更换人员，要求事先经监理机构报发包人同意。项目经理短期离开工地，必须委派代表代行其职，并通知监理机构。

2. 施工单位的职员和工人资格审查

施工单位必须保证施工现场具有技术合格和数量足够的下述人员：

（1）具有合格证明的各类专业技工和普工。

（2）具有相应理论、技术知识和施工经验的各类专业技术人员及有能力进行现场施工管理和指导施工作业的工长。

（3）具有相应岗位资格的管理人员。

技术岗位和特殊工种的工人均必须持有通过国家或有关部门统一考试或考核的资格证明，经监理机构审查合格者才准上岗，如爆破工、电工、焊工等工种均要求持证上岗。

资源 3.7

监理机构对未经批准人员的职务不予确认，对不具备上岗资格的人员完成的技术工作不予承认。

（4）监理机构根据施工单位人员在工作中的实际表现，要求施工单位及时撤换不能胜任工作、玩忽职守或监理机构认为由于其他原因不宜留在现场的人员。未经监理机构同意，不得允许这些人员重新从事该工程的工作。

（二）承包人工地试验室和试验计量设备的审查

监理机构对施工单位检测试验的质量控制是对工程项目的材料质量、工艺参数和工程质量进行有效控制的重要途径。要求施工单位检测试验室必须具备与所承包工程相适应并满足合同文件和技术规范、规程、标准要求的检测手段和资质。监理人监督检查承包人在工地建立的试验室，包括试验设备和用品、试验人员数量和专业水平，核定其试验方法和程序等。承包人应按合同规定和现场监理人的指令进行各项材料试验，并为现场监理人进行质量检查和检验提供必要的试验资料和成果。现场监理人进行抽样试验时，所需试件应由承包人提供，也可以使用承包人的试验设备和用品，承包人应予协助。

主要审查内容如下：

（1）审查试验室的资质文件（包括资格证书、承担业务范围及计量认证文件等的复印件）。

（2）审查试验室人员配备情况（姓名、性别、岗位工龄、学历、职务、职称、专业或工种）。

（3）审查试验室仪器设备清单（仪器设备名称、规格型号、数量、完好情况及其主要性能），仪器仪表的率定及检验合格证。

（4）各类检测、试验记录表和报表的式样。

（5）审查试验人员守则及试验室工作规程。

（6）其他需要说明的情况或监理机构根据合同文件规定要求报送的有关材料。

资源 3.8

（三）承包人进场施工设备的审查

为了保证施工的顺利进行，监理人在开工前对施工设备的以下几个方面进行审查：

（1）开工前检查承包人进场的施工设备数量、规格、性能以及进场时间是否符合施工合同约定要求。

（2）监理机构应督促承包人按照施工合同约定保证施工设备按计划及时进场，并对进场的施工设备进行评定和认可。禁止不符合要求的设备投入使用并要求承包人及时撤换。在施工过程中，监理机构应督促承包人对施工设备及时进行补充、维修、维护，以满足施工需要。

资源 3.9

（3）旧施工设备进入工地前，承包人应提供该设备的使用和检修记录，以及具有设备鉴定资格的机构出具的检修合格证，经监理机构认可，方可进场。

（4）承包人从其他人处租赁设备时，应在租赁协议书中明确规定，若在协议书有效期内发生承包人违约解除合同时，发包人或发包人邀请的其他承包人可以相同条件取得其使用权。

（四）对基准点、基准线和水准点的复核和工程放线

监理人应在合同规定的期限内，向承包人提供测量基准点、基准线和水准点及其平面资料。承包人应依上述基准点、基准线以及国家测绘标准和本工程精度要求，测设自己的施工控制网，并将资料报送监理人审批。待工程完工后完好地移交给发包人。承包人应负责施工过程中的全部施工测量工作，包括地形测量、放样测量、断面测量、收方测量和验收测量等。并应由承包人自行配置合格的人员、仪器、设备和其他物品。承包人在各项目施工测量前还应将所采取措施的报告报送监理人审批。监理人可以指示承包人在监理人监督下或联合进行抽样复测，当复测中发现有错误时，必须按照监理人指示进行修正或补测。监理人可以随时使用承包人的施工控制网，承包人应及时提供必要的协助。

承包人应负责管理好施工控制网点，若有丢失或损坏，应及时修复，其所需管理和修复费用由承包人承担。工程完工后应完好地移交给发包人。

（五）进场原材料、构配件的检查

（六）辅助设施准备

准备砂石料系统、混凝土拌和系统以及场内道路、供水、供电、供风等施工辅助设施的准备。

砂石料生产系统的配置是根据工程设计图纸的混凝土用量及各种混凝土的级配比例，计算出各种规格混凝土骨料的需用量，主要考虑日最大强度及月最大强度，确定系统设备的配置。砂石厂应设在料场附近；多料场供应时，应设在主料场附近；经论证也可分别设厂；砂石利用率高、运距近、场地许可时，也可设在混凝土工厂附近。主要设施的地基应稳定，有足够的承载力。

混凝土拌和系统，尽量选在地质条件良好的部位，拌和系统布置注意进出料高程，运输距离小，生产效率高。

施工总布置的主要任务是确定对外交通运输和场内交通运输方式，对外交通方案确保施工工地与国家或地方公路、铁路车站、水运港口之间的交通联系，具备完成施工期间外来物质运输任务的能力。场内交通方案确保施工工地内部各工区、当地材料场地、堆渣场、各生产区、各生活区之间的交通联系，主要道路与对外交通的衔接。

工地施工用水、生活用水和消防用水的水压、水质应满足相应的规定。施工供水量应满足不同时期日高峰生产用水和生活用水的需要，并按消防用水量进行校核。生活和生产用水宜按水质要求、用水量、用户分布和水源、管道和取水建筑物的布置情况，通过技术经济比较后确定集中或分散供水。

资源 3.10

各施工阶段用电最高负荷宜按需要系数法计算。通信系统组成与规模应根据工程规模的大小、施工设施布置及用户分布情况确定。

第四节　施工图纸及施工组织设计的审查

单位工程开工条件的审查与合同项目开工条件既有相同之处，也存在区别。相同之处是两者审查的内容、方法基本相同；区别是两者侧重点有所不同。合同项目开工条件的审查侧重于整体，属于粗线条，涉及面广；而单位工程开工条件的审查则是针对合同中一个具体的组成部分而进行的。单位工程开工条件主要是对施工图纸施工组织设计的审查。

一、施工图纸的审查

根据基本建设程序，施工图纸的审核分为两种情况：一种情况是在工程开工之前，建设单位应把施工图设计文件提交有关部门进行审查，未经批准，不得使用；另外一种情况是在施工过程中，图纸用于正式施工之前，监理工程师对施工图纸及设计文件的审查。这里所讲的是第二种情况的审查。

施工图审核是指监理人对施工图的审核。审核的重点是使用功能及质量要求是否得到满足。施工图是关于建筑物、设备、管线等工程对象的尺寸、布置、选用材料、构造、相互关系、施工及安装质量要求的详细图纸和说明，是指导施工的直接依据。因此，监理单位应重视施工图纸的审核。监理机构收到施工图纸后，应在施工合同约定的时间内完成核查或审批工作，确认后签字、盖章；有必要时监理机构应在与有关各方约定的时间内，主持或与发包人联合主持召开施工图纸技术交底会议，并由设计单位进行技术交底。

（一）施工图审查内容

监理人对施工图纸进行审核时，除了重视施工图纸本身是否满足设计要求之外，还应注意从合同角度进行审查，保证工程质量，减少设计变更，对施工图的审查应侧重以下内容：

（1）施工图是否经设计单位正式签署。

（2）图纸与说明书是否齐全，如分期出图，图纸供应是否及时。

（3）施工图纸是否与招标图纸一致（如不一致是否有设计变更）。

（4）地下构筑物、障碍物、管线是否探明并标注清楚。

（5）施工图中的各种技术要求是否切实可行，是否存在不便于施工或不能施工的技术要求。

（6）各专业图纸的平面、立面、剖面图之间是否有矛盾，几何尺寸、平面位置、标高等是否一致，标注是否有遗漏。

（7）地基处理的方法是否合理。对地基进行处理常用的方法有换土垫层、砂井堆载预压、强夯、振动挤密、高压喷射注浆、深层搅拌、渗入性灌浆、加筋土、桩基础加固地基等。

资源 3.11

（二）设计技术交底

为更好地理解设计意图，从而编制出符合设计要求的施工方案，监理机构对重大或复杂项目组织的设计技术交底会议，由设计、施工、监理、发包人等相关人员参加。

设计技术交底会议应着重解决下列问题：

（1）分析地形、地貌、水文气象、工程地质及水文地质等自然条件方面的影响。

（2）主管部门及其他部门（如环保、旅游、交通、渔业等）对本工程的要求，设计单位明确采用的设计规范。

(3) 设计单位的意图。如设计思路、结构设计意图、设备安装及调试要求等。

(4) 施工单位在施工过程中应注意的问题。如基础处理、新结构、新工艺、新技术等方面应注意的问题。

(三) 施工图纸的发布

监理人在收到施工详图后，首先应对图纸进行审核。在确认图纸正确无误后，由监理人签字，下达给施工承包人，施工图即正式生效，施工承包人就可按图纸进行施工。

施工承包人在收到监理人发布的施工图后，在用于正式施工之前应注意以下方面：

(1) 检查该图纸上监理人是否签字。

(2) 对施工图进行仔细的检查和研究，内容如前所述。检查和研究的结果可能有以下几种情况：

1) 图纸正确无误，承包人应立即按施工图的要求组织实施，研究详细的施工组织和施工技术保证措施，安排机具、设备、材料、劳力、技术力量进行施工。

2) 发现施工图纸中有不清楚的地方或有可疑的线条、结构、尺寸等，或施工图上有互相矛盾的地方，承包人应向监理人提出“澄清要求”，待这些疑点澄清之后再进行施工。

监理人在收到承包人的“澄清要求”后，应及时与设计单位联系，并对“澄清要求”及时予以答复。

3) 根据施工现场的特殊条件、承包人的技术力量、施工设备和经验，认为对图纸中的某些方面可以在不改变原来设计图纸和技术文件的原则的前提下进行一些技术修改使施工方法更为简便，结构性能更为完善，质量更有保证，且并不影响投资和工期。此时，承包人可提出“技术修改”要求。

这种“技术修改”可直接由监理人处理，并将处理结果书面通知设计单位驻现场代表。如果设计代表对建议的技术修改持有不同意见，应立即书面通知监理人。

4) 如果发现施工图与现场的具体条件（如地质、地形条件等）有较大差别，难以按原来的施工图纸进行施工，此时，承包人可提出“现场设计变更要求”。

二、施工组织设计的审核

施工组织设计是工程设计文件的重要组成部分，是编制工程投资估算、设计概算和进行招投标的主要依据，是工程建设和施工管理的指导性文件。认真做好施工组织设计，对整体优化设计方案、合理组织工程施工、保证工程质量、缩短建设周期、降低工程造价都有十分重要的作用。

(一) 初步设计中的施工组织设计

根据初步设计编制规程和施工组织设计规范，初步设计的施工组织设计应包含以下 7 个方面的内容。

1. 施工条件

施工条件包括工程条件、自然条件、物质资源供应条件以及社会经济条件等。

2. 主体工程施工

应根据各自的施工条件，对施工程序、施工方法、施工强度、施工布置、施工进度和施工机械等问题进行分析比较和选择。

3. 施工交通运输

（1）对外交通运输。在弄清现有对外交通和发展规划的情况下，根据工程对外运输总量、运输强度和重大部件的运输要求，确定对外交通运输方式、选择线路的标准和线路位置，规划沿线重大设施和与国家干线的连接，并提出场外交通工程的施工进度安排。

（2）场内交通运输。应根据施工场区的地形条件和分区规划要求，结合主体工程的施工运输，选定场内交通主干线路的布置和标准，提出相应的工程量。施工期间，若有船、木过坝问题，应作出专门的分析论证，提出解决方案。

4. 施工工厂设施和大型临建工程

（1）施工工厂设施：应根据施工的任务和要求，分别确定各自位置、规模、设备容量、生产工艺、工艺设备、平面布置、占地面积、建筑面积和土建安装工程量，提出土建安装进度和分期投产的计划。

（2）大型临建工程。要作出专门设计，确定其工程量和施工进度安排。

5. 施工总布置

施工总布置主要任务包括：对施工场地进行分期、分区和分标规划；确定分期分区布置方案和各承包单位的场地范围；对土石方的开挖、堆料、弃料和填筑进行综合平衡，提出各类房屋分区布置一览表；估计用地和施工征地面积，提出用地计划；研究施工期间的环境保护和植被恢复的可能性。

6. 施工总进度

合理安排施工进度，必须仔细分析工程规模、导流程序、对外交通、资源供应、临建准备等各项控制因素，拟定整个工程的施工总进度；确定项目的起讫日期和相互之间的衔接关系；对土石方、混凝土等主要工种工程的施工强度，劳动力、主要建筑材料、主要机械设备的需用量，要进行综合平衡；分析施工工期和工程费用的关系，提出合理工期的推荐意见。

资源 3.12

7. 主要技术供应计划

根据施工总进度的安排和定额资料的分析，对主要建筑材料和主要施工机械设备，列出总需要量和分年需要量计划；在施工组织设计中，必要时还需提出进行试验研究和补充勘测的建议，为进一步深入设计和研究提供依据；在完成上述设计内容时，还应提出相应的附图。

（二）施工阶段的施工组织设计

在施工投标阶段，施工单位根据招标文件中规定的施工任务、技术要求、施工工期及施工现场的自然条件，结合本单位的人员、机械设备、技术水平和经验，在投标书中编制了施工组织设计，对拟承包工程作出了总体部署，如工程准备采用的施工方法、施工工序、机械设计和技术力量的配置，内部的质量保证系统和技术保证措施。它是承包人进行投标报价的主要依据之一。施工单位中标并签订合同后，这一施工组织设计也就成了施工合同文件的重要组成部分。在施工单位接到开工通知后，按合同规定时间进一步提交更为完备、具体的施工组织设计，通过监理机构的批准。

监理人审查施工组织设计程序如图 3-6 所示。

监理人审查施工组织设计应注意以下几个方面：

（1）承包人所选用的施工设备的型号、类型、性能、数量等能否满足施工进度和施工质量的要求。

（2）拟采用的施工方法、施工方案在技术上是否可行，对质量有无保证。

（3）各施工工序之间是否平衡，会不会因工序的不平衡而出现窝工。

（4）质量控制点的设置是否正确，其检验方法、检验频率、检验标准是否符合合同与现行技术规范的要求。

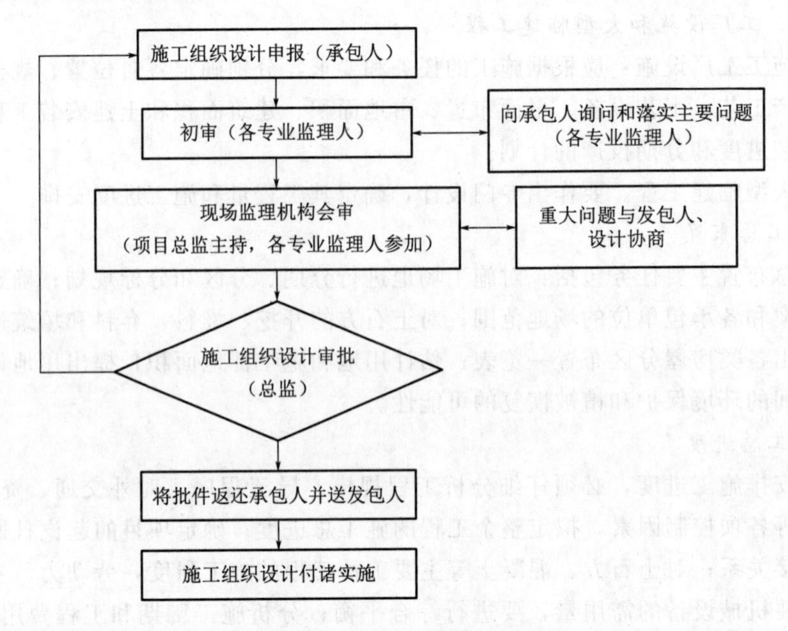

图 3-6　施工组织设计程序

（5）计量方法是否符合合同的规定。

（6）技术保证措施是否切实可行。

（7）施工安全技术措施是否切实可行。

监理人在对施工承包人的施工组织设计和技术措施进行仔细审查后提出意见和建议，并用书面形式答复承包人是否批准施工组织设计和技术措施，是否需要修改。如果需要修改，承包人应对施工组织设计和技术措施进行修改后提出新的施工组织设计和技术措施，再次请监理人审查，直至批准为止。在施工组织设计和技术措施获得批准后，承包人就应严格遵照批准的施工组织设计和技术措施实施。对于由于其他原因需要采取替代方案的，应保证不降低工程质量、不影响工程进度、不改变原来的报价。根据合同条件的规定，监理人对施工方案的批准，并不解除承包人对此方案应负的责任。

在施工过程中，监理人有权随时随地检查已批准的施工组织设计和技术措施的实施情况，如果发现施工承包人有违背之处，监理人应首先以口头制止，然后用书面形式通知承包人违背施工组织设计和技术措施的行为，并要求予以改正。如果承包人坚持不予以改正，监理人有权发布暂停通知，停止其施工。

对关键部位、工序或重点控制对象，在施工之前必须向监理人提交更为详细的施工措施计划，经监理人审批后方能进行施工。

第五节　施工过程影响因素的质量控制

影响工程质量的因素有5个方面，即“人、材料、机械、方法、环境”。事前有效控制这5个方面因素的质量是确保工程施工阶段质量的关键，也是监理人进行质量控制过程中的主要任务之一。

一、人的质量控制

工程质量取决于工序质量和工作质量，工序质量又取决于工作质量，而工作质量直接取决于参与工程建设各方所有人员的技术水平、文化修养、心理行为、职业道德、质量意识、身体条件等因素。这里所指的人员既包括了施工承包人的操作、指挥及组织者，也包括了监理人员。

“人”作为控制的对象，为避免产生失误，要充分调动人的积极性，以发挥“人是第一因素”的主导作用。监理人要本着适才适用、扬长避短的原则来控制人的使用。

二、原材料与工程设备的质量控制

工程项目是由各种建筑材料、辅助材料、成品、半成品、构配件以及工程设备等构成的实体，这些材料、构配件本身的质量及其质量控制工作，对工程质量具有十分重要的影响。材料质量及工程设备是工程质量的基础，材料质量及工程设备不符合要求，工程质量也就不可能符合标准。为此，监理人应对原材料和工程设备进行严格的控制。

（一）原材料质量控制

1. 材料、构配件质量控制的特点

（1）工程建设所需用的建筑材料、构配件等数量大，品种规格多，且分别来自众多的生产加工部门，故施工过程中，材料、构配件的质量控制工作量大。

（2）工程施工周期长，短则几年，长则十几年，施工过程中各工种穿插、配合繁多，如土建与设备安装的交叉施工，监理人的质量控制具有复杂性。

（3）工程施工受外界条件的影响较大，有的材料甚至是露天堆放，影响材料质量的因素多，且各种因素在不同环境条件下影响工程质量的程度也不尽相同，因此，监理人对材料、构配件的质量控制具有较大困难。

2. 材料、构配件质量控制程序

（1）监理工程师应审核材料的采购订货申请，审核的内容主要包括所采购的材料是否符合设计的需要和要求，以及生产厂家的生产资格和质量保证能力等。

(2) 材料进场后，监理工程师应审核施工单位提交的材料质量保证资料，并派出监理人员参与施工单位对材料的清点。

(3) 材料使用前，监理工程师应审核施工单位提交的材料试验报告和资料，经确认签证后方可用于施工。

(4) 对于工程中所使用的主要材料和重要材料，监理单位应按规定进行抽样检验，验证材料的质量。

(5) 施工单位对涉及结构安全的试块、试件及有关材料进行质量检验时，应在监理单位的监督下现场取样。

发包人负责采购的工程设备，应由发包人（或发包人委托监理人代表发包人）和承包人在合同规定的交货地点共同进行交货验收，由发包人正式移交给承包人。在验收时承包人应按现场监理人的批示进行工程设备的检验测试，并将检验结果提交现场监理人。工程设备安装后，若发现工程设备存在缺陷时，应由现场监理人和承包人共同查找原因，如属设备制造不良引起的缺陷应由发包人负责；如属承包人运输和保管不慎或安装不良引起的损坏应由承包人负责。

如果承包人使用了不合格的材料、工程设备和工艺，并造成工程损害时，监理人可以随时发出指示，要求承包人立即改正，并采取措施补救，直至彻底清除工程的不合格部位以及不合格的材料和工程设备。若承包人无故拖延或拒绝执行监理人的上述指令，则发包人可按承包人违约处理，发包人有权委托其他承包人，其违约责任应由承包人承担。

材料、构配件质量控制程序如图 3-7 所示。

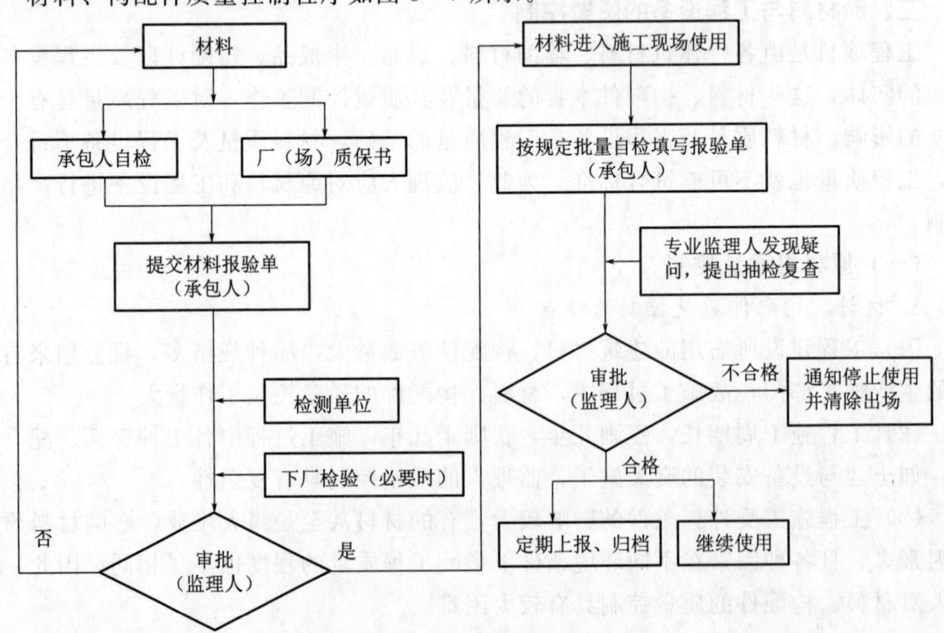

图 3-7 材料、构配件质量控制程序

3. 材料供应的质量控制

监理单位应监督和协助施工单位建立材料运输、调度、储存的科学管理体系，加快材料的周转，减少材料的积压和库存，做到既能按质、按量、按期地供应施工所需的材料，又能降低费用，提高效益。

4. 材料使用的质量控制

监理单位应建立材料使用检验的质量控制制度，材料在正式用于施工之前，施工单位应组织现场试验，并编写试验报告。现场试验合格，试验报告及资料经监理工程师审查确认后，这批材料才能正式用于施工。同时，还应充分了解材料的性能、质量标准、适用范围和对施工的要求。使用前应详细核对，以防用错或使用了不合适的材料。

对于重要部位和重要结构所使用的材料，在使用前应仔细核对和认证材料的规格、品种、型号、性能是否符合工程特点和设计要求。

此外，还应严格进行下列材料的质量控制：

（1）对于混凝土、砂浆、防水材料等，应进行试配并严格控制配合比。

（2）对于钢筋混凝土构件及预应力混凝土构件，应按有关规定进行抽样检验。

（3）对预制加工厂生产的成品、半成品，应由生产厂家提供出厂合格证明，必要时还应进行抽样检验。

（4）对于高压电缆、电绝缘材料，应组织进行耐压试验后才能使用。

（5）对于新材料、新构件，要经过权威单位进行技术鉴定合格后才能在工程中正式使用。

（6）对于进口材料，应会同商检部门按合同规定进行检验，核对凭证，如发现问题，应在规定期限内提出索赔。

（7）凡标识不清或怀疑质量有问题的材料，对质量保证资料有怀疑或与合同规定不符的材料，均应进行抽样检验。

（8）储存期超过3个月的过期水泥或受潮、结块的水泥应重新检验其标号，并不得使用在工程的重要部位。

5. 材料的质量检验

材料的质量检验方法分为书面检验、外观检验、理化检验和无损检验等4种。

（1）书面检验。通过对提供的材料质量保证资料、试验报告等进行审核，取得认可方能使用。

（2）外观检验。对材料从品种、规格、标识、外形尺寸等进行直观检验，看其有无外观质量问题。

（3）理化检验。指在物理、化学等方法的辅助下的量度。它借助于试验设备和仪器对材料样品的化学成分、机械性能等进行科学的鉴定。

（4）无损检验。在不破坏材料样品的前提下，利用超声波、X射线、表面探伤仪等进行检测。如混凝土多功能检测（混凝土裂缝和厚度检测）、非金属超声分析仪检测（基桩完整性检测，结构混凝土抗压强度、裂缝深度及缺陷检测，连续墙完整性检测）。

资源3.13

（二）工程设备的质量控制

1. 工程设备制造质量控制

一般情况下，在签订设备采购合同后，监理人应授权独立的检验员作为监理人代表派驻工程设备制造厂家，以监造的方式对供货生产厂家的生产重点及全过程实行质量监控，以保证工程设备的制造质量，并弥补一般采购订货中可能存在的不足之处。同时可以随时掌握供货方是否严格按自己所提出的质量保证计划书执行，是否有条不紊地开展质量管理工作，是否严格履行合同文件，能否确保工程设备的交货日期和交货质量。

监理人应针对工程设备供货的特点以及自身的具体情况（如技术力量、技术人员、管理水平等），采取相应的监造方式保证制造质量。归纳起来，监造方式有日常监造方式、设计联络会议方式、监理人协同有关单位派出监造组的方式。

（1）日常监造方式。当监理人缺乏足够技术水平，难以对供货方实施日常监造工作时，可以委托承担设备安装的施工承包人负责日常监造工作，即施工承包人代表发包人/监理人对供货单位进行监造，施工承包人对发包人/监理工程师负责。

（2）设计联络会议方式。根据实际需要规定设计联络次数，主要解决工程设备设计中存在的各类问题。

（3）监理人协同有关单位派出监造组的方式。监造组的具体任务应视合同的执行情况，以搞好合同管理监督并促进供方单位保证设备质量为目的，做好设备制造工作中有关问题处理的前后衔接工作，监造组的派出次数视实际情况而定。监造组的任务如下：

1）了解供方质量管理控制系统，包括技术资料档案情况、理化检验、主要部件初检和复检制度，各生产工序的检验项目及标准，关键零部件的检验制度。

2）参加部分设备的出厂试验，了解试验方法及标准。

3）全面了解和掌握供货单位在制造工程设备全过程中的生产工艺、产品装配、检验和试验、出厂包装、储存方法等内容。

4）就设计联络会议遗留下来的问题与供货单位协商解决。

5）解决施工承包人的日常监造遗留下来的各类问题。

监造内容视监造对象和供货厂家的不同而有所区别。一般而言，监造内容主要包括：①监督和了解供方在设备制造过程中质量保证体系运行情况及质量保证手册执行情况，含质量管理体系、质量管理网络、对策等；②监控供方质量保证文件的执行情况；③监控供方的生产工艺水平及工艺能力；④监控用于工程设备制造的材料质量；⑤监控制造产品质量情况；⑥与供方协商解决设计联络会议及日常监造遗留下来的问题；⑦审核质量检验人员的操作资格；⑧掌握质量检验工作进行情况及准确性程度；⑨确定包装运输的保证质量措施和手段；⑩参与出厂试验。

2. 工程设备运输的质量控制

工程设备运输是借助于运输手段进行有目标的空间位置的转移，最终达到施工现场、工程设备运输工作的质量，直接影响工程设备使用价值的实现，进而影响工程施工的正常进行和工程质量。

工程设备容易因运输不当而降低甚至丧失使用价值，造成部件损坏，影响其功能和精度等。因此，监理人应加强工程设备运输的质量控制，与发包人的采购部门一起，根据具体情况和工程进度计划，编制工程设备的运送时间表，制定出参与设备运输的有关人员的责任，使有关人员明确在运输质量保证中应做的事和应负的责任，这也是保证运输质量的前提。设备运输有关人员各自的质量责任有以下几方面：

（1）供方的质量责任。发包人设备采购部门在监理人参与下与供方签订的供货合同中，应包含供货方在保证运输质量方面所承担一切责任的条款，同时合同中要明确规定供方为保证运输质量所采取的必要措施。

（2）工程设备采购人员的质量责任。采购人员应明确采购对象的质量、规格、品种及在运输中保证质量的要求，根据不同的工程设备及对其需要时间等要求，编制运输计划及保证运输质量的措施，合理选择运输方式，向押运人员、装卸人员、运输人员做保证运输质量的技术交底，监督供方合同中有关保证运输质量措施及所负责任的条款等。

（3）押运人员的质量责任。押运人员负责运输全过程的质量管理，处理运输中发生的异常情况，确保设备的运输质量。

（4）装卸人员的质量责任。装卸人员应按照采购人员提出的装卸操作要求进行装卸，禁止野蛮装卸，认清设备的品种、规格、标记和件数，避免错装、漏装；装卸中若发现质量问题，应及时向押运人员或采购人员反映，研究适当的处理办法。

（5）运输人员的质量责任。明确保证运输质量的要求，积极配合押运人员、装卸人员做好保证运输质量的各项工作；选择合适的运输路线和路面，必要时应限速，避开坑洼路面；停车、卸车地点的选择应满足技术交底规定的要求，尽量做到直达运输，避免二次搬运。

3. 工程设备检查及验收的质量控制

根据合同条件的规定，工程设备运至现场后，承包人应负责在现场工程设备的接收工作，然后由监理人进行检查验收，工程设备的检查验收内容有：计数检查；质量保证文件审查和管理；品种、规格、型号的检查；质量检验确认等。

（1）质量保证文件的审查和管理。质量保证文件是供货厂家（制造商）或被委托的加工单位向需求方提供的证明文件，证明其所供应的设备及器材，完全达到需求方提出的质量保证计划书所需求的技术性文件。一方面，它可以证明所对应的设备及器材质量符合标准要求，需求方在掌握供方质量信誉及进行必要的复验的基础上，就可以投入施工或运行；另一方面，它也是施工单位提供竣工技术文件的重要组成部分，以证明建设项目所用设备及器材完全符合要求。因此，甲方（如委托施工单位督造，则应为施工单位）必须加强对设备及器材质量保证文件的管理。

工程设备质量保证文件的组成内容随设备的类别、特点的不同而不尽相同。但其主要的、基本的内容包括：①供货总说明；②合格证明书、说明书；③质量检验凭证；④无损检测人员的资格证明；⑤焊接人员名单、资格证明及焊接记录；⑥不合格内容、质量问题的处理说明及结果；⑦有关图纸及技术资料；⑧质量监督部门的认证资料。

监理人应重视并加强对质量保证文件的管理。质量保证文件管理的内容主要有：①所有投入到工程中的工程设备必须有齐备的质量保证文件；②对无质量保证文件或质量保证文件不齐全，或质量保证文件虽齐全，但对其对应的设备表示怀疑时，监理人应进行质量检验（或办理委托质量检验）；③质量保证文件应有足够的份数，以备工程竣工后用；④监理人应监督施工承包人将质量保证文件编入竣工技术文件。

（2）工程设备质量的确认检验。质量确认检验的目的是通过一系列质量检验手段，将所得的质量数据与供方提供的质量保证文件相对照，对工程设备质量的可靠性作出判断，从而决定其是否可以投用。另外，质量确认检验的附加目的是对供方的质量检验资格、能力、水平做出判断，并将质量信息反馈给供方。

质量的确认检验一般按以下程序进行：

1）由采购员将供方提出的全部质量保证文件送交负责质量检验的监理人审查。

2）检验人员按照供方提供的质量保证文件，对工程设备进行确认检查，如经查无误，检验人员在“工程设备验收单”上盖“允许”或“合格”的印记。

3）当对供方提供的质量保证文件资料的正确性有怀疑或发现文件与设备实物不符时，以及设计、技术规程有明确规定，或因是重要工程设备必须复验才可使用时，检验人员应标注暂停入库的记号，并填写复验委托单，交有关部门复验。

4. 工程设备试车运转的质量控制

工程设备安装完毕后，要参与和组织单体、联体无负荷和有负荷的试车运转。对于试运转的质量控制可分为4个阶段。

（1）质量检查阶段。试车运转前的全面综合性的质量检查是十分必要的，通过这一工作，可以把各类问题暴露于试车运转之前，以便采取相应措施加以解决，保证试车运转质量。试车运转前的检查是在施工过程质量检验的基础上进行，其重点是施工质量、质量隐患及施工漏项。对检查中发现的各类问题，监理人应责令责任方编写整改计划，进行逐项整改并逐项检查验收。

（2）单体试车运转阶段。单体试车运转，也称为单机试车运转。在系统清洗、吹扫、贯通合格，相应需要的电、水、气、风等引入的条件下，可分别实施单体试车运转。

单体试车运转合格，并取得生产（使用）单位参加人员的确认后，可分别向生产单位办理技术交工，也可待工程中的所有单机试车运转合格后，办理一次性技术交工。

（3）无负荷或非生产性介质投料的联合试车运转。无负荷联合试车运转是不带负荷的总体联合试车运转。它可以是各种转动设备、动力设备、反应设备、控制系统以及联结它们成为有机整体的各种联结系统的联合试车运转。在这个阶段的试车运转中，可以进行大量的质量检验工作（如密封性检验、系统试压等），以发现在单体试运中不能或难以发现的工程质量问题。

（4）有负荷试车运转。有负荷试车运转实际上是试生产过程，是进一步检验工程质量、考核生产过程中的各种功能及效果的最后检验也是最重要的检验。

进行有负荷试车运转必须具备以下条件：无负荷试车运转中发现的各类质量问题均已解决完毕，工程的全部辅助生产系统满足试车运转需要并畅通无阻，公用工程配套齐全；生产操作人员配备齐全，辅助材料准备妥当，相应的生产管理制度建立齐全。通过有负荷试车运转，可以进一步发现工程的质量问题，并对生产的处理量、产量、产品品种及其质量等是否达到设计要求进行全面检验和评价。

（三）材料和工程设备的检验

材料和工程设备的检验应符合下列规定：

（1）对于工程中使用的材料、构配件，监理机构应监督承包人按有关规定和施工合同约定进行检验，并应查验材质证明和产品合格证。

（2）对于承包人采购的工程设备，监理机构应参加工程设备的交货验收；对于发包人提供的工程设备，监理机构应会同承包人参加交货验收。

（3）材料、构配件和工程设备未经检验，不得使用；经检验不合格的材料、构配件和工程设备，应督促承包人及时运离工地或做出相应处理。

（4）监理机构如对进场材料、构配件和工程设备的质量有异议时，可指示承包人进行重新检验；必要时，监理机构应进行平行检测。

（5）监理机构发现承包人未按有关规定和施工合同约定对材料、构配件和工程设备进行检验，应及时指示承包人补做检验；若承包人未按监理机构的指示进行补验，监理机构可按施工合同约定自行或委托其他有资质的检验机构进行检验，承包人应为此提供一切方便并承担相应费用。

（6）监理机构在工程质量控制过程中发现承包人使用了不合格的材料、构配件和工程设备时，应指示承包人立即整改。

三、施工机械设备的质量控制

施工机械设备质量控制的目的在于为施工提供性能好、效率高、操作方便、安全可靠、经济合理且数量足够的施工设备，以保证按照合同规定的工期和质量要求，完成建设项目施工任务。

监理人应着重从施工机械设备的选择、使用管理和保养、施工设备性能参数的要求等3方面予以控制。

（一）施工机械设备的选择

施工机械设备选择的质量控制，主要包括设备型式的选择和主要性能参数的选择两方面。

（1）施工机械设备型式的选择。应考虑设备的施工适用性、技术先进、操作方便、使用安全，保证施工质量的可靠性和经济上的合理性。例如疏浚工程应根据地质条件、疏浚深度、面积及工程量等因素，分别选择抓斗式、链斗式、吸扬式、耙吸式等不同型式的挖泥船；对于混凝土工程，在选择振捣器时，应考虑工程结构的特点、振捣器功能、适用条件和保证质量的可靠性等因素，分别选择大型插入式、小型软轴式、平板式或附着式振捣器。

资源 3.14

(2) 施工设备主要性能参数的选择。应根据工程特点、施工条件和已确定的机械设备型式来选定具体的机械。例如，堆石坝施工所采用的振动碾，其性能参数主要是压实功能和生产能力，在已选定牵引式振动碾的情况下，应选择能够在规定的铺筑厚度下振动碾压6～8遍以后，还能使填筑坝料的密度达到设计要求的振动碾。

(二) 施工设备的使用管理

为了更好地发挥施工设备的使用效果和质量效果，监理人应督促施工承包人做好施工设备的使用管理工作，主要内容如下：

(1) 加强施工设备操作人员的技术培训和考核，正确掌握和操作机械设备，做到定机定人，实行机械设备使用保养的岗位责任制。

(2) 建立和健全机械设备使用管理的各种规章制度，如人机固定制度、操作证制度、岗位责任制度、交接班制度、技术保养制度、安全使用制度、机械设备检查维修制度及机械设备使用档案制度等。

(3) 严格执行各项技术规定：

1) 技术试验规定。对于新的机械设备或经过大修、改装的机械设备，在使用前必须进行技术试验，包括无负荷试验、加负荷试验和试验后的技术鉴定等，以测定机械设备的技术性能、工作性能和安全性能，试验合格后，才能使用。

2) 走合期规定。新的机械设备和大修后的机械设备在初期使用时，工作负荷或行驶速度要由小到大，使设备各部分配合达到完善磨合状态，这段时间称为机械设备的走合期。如果初期使用就满负荷作业，会使机械设备过度磨损，降低设备的使用寿命。

3) 寒冷地区使用机械设备的规定。在寒冷地区，机械设备会产生启动困难、磨损加剧、燃料和润滑油消耗增加等现象，要做好保温取暖工作。

4) 施工设备进场后，未经监理人批准，不得擅自退场或挪作他用。

(三) 施工设备性能及状况的考核

对于施工设备的性能及状况，不仅在其进场时应进行考核，在使用过程中，零件的磨损、变形、损坏或松动会降低效率和性能，从而影响施工质量，因此监理人必须督促施工承包人对施工设备特别是关键性的施工设备的性能和状况定期考核。例如对吊装机械等必须定期进行无负荷试验、加荷试验及其他测试，以检查其技术性能、工作性能、安全性能和工作效率。发现问题时，应及时分析原因，采取适当措施，以保证设备性能的完好。

四、施工方法的质量控制

这里所指的方法的质量控制包含工程项目整个建设周期内所采取的技术方案、工艺流程、组织措施、检测手段、施工组织设计等的控制。

施工方案合理与否、施工方法和工艺先进与否，均会对施工质量产生极大的影响，是直接影响工程项目的进度控制、质量控制、投资控制三大目标能否顺利实现的关键。在施工实践中，由于施工方案考虑得不周、施工工艺落后而造成施工进度迟缓，质量下降，增加投资等情况时有发生。为此，监理人在制定和审核施工方案和施工工艺时，必须结合工程实际，从技术、管理、经济、组织等方面进行全面分析，综合考虑，确保施工方案、施工工艺在技术上可行，在经济上合理，且有利于提高施工质量。

五、环境因素的质量控制

影响工程项目质量的施工环境因素较多，主要有技术环境、施工管理环境及自然环境。

技术环境因素包括施工所用的规程、规范、设计图纸及质量评定标准。

施工管理环境因素包括质量保证体系、三检制、质量管理制度、质量签证制度、质量奖惩制度等。

自然环境因素包括工程地质、水文、气象、温度等。

上述环境因素对施工质量的影响具有复杂而多变的特点，尤其是某些环境因素更是如此，如气象条件就是千变万化的，温度、大风、暴雨、酷暑、严寒等均影响到施工质量。为此，监理人要根据工程特点和具体条件，采取有效的措施，严格控制影响质量的环境因素，确保工程项目质量。

第六节　施工工序的质量控制

工程质量是在施工过程中形成的，不是检验出来的。工程项目的施工过程由一系列相互关联、相互制约的工序构成，工序质量是基础，直接影响工程项目的整体质量。要控制工程项目施工过程的质量，必须加强工序质量控制。

一、工序质量控制的内容

进行工序质量控制时，应着重于以下 4 个方面的工作。

(1) 严格遵守工艺规程。施工工艺和操作规程，是进行施工操作的依据和法规，是确保工序质量的前提，任何人都必须遵守，不得违反。

(2) 主动控制工序活动条件的质量。工序活动条件包括的内容很多，主要指影响质量的五大因素，即施工操作者、材料、施工机械设备、施工方法和施工环境。只有将这些因素切实有效地控制起来，使它们处于被控状态，确保工序投入品的质量，才能保证每道工序的正常和稳定。

(3) 及时检验工序活动效果的质量。工序活动效果是评价工序质量是否符合标准的尺度。为此，必须加强质量检验工作，对质量状况进行综合统计与分析，及时掌握质量动态，发现质量问题，应及时处理。

(4) 设置质量控制点。质量控制点是指为了保证作业过程质量而预先确定的重点控制对象、关键部位或薄弱环节。设置控制点以便在一定时期内、一定条件下进行强化管理，使工序处于良好的控制状态。

二、工序分析

工序分析就是找出对工序的关键或重要的质量特性起着支配作用的那些要素的全部活动，以便能在工序施工中针对这些主要因素制定出控制措施及标准，进行主动的、预防性的重点控制，严格把关。工序分析一般步骤如下：

(1) 选定分析对象，分析可能的影响因素，找出支配性要素。

1) 选定的分析对象可以是重要的、关键的工序，或者是根据过去的资料认为经常发生问题的工序。

2) 掌握特定工序的现状和问题，改善质量的目标。

3) 分析影响工序质量的因素，明确支配性要素。

(2) 针对支配性要素，拟定对策计划，并加以核实。

(3) 将核实的支配性要素编入工序质量控制表。

(4) 对支配性要素落实责任，实施重点管理。

三、质量控制点的设置

设置质量控制点是保证达到施工质量要求的必要前提，监理人在拟定质量控制工作计划时，应予以详细地考虑，并以制度来保证落实。对于质量控制点，要事先分析可能造成质量问题的原因，再针对原因制定对策和措施进行预控。

(一) 质量控制点的设置对象

监理人应督促施工承包人在施工前全面、合理地选择质量控制点，并对施工承包人设置质量控制点的情况及拟采取的控制措施进行审核。必要时，应对施工承包人的质量控制实施过程进行跟踪检查或旁站监督，以确保质量控制点的实施质量。

承包人在工程施工前应根据施工过程质量控制的要求、工程性质和特点以及自身的特点列出质量控制点明细表，表中应详细地列出各质量控制点的名称和控制内容、检验标准及方法等，提交监理人审查批准，并在此基础上实施质量预控。

设置质量控制点的对象主要有以下几方面：

资源 3.15－1

(1) 人的行为。某些工序或操作重点应控制人的行为，避免人的失误造成质量问题。如高空作业、水下作业、爆破作业等危险作业。

(2) 材料的质量和性能。材料的性能和质量是直接影响工程质量的主要因素，尤其是某些工序，更应将材料的质量和性能作为控制的重点。如预应力钢筋的加工，就要求对钢筋的弹性模量、含硫量等严格要求。

资源 3.15－2

(3) 关键的操作。有些工序操作是保证质量的重要环节，控制不好就无法补救，比如混凝土浇筑的振捣、养生和基坑回填的压实。

(4) 施工顺序。有些工序或操作，必须严格控制相互之间的先后顺序。

(5) 技术参数。有些技术参数与质量密切相关，亦必须严格控制。如外加剂的掺量、混凝土的水灰比等。

(6) 常见的质量通病。常见的质量通病如混凝土的起砂、蜂窝、麻面、裂缝等都与工序有关，应事先制定好对策，提出预防措施。

（7）新工艺、新技术、新材料的应用。当新工艺、新技术、新材料已通过鉴定、试验，但是施工操作人员缺乏经验，又是初次施工时，也必须对其工序进行严格控制。

（8）质量不稳定、质量问题较多的工序。通过质量数据统计，表明质量波动、不合格率较高的工序，也应作为质量控制点设置。

（9）特殊地基和特种结构。对于湿陷性黄土、膨胀土、红黏土等特殊地基的处理，以及大跨度结构、高耸结构等技术难度大的施工环节和重要部位，更应特别控制。

（10）关键工序。如钢筋混凝土工程的混凝土振捣，灌注桩的钻孔，隧洞开挖的钻孔布置、方向、深度、用药量和填塞等。

资源 3.16

控制点的设置要准确有效，究竟选择哪些对象作为控制点，需要由有经验的质量控制人员通过对工程性质和特点、自身特点以及施工过程的要求充分进行分析后进行选择。表 3－1 为工程质量控制点总表。

资源 3.17

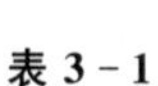
表 3－1　　工程质量控制点总表

序号	工程项目	质量控制要点	控制手段与方法
1	土石方工程	开挖范围（尺寸及边坡比）	测量、巡视
		高程	测量
2	一般基础工程	位置（轴线及高度）	测量
		高程	测量
		地基承载能力	试验测定
		地基密实度	检测、巡视
3	碎石桩基础	桩底土承载力	测试、旁站
		孔位孔斜成桩垂直度	量测、巡视
		投石量	量测、旁站
		桩身及桩间土	试验、旁站
		复合地基承载力	试验、旁站
4	换填基础	原状土地基承载力	测试、旁站
		混合料配比、均匀性	审核配合比，取样检查、巡视
		碾压遍数、厚度	旁站
		碾压密实度	仪器、测量
5	水泥搅拌桩	桩位（轴线、坐标、高程）	测量
		桩身垂直度	量测
		桩顶、桩端地层高程	测量
		外掺剂掺量及搅拌头叶片外径	量测
		水泥掺量、水泥浆液、搅拌喷浆速度	量测
		成桩质量	N10 轻便触探器检验、抽芯检测

续表

<table>
<tr><th>序号</th><th>工程项目</th><th>质量控制要点</th><th colspan="2">控制手段与方法</th></tr>
<tr><td rowspan="5">6</td><td rowspan="5">灌注桩</td><td>孔位（轴线、坐标、高程）</td><td colspan="2">测量</td></tr>
<tr><td>造孔、孔径、垂直度</td><td colspan="2">量测</td></tr>
<tr><td>终孔、桩端地层、高程</td><td colspan="2">检测、终孔岩样做超前钻探</td></tr>
<tr><td>钢筋混凝土浇筑</td><td colspan="2">审核混凝土配合比、坍落度、施工工艺、规程、旁站</td></tr>
<tr><td>混凝土密实度</td><td colspan="2">用大小应变超声波等检测，巡视</td></tr>
<tr><td rowspan="7">7</td><td rowspan="7">混凝土浇筑</td><td>位置轴线、高程</td><td>测量</td><td rowspan="7">1. 原材料要合格，碎石冲洗，外加剂检查试验；
2. 混凝土拌和：拌和时间不少于120秒；
3. 混凝土运输方式；
4. 混凝土入仓方式；
5. 浇筑程序、方式、方法；
6. 平仓、控制下料厚度、分层；
7. 振捣间距不超过振动棒长度的1.25倍，不漏振，振捣时间；
8. 浇筑时间要快，不能停顿，但要控制层面时间；
9. 加强养护</td></tr>
<tr><td>断面尺寸</td><td>测量</td></tr>
<tr><td>钢筋：数量、直径、位置、接头、绑扎、焊接</td><td>测量、现场检查</td></tr>
<tr><td>施工缝处理和结构缝措施</td><td>现场检查</td></tr>
<tr><td>止水材料的搭接、焊接</td><td>现场检查</td></tr>
<tr><td>混凝土强度、配合比、坍落度</td><td>现场制作试块，审核试验报告，旁站</td></tr>
<tr><td>混凝土外观</td><td>量测</td></tr>
</table>

注　1. 巡视指施工现场作业面不定时的检查监督。
2. 旁站指现场跟踪、观察及量测等方式进行的检查监督。
3. 量测指用简单的手持式量尺，量具、量器（表）进行的检查监督。
4. 测量指借助于测量仪器、设备进行检查。
5. 试验指通过试件、取样进行的试验检查等。

（二）质量控制点两类质量检验点

从理论上讲，或在工程实践中，要求监理人对施工全过程的所有施工工序和环节都能实施检验，以保证施工的质量。然而，在实际中难以做到这一点。为此，监理人应在工程开工前，督促施工承包人在施工前全面、合理地选择质量控制点。根据质量控制点的重要程度及监督控制要求不同，将质量控制点区分为质量检验见证点和质量检验待检点。

1. 见证点

所谓“见证点”，是指承包人在施工过程中达到这一类质量检验点时，应事先书面通知监理人到现场见证，观察和检查承包人的实施过程。然而监理人在接到通知后未能在约定时间到场，承包人有权继续施工。

例如，在建筑材料生产时，承包人应事先书面通知监理人对采石场的采石、筛分进行见证。当生产过程的质量较为稳定时，监理人可以到场，也可以不到场见证，承包人在监理人不到场的情况下可继续生产，然而需做好详细的施工记录，供监理人随时检查。在混凝土生产过程中，监理人不一定对每一次拌和都到场检验混凝土的温度、坍落度、配合比等指标，而可以由承包人自行取样，并做好详细的检验记录，供监理人检查。然而，在混凝土标号改变或发现质量不稳定时，监理人可以要求承包人事先书面通知监理人到场检查，否则不得开盘。此时，这种质量检验点就成了“待检点”。

质量检验“见证点”的实施程序如下：

步骤1：施工或安装承包人在到达这一类质量检验点（见证点）之前24小时，书面通知监理人，说明何日何时到达该见证点，要求监理人届时到场见证。

步骤2：监理人应注明收到见证通知的日期并签字。

步骤3：如果在约定的见证时间监理人未能到场见证，承包人有权进行该项施工或安装工作。

步骤4：如果在此之前，监理人根据对现场的检查，并写明了意见，则承包人在监理人意见的旁边应写明他根据上述意见已经采取的改正行动，或者可能有的某些具体意见。

监理人到场见证时，应仔细观察、检查该质量检验点的实施过程，并在见证表上详细记录，说明见证的建筑物名称、部位、工作内容、工时、质量等情况，并签字。该见证表还可用作承包人进度款支付申请的凭证之一。

2. 待检点

对于某些更为重要的质量检验点，必须要在监理人到场监督、检查的情况下承包人才能进行检验。这种质量检验点称为“待检点”。

例如在混凝土工程中，由基础面或混凝土施工缝处理，模板、钢筋、止水、伸缩缝和坝体排水管及混凝土浇筑等工序构成混凝土单元工程，其中每一道工序都应由监理人进行检查认证，检验合格才能进入下一道工序。根据承包人以往的施工情况，有的可能在模板架立上容易发生漏浆或模板走样事故，有的可能在混凝土浇筑方面经常出现问题。此时，就可以选择模板架立或混凝土浇筑作为“待检点”，承包人必须事先书面通知监理人，并在监理人到场进行检查监督的情况下才能进行施工。

又如在隧洞开挖中，当采用爆破掘进时，钻孔的布置、钻孔的深度、角度、炸药量、填塞深度、起爆间隔时间等爆破要素，对于开挖的效果有很大影响。特别是在遇到有地质构造带如断层、夹层、破碎带的情况下，正确的施工方法以及支护对施工安全关系极大。此时，应该将钻孔的检查和爆破要素的检查定为“待检点”，每一工序必须要通过监理人的检查确认。

资源3.18

当然，从广义上讲，隐蔽工程覆盖前的验收和混凝土工程开仓前的检验，也可以认为是“待检点”。

“待检点”和“见证点”执行程序的不同，就在于步骤3，即如果在到达待检点时，监理人未能到场，承包人不得进行该项工作，事后监理人应说明未能到场的原因，然后双方约定新的检查时间。

“见证点”和“待检点”的设置是监理人对工程质量进行检验的一种行之有效的

方法。这些检验点应根据承包人的施工技术力量、工程经验、具体的施工条件、环境、材料、机械等各种因素的情况来选定。各承包人面对的这些因素不同，“见证点”或“待检点”也就不同。有些检验点在施工初期当承包人对施工还不太熟悉、质量还不稳定时可以定为“待检点”；而当施工承包人面对已熟练地掌握施工过程的内在规律、工程质量较稳定时，又可以改为“见证点”。某些质量控制点，对于这个承包人可能是“待检点”，而对于另一个承包人可能是“见证点”。

（三）质量控制点设置步骤

承包人应在提交的施工措施计划中，根据自身的特点拟定质量控制点，通过监理人审核后，就要针对每个控制点进行控制措施的设计，主要步骤如下：

（1）列出质量控制点明细表。

（2）设计质量控制点施工流程图。

（3）进行工序分析，找出影响质量的主要因素。

（4）制定工序质量表，对上述主要因素规定出明确的控制范围和控制要求。

（5）编制保证质量的作业指导书。

承包人对质量控制点的控制措施设计完成后，经监理人审核批准后方可实施。

四、工序质量的检查

1. 承包人的自检

承包人是施工质量的直接实施者和责任者。监理工程师的质量监督与控制就是使承包单位建立起完善的质量自检体系并有效运转。

承包人完善的自检体系是承包人质量保证体系的重要组成部分，承包人各级质检人员应按照承包人质量保证体系所规定的制度，按班组、值班检验人员、专职质检员逐级进行质量自检，保证生产过程中有合格的质量。发现缺陷及时纠正和返工，把事故消灭在萌芽状态。监理人员应随时监督检查，保证承包人质量保证体系的正常运作，这是施工质量得到保证的重要条件。

2. 监理人的检查

监理人的质量检查与验收是对承包人施工质量的复核与确认。监理人的检查绝不能代替承包人的自检。监理人的检查必须是在承包人自检并确认合格的基础上进行的。专职质检员没检查或检查不合格不能报监理工程师，不符合上述规定，监理工程师可以拒绝进行检查。

监理人的检查和检验，不免除承包人按合同约定应负的责任。

第七节　设备安装过程的质量控制

设备安装要按设计文件实施，要符合有关的技术要求和质量标准。设备安装应从设备开箱起直至设备的空载试运转，必须带负荷才能试运转的应进行负荷试运转。在安装过程中，监理工程师要做好安装过程的质量监督与控制，对安装过程中每一个单元工程、分部工程和单位工程进行检查质量验收。

一、设备安装准备阶段的质量控制

1. 严格审核安装作业指导书，优化安装方案

主要机电设备安装项目开工前，安装单位必须编制安装作业指导书供监理工程师审查。一方面，通过审查可以优化安装程序和方案，以免因安装程序和方案不当，造成返工或延误工期；另一方面，安装单位能按审批的安装作业指导书要求进行安装，更好地控制安装质量。安装作业指导书未经监理工程师审批，不允许施工。

2. 认真进行设备开箱验收，发现问题及时处理

设备运抵工地后，由监理工程师、安装人员、项目法人和设备厂代表进行开箱检查和验收。在开箱检查时，对机电设备的外观进行检查，核对产品型号和参数，检查出厂合格证、出厂试验报告、技术说明书等资料，核对专用工具和备品备件，对缺损件和不合格品进行登记。

3. 加强巡视检查、重点部位和重要试验旁站监理

机电设备的安装工序较多，每道工序一般都不重复，有时一天要完成几个工序的安装。因此，监理工程师现场的巡视和跟踪是非常重要的，要掌握第一手资料，及时协调和处理发生的各种问题，使安装工程有序地进行。

二、设备安装过程的质量控制

设备安装过程的检查包括设备基础、设备就位、设备调平找正、设备复查与二次灌浆。

（一）设备基础

每台设备都有一个坚固的基础，以承受设备本身的重量和设备运转时产生的振动力和惯性力。若无一定体积的基础来承受这些负荷和抵抗振动，必将影响设备本身的精度和寿命。

根据使用材料的不同，设备基础分为素混凝土基础和钢筋混凝土基础。素混凝土基础主要用于安装静止设备和振动力不大的设备，钢筋混凝土基础用于安装大型及有振动力的设备。

设备安装就位前，安装单位应对设备基础进行检验，以保证安装工作的顺利进行。一般是检查基础的外形几何尺寸、位置等。对于大型设备的基础，应审核土建部门提供的预压及沉降观测记录，如无沉降观测记录，应进行基础预压，以免设备在安装后出现基础下沉和倾斜。

设备基础检验的主要内容如下：

（1）设备基础表面的模板、露出基础外的钢筋等必须拆除，地脚螺栓孔内模板、碎料及杂物、积水应全部清除干净。

（2）根据设计图纸要求，检查所有预埋件的数量和位置的正确性。

（3）检查设备基础断面尺寸、位置、标高、平整度和质量。

（4）检查基础混凝土的强度是否满足设计要求。

（5）设备基础检查后，如有不合格的应及时处理。

（二）设备就位

在设备安装中，正确的找出并划定设备安装的基准线，然后根据基准线将设备安

放到正确的位置上，包括纵、横向的位置和标高。设备就位前，应将其底座底面的油污、泥土等去掉，须灌浆处的基础或地坪表面应凿成麻面，被油玷污的混凝土应予凿除，否则，灌浆质量无法保证。

设备就位时，一方面要根据基础上的安装基准线；另一方面还要根据设备本身划出的中心线（定位基准线）。为了使设备上的定位基准线对准安装基准线，通常将设备进行微移调整，使其安装过程中所出现的偏差可控制在允许范围之内。

设备就位应平稳，防止摇晃位移，对重心较高的设备，应采取措施预防失稳倾覆。

（三）设备调平找正

设备调平找正主要是使设备通过校正调整达到质量标准。分为三个步骤。

1. 设备的找正

设备找正调平时也需要相应的基准面和测点。所选择的测点应有足够的代表性。一般情况下，对于刚性较大的设备，测点数可较少；对于易变形的设备，测点数应适当增多。

2. 设备的初平

设备的初平是在设备就位找正之后，初步将设备的安装水平调整到接近要求的程度。设备初平常与设备就位结合进行。

3. 设备的精平

设备的精平是指对设备进行最后的检查调整。设备的精平在清洗后的精加工面上进行。精平时，设备的地脚螺栓已经灌浆，其混凝土强度不应低于设计强度的70%，地脚螺栓可紧固。

（四）设备的复查与二次灌浆

每台设备安装定位、找正找平后，要进行严格的复查工作，使设备的标高、中心和水平螺栓调整垫铁的紧度完全符合技术要求。如果检查结果完全符合安装技术标准，并经监理单位审查合格后，即可进行二次灌浆工作。

三、设备安装的验收

设备转动精度的检查是设备安装质量检查验收的重点和难点。设备运行时是否平稳以及使用寿命的长短，不仅与组成这台机器的单体设备的制造质量有关，而且还与靠联轴器将各单体设备连成一体时的安装质量有关。机器的惯性越大，转速越高，对联轴器安装质量的要求也越高。为了避免设备安装产生的连接误差，许多国外设备的电动机与所驱动的设备被制造成一个整体，共用一个安装底（支）座，各自不再拥有独立的安装底座，从而方便了安装。目前检测联轴器安装精度较先进的仪器有激光对中仪，由于价格较贵，使用范围受限还没有普及，多数设备安装单位使用的仍是百分表、量块。

设备安装质量的另一项重要检测指标是轴线倾斜度，即两个相连转动设备的同轴度。

在设备安装监理过程中，应对安装单位使用测量仪器的精度提出要求和进行检查，在安装过程中对半联轴器的加工精度进行复测，对螺栓的紧固应使用扭力扳手，有条件的最好使用液压扳手。在安装前，应要求安装单位预先提交检测记录表，并审核其检测项目有无缺项、允差标准值是否符合规范要求，目的是促使安装单位在安装过程中按照规范要求进行调试，以保证安装精度。

第八节　混凝土、土石方开挖工程质量控制

一、混凝土工程质量控制

（一）原材料质量控制

1. 水泥

（1）水泥品种。承包人应按各建筑物部位施工图纸的要求，配置混凝土所需品种，各种水泥均应符合技术条款指定的国家和行业的现行标准。

大型建筑物所用的水泥，可根据具体情况对水泥的矿物成分等提出专门要求。每一工程所用水泥品种以 1～2 种为宜，并宜固定厂家供应。有条件时，应优先采用散装水泥。

（2）运输。运输时，不得受潮和混入杂物。不同品种、标号、出厂日期和出厂编号的水泥应分别运输装卸，并做好明显标识，严防混淆。承包人应采取有效措施防止水泥受潮。

（3）储存。进厂（场）水泥的存放应符合下列规定：

1）散装水泥宜在专用的仓罐中存放。不同品种和标号的水泥不得混仓，并应定期清仓。散装水泥在库内存放时，水泥库的地面和外墙内侧应进行防潮处理。

2）袋装水泥应在库房内存放，库房地面应有防潮措施。库内应保持干燥，防止雨露侵入。袋装水泥的出厂日期不应超过 3 个月，散装水泥不应超过 6 个月，快硬水泥不应超过 1 个月，袋装水泥的堆放高度不得超过 15 袋。

（4）检验。每批水泥均应有厂家的品质试验报告。承包人应按国家和行业的有关规定，对每批水泥进行取样检测，必要时还应进行化学成分分析。检测取样以 200～400t 同品种、同标号水泥为一个取样单位，不足 200t 时也应作为一个取样单位。检测的项目应包括水泥标号、凝结时间、体积安定性、稠度、细度、比重等试验，监理人认为有必要时，可要求进行水化热试验。

2. 骨料

骨料应根据优质条件、就地取材的原则进行选择。可选用天然骨料、人工骨料，或两者互相补充。混凝土骨料应按监理人批准的料源进行生产，对含有活性成分的骨料必须进行专门的试验论证，并经监理人批准后使用。冲洗、筛分骨料时，应控制好筛分进料量、冲洗水压和用水量、筛网的孔径与倾角等，以保证各级骨料的成品质量符合要求，尽量减少细砂流失。

（1）骨料的堆存和运输应符合下列要求：

1）堆存骨料的场地应有良好的排水设施。不同粒径的骨料必须分别堆存，设置隔离设施防止混杂。

2）应尽量减少转运次数。粒径大于 40mm 的粗骨料的净自由落差不宜大于 3m，超过时应设置缓降设备。

3）骨料堆存时，不宜堆成斜坡或锥体，以防产生分离。骨料储仓应有足够的数量和容积，并应维持一定的堆料厚度。砂仓的容积、数量还应满足砂料脱水的要求。应避免泥土混入骨料和骨料的严重破碎。

（2）细骨料的质量要求应符合下列规定：

1）细骨料的细度模数应在2.4～3.0范围内，测试方法按《混凝土试验规程》中相关规定进行。

2）砂料应质地坚硬、清洁、级配良好，使用山砂、特细砂应经过试验论证。其他砂的质量要求（如含泥量、石粉含量、云母含量、轻物质含量、硫化物及硫酸盐含量、坚固性和密度）应满足要求。

（3）粗骨料的质量要求应符合下列规定：

1）粗骨料的最大粒径不应超过钢筋最小间距的2/3、构件断面边长的1/4及素混凝土板厚的1/2，对少筋或无筋结构，应选用较大的粗骨料粒径。

施工中应将骨料粒径分成下列几种级配：

a. 二级配：分成5～20mm和20～40mm，最大粒径为40mm。

资源3.19

b. 三级配：分成5～20mm、20～40mm和40～80mm，最大粒径为80mm。

c. 四级配：分成5～20mm、20～40mm、40～80mm和80～150mm（120mm），最大粒径为150mm（120mm）。

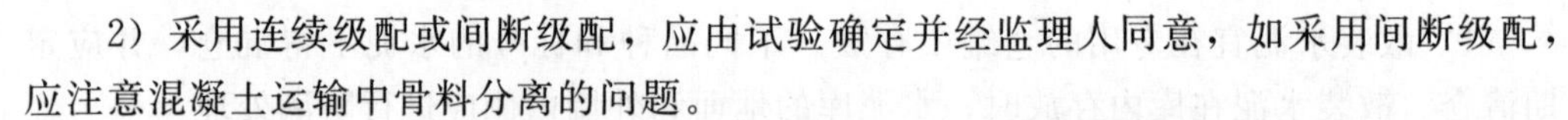

2）采用连续级配或间断级配，应由试验确定并经监理人同意，如采用间断级配，应注意混凝土运输中骨料分离的问题。

资源3.20

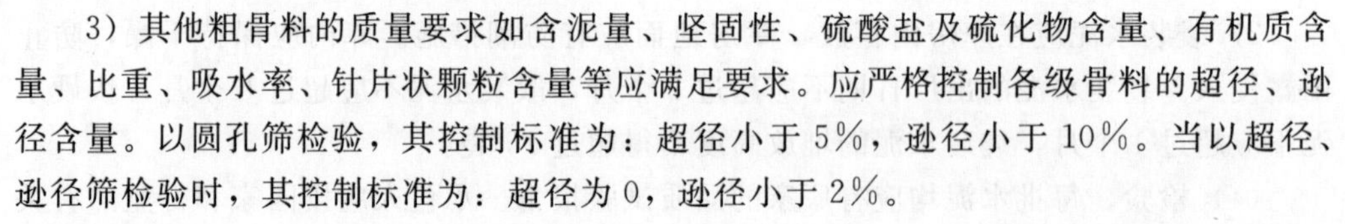

3）其他粗骨料的质量要求如含泥量、坚固性、硫酸盐及硫化物含量、有机质含量、比重、吸水率、针片状颗粒含量等应满足要求。应严格控制各级骨料的超径、逊径含量。以圆孔筛检验，其控制标准为：超径小于5%，逊径小于10%。当以超径、逊径筛检验时，其控制标准为：超径为0，逊径小于2%。

3. 水

（1）凡适宜饮用的水均可使用，未经处理的工业废水不得使用。拌和用水所含物质不应影响混凝土和易性和混凝土强度，以及引起钢筋和混凝土的腐蚀。水的pH值、不溶物、可溶物、氯化物、硫化物的含量应符合规定。

（2）检查。拌和及养护混凝土所用的水，除按规定进行水质分析外，应按监理人的指示进行定期检测。在水质改变或对水质有怀疑时，应采取砂浆强度试验法进行检测对比。如果水样制成的砂浆抗压强度，低于原合格水源制成的砂浆28d龄期抗压强度的90%时，该水不能继续使用。

4. 掺和料

为改善混凝土的性能，合理降低水泥用量，宜在混凝土中掺入适量的活性掺和料，掺用部位及最优掺量应通过试验决定。非成品原状粉煤灰的品质指标如下：

（1）烧失量不得超过12%。

（2）干灰含水量不得超过1%。

（3）三氧化硫（水泥和粉煤灰总量中的）不得超过3.5%。

（4）0.08mm方孔筛筛余量不得超过12%。

5. 外加剂

为改善混凝土的性能，提高混凝土的质量及合理降低水泥用量，必须在混凝土中掺加适量的外加剂，其掺量通过试验确定。拌制混凝土或水泥砂浆常用的外加剂有减水剂、加气剂、缓凝剂、速凝剂和早强剂等。应根据施工需要和对混凝土性能的要求及建筑物所处的环境条件，选择适当的外加剂。有抗冻要求的混凝土必须掺用加气剂，并严格限制水灰比。

使用外加剂时应注意以下问题：

（1）外加剂必须与水混合配成一定浓度的溶液，各种成分用量应准确。对含有大量固体的外加剂（如含石灰的减水剂），其溶液应通过 0.6mm 孔眼的筛子过滤。

资源 3.21

（2）外加剂溶液必须搅拌均匀，并定期抽取有代表性的样品进行鉴定。

6. 钢筋

承包人应负责钢筋材料的采购、运输、验收和保管，并应按合同规定，对钢筋进行进场材质检验和验点入库，监理人认为有必要时，承包人应通知监理人参加检验和验点工作。若承包人要求采用其他种类的钢筋替代施工图纸中规定的钢筋，应将钢筋的替代报送监理人审批。钢筋混凝土结构用的钢筋应符合热轧钢筋主要性能的要求。

每批钢筋均应附有产品质量证明书及出厂检验单，承包人在使用前，应分批进行以下机械性能试验：

（1）钢筋分批试验，以同一炉（批）、同一截面尺寸的钢筋为一批，取样的重量不大于 60kg。

（2）根据厂家提供的钢筋质量证明书，检查每批钢筋的外观质量，并测量每批钢筋的代表直径。

（3）在每批钢筋中，选取经表面质量检查和尺寸测量合格的两根钢筋，各取一个拉力试件（含屈服点、抗拉强度和延伸率试验）和一个冷弯试验。如一组试验项目的一个试件不符合规定数值时，则另取 2 倍数量的试件，对不合格的项目做第二次试验，如有一个试件不合格，则该批钢筋为不合格产品。

结构非预应力混凝土中，不得使用冷拉钢筋，因为冷拉钢筋一般不作为受压钢筋。

钢筋的表面应洁净无损伤，油漆污染和铁锈等应在使用前清除干净。带有颗粒状或片状老锈的钢筋不得使用。

资源 3.22

（二）混凝土配合比

各种不同类型结构物的混凝土配合比必须通过试验选定。混凝土配合比试验前，承包人应将各种配合比试验的配料及其拌和、制模和养护等的配合比试验计划报送监理人。

混凝土的水灰比应以骨料在饱和面干状态下的混凝土单位用水量与单位胶凝材料用量的比值为准，单位胶凝材料用量为每立方米混凝土中水泥与混合料重量的总和。

混凝土配合比的设计要求如下：

（1）承包人应按施工图纸的要求和监理人的指示，通过室内试验成果进行混凝土配合比设计，并报送监理人审批。

（2）混凝土水灰比最大允许值根据部位和地区的不同，应满足相应的规定。

1）在环境水有侵蚀的情况下，外部水位变化区及水下混凝土的水灰比最大允许值应减少0.05。

2）在采用减水剂和加气剂的情况下，经过试验论证，内部混凝土的水灰比最大允许值可增加0.05。

3）寒冷地区系指最冷月月平均气温在−3℃以下的地区。

4）配合比调整：在施工过程中，承包人需要改变监理人批准的混凝土配合比，必须重新得到监理人批准。

（三）混凝土拌和的质量控制

承包人拌制现场浇筑混凝土时，必须严格遵照承包人现场试验室提供并经监理人批准的混凝土配料单进行配料，严禁擅自更改配料单。除合同另有规定外，承包人应采用固定拌和设备，设备生产率必须满足高峰浇筑强度的要求，所有的称量、指示、记录及控制设备都应有防尘措施，设备称量应准确，其偏差量应不超过规定，承包人应按监理人的指示定期校核称量设备的精度。拌和设备安装完毕后，承包人应会同监理人进行设备运行操作检验。

1. 拌和质量检查

对于混凝土拌和质量检查，应检查以下内容：

（1）水泥、外加剂是否符合国家标准。混凝土拌和时间应通过试验决定，表3-2中的拌和时间可参考使用；混凝土强度保证率大于等于80%，混凝土抗冻、抗渗标号符合设计要求。

（2）混凝土坍落度、拌和物均匀性、抗压强度最小值、混凝土离差系数能否满足质量标准。

（3）水泥、混合材、砂、石、水的称量在其允许偏差范围之内，不应超过表3-3的规定。

表3-2　　混凝土纯拌和时间

拌和机进料容量/m^3	最大骨料粒径/mm	坍落度/cm		
		2～5	5～8	>8
1.0	80	—	2.5	2.0
1.6	150（120）	2.5	2.0	2.0
2.4	150	2.5	2.0	2.0
5.0	150	3.5	3.0	2.5

注　1. 入机拌和量不应超过拌和机容量的10%。
　　2. 掺加混合材、加气剂、减水剂及加冰时，宜延长拌和时间，出机料不应有冰块。

表3-3　　混凝土各组分材料称量的允许偏差

材料名称	允许偏差
水泥、掺合料	±1%
砂、石	±2%
水、片冰、外加剂溶液	±1%

在混凝土拌和过程中，应采取措施保持砂、石、骨料含水率稳定，砂子含水率应控制在6%以内。掺有掺合料（如粉煤灰等）的混凝土进行拌和时，掺合料可以湿掺也可以干掺，但应保证掺和均匀。

2. 拌和均匀性检测

（1）承包人应按监理人指示，并会同监理人对混凝土拌和均匀性进行检测。

（2）定时在出机口对一盘混凝土按出料先后各取一个试样（每个试样不少于30kg），以测量砂浆密度，其差值不应大于30kg/m³。

坍落度的检测：按施工图纸的规定和监理人的指示，每班应进行现场混凝土坍落度的检测，出机口应检测4次，仓面应检测2次。混凝土的坍落度由建筑物的性质、钢筋含量、混凝土的运输、浇筑方法和气候条件决定，尽可能采用小的坍落度。混凝土在浇筑地点的坍落度可参照表3-4的规定。

表3-4　　混凝土浇筑地点的坍落度

建筑物性质	标准圆锥坍落度/cm
素混凝土或少钢筋混凝土	1～4
配筋率不超过1%的钢筋混凝土	3～6
配筋率超过1%的钢筋混凝土	5～9

注　有温控要求或在低温季节浇筑混凝土时，混凝土的坍落度可根据情况酌情增减。

资源3.23

（四）混凝土的运输

混凝土出拌和机后，应迅速运达浇筑地点，运输中不应有分离、漏浆和严重泌水现象。混凝土入仓时，应防止离析，最大骨料粒径150mm的四级配混凝土自由下落的垂直落距不应大于1.5m，骨料粒径小于80mm的三级配混凝土其垂直落距不应大于2m。

混凝土运至浇筑地点，应符合浇筑时规定的坍落度，当有离析现象时，必须在浇筑前进行二次搅拌。混凝土在运输过程中，应尽量缩短运输时间及减少转运次数。因故停歇过久，混凝土产生初凝时，应作废料处理。在任何情况下，严禁中途加水后运入仓内。

（五）混凝土浇筑

任何部位混凝土开始浇筑前，承包人必须通知监理人对浇筑部位的准备工作进行检查。检查内容包括地基处理、已浇筑混凝土面的清理以及模板、钢筋、插筋、冷却系统、灌浆系统、预埋件、止水和观测仪器等设施埋设和安装等，经监理人检验合格后，方可进行混凝土浇筑。任何部位混凝土开始浇筑前，承包人应将该部位的混凝土浇筑的配料单提交监理人进行审核，经监理人同意后，方可进行混凝土的浇筑。

1. 基础面混凝土浇筑

（1）建筑物建基面必须验收合格后，方可进行混凝土浇筑。

（2）岩基上的杂物、泥土及松动岩石均应清除，应冲洗干净并排干积水，如遇有承压水，承包人应指定引排措施和方法报监理人批准，处理完毕并经监理人认可后，方可浇筑混凝土。清洗后的基础岩面在混凝土浇筑前应保持洁净和湿润。

(3) 易风化的岩土基础及软基，在立模扎筋前应处理好地基临时保护层；在软基上进行操作时，应力求避免破坏或扰动原状土壤；当地基为湿陷性黄土时应按监理人指示采取专门的处理措施。

(4) 基岩面浇筑仓，在浇筑第一层混凝土前，必须先铺一层2～3cm的水泥砂浆，砂浆水灰比应与混凝土浇筑强度相适应，铺设施工工艺应保证混凝土与基岩结合良好。

2. 混凝土的浇筑层厚度

混凝土的浇筑层厚度，应根据拌和能力、运输距离、浇筑速度、气温及振捣器的性能等因素确定。一般情况下，浇筑层的允许最大厚度不应超过表3-5规定的数值；如采用低流态混凝土及大型强力振捣设备时，其浇筑层厚度应根据试验确定。

表3-5　　混凝土浇筑层的允许最大厚度

振捣器类别		浇筑层的允许最大厚度
插入式振捣器	电动、风动振捣器	振捣器工作长度的0.8倍
	软轴振捣器	振捣器头长度的1.25倍
表面振捣器	在无筋和单层钢筋结构中	250mm
	在双层钢筋结构中	120mm

3. 浇筑层施工缝面的处理

在浇筑分层的上层混凝土层浇筑前，应对下层混凝土的施工缝面按监理人批准的方法进行冲毛或凿毛处理。

4. 混凝土的入仓

浇入仓内的混凝土应随浇随平仓，不得堆积。仓内若有粗骨料堆叠时，应均匀地分布于砂浆较多处，但不得用水泥砂浆覆盖，以免造成内部蜂窝。不合格的混凝土严禁入仓，已入仓的不合格混凝土必须清除，并按规定弃置在指定地点。浇筑混凝土时，严禁在仓内加水。如发现混凝土的和易性较差，应采取较强振捣等措施，以保证质量。

5. 混凝土的温度控制

施工中严格进行温度控制，是防止混凝土裂缝的主要措施。要防止大体积混凝土结构中产生裂缝，就要降低混凝土的温度应力，这就必须减少浇筑后混凝土的内外温差。为此应优先选用水化热低的水泥，掺入适量的粉煤灰，降低浇筑速度和减少浇筑厚度；浇筑后宜进行测温，采用一定的降温措施，控制内外温差不超过25℃；必要时，经过计算和取得设计单位同意后可留施工缝分层浇筑。

6. 施工缝留设

混凝土结构多要求整体浇筑，如因技术或人为的问题不能连续浇筑，且停留时间有可能超过混凝土的初凝时间时，则应事先确定在适当的位置设置施工缝。由于混凝土的抗拉强度约为其抗压强度的1/10，因而施工缝是结构中的薄弱环节，宜设置在结构剪力较小而且施工方便的部位。若其上有巨大荷载，整体性要求高，往往不允许留施工缝，要求一次性连续浇筑完毕。

（六）混凝土质量检查

（1）混凝土在拌制和浇筑过程中应按下列规定进行检查：

1）检查拌制混凝土所用原材料的品种、规格和用量，每一工作班至少两次。

2）检查混凝土在浇筑地点的坍落度，每一工作班至少两次。

3）在每一工作班内，当混凝土配合比由于外界影响有变动时，应及时检查。

4）混凝土的搅拌时间应随时检查。

（2）检查混凝土质量应进行抗压强度试验。对有抗冻、抗渗要求的混凝土，尚应进行抗冻性、抗渗性等试验。

（3）现场混凝土质量检验以抗压强度为主，同一标号混凝土试件的数量应符合下列要求：

1）大体积混凝土。28d 龄期，每 500m^2 成型试件 3 个；设计龄期：每 1000m^3 成型试件 3 个。

2）非大体积混凝土。28d 龄期，每 100m^2 成型试件 3 个；设计龄期：每 200m^3 成型试件 3 个。

3）抗拉强度。28d 龄期，每 2000m^3 成型试件 3 个。

混凝土试件应在出机口随机取样成型，不得任意挑选。同时，须在浇筑地点取一定数量的试件，以资比较。

（4）每组 3 个试件应在同盘混凝土中取样制作，并按下列规定确定该组试件的混凝土强度代表值：

1）取 3 个试件强度的平均值。

2）当 3 个试件强度中的最大值或最小值之一与中间值之差超过中间值的 15%时，取中间值。

3）当 3 个试件强度中的最大值和最小值与中间值之差均超过中间值的 15%时，该组试件不应作为强度评定的依据。

（5）混凝土的质量评定按下列标准进行：

1）按许可应力法设计的结构（如大坝等），混凝土的极限抗压强度系指设计龄期 15cm 立方体强度。同批试件（$n \geqslant 30$ 组）统计强度保证率最低不得小于 80%。

2）按极限状态法设计的钢筋混凝土结构（如厂房等），同批试件（$n \geqslant 30$ 组）的统计强度保证率最低不得小于 90%。

（6）同批混凝土的施工质量匀质性指标，以现场试件 28d 龄期抗压强度离差系数 C_V 值表示，其评定标准见表 3-6。

表 3-6　现场混凝土抗压强度离差系数 C_V 的评定标准

混凝土标号 \ 等级	优秀	良好	一般	较差
＜200 号	＜0.15	0.15～0.18	0.19～0.22	＞0.22
≥200 号	＜0.11	0.11～0.14	0.15～0.18	＞0.18

（七）混凝土强度的评定

混凝土强度的评定应按下列要求进行。

1. 统计方法评定

（1）当混凝土的生产条件在较长时间内能保持一致，且同一品种混凝土的强度变异性能保持稳定时，应由连续的3组试件代表一个验收批，其强度应同时符合下列公式的要求：

$$m_{fcu} \geqslant f_{cu,k} + 0.7\sigma_0 \quad (3-1)$$

$$f_{cu,min} \geqslant f_{cu,k} - 0.7\sigma_0 \quad (3-2)$$

当混凝土强度等级不高于C20时，其强度的最小值尚应满足下式要求：

$$f_{cu,min} \geqslant 0.85 f_{cu,k} \quad (3-3)$$

当混凝土强度等级高于C20时，其强度的最小值尚应满足下式要求：

$$f_{cu,min} \geqslant 0.90 f_{cu,k} \quad (3-4)$$

式中　m_{fcu}——同一验收批混凝土立方体抗压强度的平均值，N/mm^2；

$f_{cu,k}$——混凝土立方体抗压强度标准值，N/mm^2；

σ_0——验收批混凝土立方体抗压强度标准差，N/mm^2；

$f_{cu,min}$——同一验收批混凝土立方体抗压强度最小值，N/mm^2。

上述各不等式的左边都是样本的验收函数，不等式的右边是规定的验收界限。只有当各要求同时满足时，才为合格。

（2）当混凝土的生产条件在较长时间内不能保持一致，且混凝土强度变异性不能保持稳定时，或在前一个检验期内的同一品种混凝土没有足够的数据用以确定验收批混凝土立方体抗压强度的标准差时，应由不少于10组的试件组成一个验收批，其强度应同时满足下列公式的要求：

$$m_{fcu} - \lambda_1 s_{fcu} \geqslant 0.9 f_{cu,k} \quad (3-5)$$

$$f_{cu,min} \geqslant \lambda_2 f_{cu,k} \quad (3-6)$$

式中　s_{fcu}——同一验收批混凝土立方体抗压强度的标准差，N/mm^2；

λ_1, λ_2——合格判定系数，见表3-7。

表3-7　混凝土强度的合格判定系数

试件组数	10～14	15～24	≥25
λ_1	1.70	1.65	1.60
λ_2	0.90	0.85	

2. 非统计方法评定

资源3.24

对零星生产的预制构件的混凝土或现场搅拌批量不大的混凝土，可采用非统计法评定。此时，验收混凝土的强度必须同时符合下列要求：

$$m_{fcu} \geqslant 1.15 f_{cu,k} \quad (3-7)$$

$$f_{cu,min} \geqslant 0.95 f_{cu,k} \quad (3-8)$$

二、土石方开挖工程质量控制

（一）土石方明挖

土石方是指人工填土、表土、黄土、砂土、淤泥、黏土、砾质土、砂砾石、松散的坍塌体及软弱的全风化岩石，以及小于或等于0.7m^3的孤石和岩块等，无须采用爆破技术而可直接使用手工工具或土方机械开挖的全部材料。

1. 施工方法选择应注意的问题

土石方工程施工方案的选择必须依据施工条件、施工要求和经济效果等进行综合考虑，具体因素有如下几个方面：

（1）土质情况。必须弄清土质类别，是黏性土、非黏性土或岩石，以及密实程度、块体大小、岩石坚硬性、风化破碎情况。

（2）施工地区的地势、地形情况和气候条件，距重要建筑物或居民区的远近。

（3）工程情况。工程规模大小、工程数量和施工强度、工作场面大小、施工期长短等。

（4）道路交通条件。修建道路的难易程度、运输距离远近。

（5）工程质量要求。主要决定于施工对象，如坝、电站厂房及其他重要建筑物的基础开挖、填筑应严格控制质量。通航建筑物的引航道应控制边坡不被破坏，不引起塌方或滑坡。对一般场地平整的挖填有时是无质量要求的。

（6）机械设备。主要指设备供应或取得的难易、机械运转的可靠程度、维修条件与能力。对小型工程或施工时间不长，为减少机械购置费用，可用原有的设备。但旧机械完好率低、故障多，工作效率必然较低，配置的机械数量应大于需要的量，以补偿其不足。工程数量巨大、施工期限很长的大型工程，应采用技术性能好的新机械，虽然机械购置费用较高，但新机械完好率高，生产率高，生产能力强，可保证工程顺利进行。

（7）经济指标。当几个方案或施工方法均能满足工程施工要求时，一般应以完成工程施工所花费用低者为最好。有时，为了争取提前发电，经过经济比较后，也可选用工期短费用较高的施工方案。

2. 开挖中应注意的问题

（1）土方明挖。监理人应对开挖过程进行连续的监督检查，对开挖质量进行控制，在开挖过程中应注意以下问题：

1）除另有规定外，所有主体工程建筑物的基础开挖均应在旱季进行；在雨季施工时，应有保证基础工程质量和安全施工的技术措施，有效防止雨水冲刷边坡和侵蚀地基土壤。

2）监理人有权随时抽验开挖平面位置、水平标高、开挖坡度等是否符合施工图纸的要求，或与承包人联合进行核测。

3）主体工程临时边坡的开挖，应按施工图纸要求或监理人的指示进行开挖；对承包人自行确定边坡坡度、且时间保留较长的临时边坡，经监理人检查认为存在不安全因素时，承包人应进行补充开挖或采取保护措施。但承包人不得因此要求增加额外费用。

（2）石方明挖。

1）边坡开挖。边坡开挖前，承包人应详细调查边坡岩石的稳定性，包括设计开挖线外对施工有影响的坡面和岸坡等；设计开挖线以内有不安全因素的边坡，必须进行处理和采取相应的防护措施，山坡上所有危石及不稳定岩体均应撬挖排除，如少量岩块撬挖确有困难，经监理人同意可用浅孔微量炸药爆破。

开挖应自上而下进行，高度较大的边坡，应分梯段开挖，河床部位开挖深度较大时，应采用分层开挖方法，梯段（或分层）的高度应根据爆破方式（如预裂爆破或光面爆破）、施工机械性能及开挖区布置等因素确定。垂直边坡梯段高度一般不大于10m，严禁采取自下而上的开挖方式。

随着开挖高程下降，应及时对坡面进行测量检查以防止偏离设计开挖线，避免在形成高边坡后再进行处理。

对于边坡开挖出露的软弱岩层及破碎带等不稳定岩体的处理质量，必须按施工图纸和监理人的指示进行处理，并采取排水或堵水等措施，经监理人复查确认安全后，才能继续向下开挖。

2）基础开挖。除经监理人专门批准的特殊部位开挖外，永久建筑物的基础开挖均应在旱季中施工。

承包人必须采取措施避免基础岩石面出现爆破裂隙，或使原有构造裂隙和岩体的自然状态产生不应有的恶化。

邻近水平建基面，应预留岩体保护层，其保护层的厚度应由现场爆破试验确定，并应采用小炮分层爆破的开挖方法。若采用其他开挖方法，必须通过试验证明可行，并经监理人批准。基础开挖后表面因爆破震松（裂）的岩石，表面呈薄片状和尖角状突出的岩石，以及裂隙发育或具有水平裂隙的岩石均需采用人工清理，如单块过大，亦可用单孔小炮和火雷管爆破。

开挖后的岩石表面应干净、粗糙。岩石中的断层、裂隙、软弱夹层应被清除到施工图纸规定的深度。岩石表面应无积水或流水，所有松散岩石均应予以清除。建基面岩石的完整性和力学强度应满足施工图纸的规定。

基础开挖后，如基岩表面发现原设计未勘察到的基础缺陷，则承包人必须按监理的指示进行处理，包括（但不限于）增加开挖、回填混凝土塞、或埋设灌浆管等，监理人认为有必要时，可要求承包人进行基础的补充勘探工作。进行上述额外工作所增加的费用由发包人承担。

建基面上不得有反坡、倒悬坡、陡坎尖角；结构面上的泥土、锈斑、钙膜、破碎和松动岩块以及不符合质量要求的岩体等均必须采用人工清除或处理。

坝基不允许欠挖，开挖面应严格控制平整度。为确保坝体的稳定，坝基不允许开挖成向下游倾斜的顺坡。

在工程实施过程中，依据基础石方开挖揭示的地质特性，需要对施工图纸作必要的修改时，承包人应按监理人签发的设计修改图执行，涉及变更应按合同相关规定办理。

3. 开挖质量的检查和验收

（1）土方明挖质量的检查和验收。土方明挖工程完成后，承包人应会同监理人进行以下各项的质量检查和验收：

1）地基上有关树根、草皮、乱石、坟墓，水井、泉眼已处理，地质符合设计要求。

2）取样检测基础土的物理性能指标要符合设计要求。

3）岸坡的清理坡度符合设计要求。

4）坑（槽）的长或宽、底部标高、垂直或斜面平整度应满足设计要求，必须在允许偏差范围内。

（2）石方明挖的质量检查和验收。

1）边坡质量检查和验收。岩石边坡开挖后，应对保护层的开挖，布孔是否是浅孔、密孔、进行检查。岸坡平均坡度应小于或等于设计坡度。开挖坡面应稳定，无松动岩块。

2）岩石基础检查和验收。承包人应会同监理人对保护层的开挖，布孔是否是浅孔、密孔、少药量、火炮爆破进行质量检查和验收。建基面无松动岩块，无爆破影响裂隙。断层及裂隙密集带，按规定挖槽。槽深为宽度的1～1.5倍。规模较大时，按设计要求处理。

多组切割的不稳定岩体和岩溶洞穴，按设计要求处理。对于软弱夹层，厚度大于5cm者，挖至新鲜岩层或设计规定的深度。对于夹泥裂隙，挖1～1.5倍断层宽度，清除夹泥，或按设计要求进行处理。坑（槽）的长或宽、底部标高、垂直或斜面平整度应满足设计要求，在允许偏差范围内。

（二）地下洞室开挖

地下洞室开挖的内容包括隧洞、斜井、竖井、大跨度洞室等地下工程的开挖，以及已建地下洞室的扩大开挖等。地下洞室开挖只适用于钻爆法开挖，不适用于掘进机施工。承包人应全面掌握本工程地下洞室地质条件，按施工图纸、监理人指示和技术条款规定进行地下洞室的开挖施工。其开挖工作内容包括准备工作、洞线测量、施工期排水、照明和通风、钻孔爆破、围岩监测、塌方处理、完工验收前的维护，以及将开挖石渣运至指定地区堆存和废渣处理等工作。

1. 准备工作

在地下工程开挖前，承包人应根据施工图纸和技术条款的规定，提交施工措施计划、钻孔和爆破作业计划，报监理人审批。地下洞室开挖前，承包人应会同监理人进行地下洞室测量放样成果的检查，并对地下洞室洞口边坡的安全清理质量进行检查和验收。

（1）钻孔爆破的设计和试验。

1）地下洞室的爆破应进行专门的钻孔爆破设计。

2）地下洞室的开挖应采用光面爆破和预裂爆破技术，其爆破的主要参数应通过试验确定，光面爆破和预裂爆破试验采用的参数可参照有关规范选用。

3）承包人应选用岩类相似的试验洞段进行光面爆破和预裂爆破试验，以选择爆破材料和爆破参数，并将试验成果报送监理人。

资源 3.25

(2) 地下洞室开挖。

1) 洞口开挖。洞口掘进前，应仔细勘察山坡岩石的稳定性，并按监理人的指示，对危险部位进行处理和支护。

洞口削坡应自上而下进行，严禁上下垂直作业。同时应做好危石清理、坡面加固、马道开挖及排水等工作。

进洞前，须对洞脸岩体进行鉴定，确认稳定或采取措施后，方可开挖洞口；洞口一般应设置防护棚，必要时，尚应在洞脸上部加设挡石拦栅。

2) 平洞开挖。平洞开挖的方法应在保证安全和质量的前提下，根据围岩类别、断面尺寸、支护方式、工期要求、施工机械化程度和施工技术水平等因素选定。有条件时，应优先采用全断面开挖方法。

根据围岩情况、断面大小和钻孔机械、辅助工种配合情况等条件，选择最优循环进尺。

(3) 竖井和斜井的开挖。竖井与斜井的开挖方法可根据其断面尺寸、深度、倾角、围岩特性及施工设备等条件选定。

资源 3.26

竖井的开挖方法一般有：自上而下全断面开挖方法和贯通导井后，自上而下进行扩大开挖方法。在Ⅰ、Ⅱ类围岩中开挖小断面的竖井，挖通导井后亦可采用溜渣法蹬渣作业，自下而上扩大开挖，最后随出渣随锚固井壁。

(4) 支护。需要支护的地段，应根据地质条件、洞室结构、断面尺寸、开挖方法、围岩暴露时间等因素做出支护设计。除特殊地段外，应优先采用喷锚支护。采用喷锚支护时，应检查锚杆、钢筋网和喷射混凝土质量。

1) 锚杆材质和砂浆标号符合设计要求；砂浆锚杆抗拔力、预应力锚杆张拉力符合设计和规范要求；锚孔无岩粉和积水，孔位偏差、孔深偏差和孔轴方向符合要求。钢筋材质、规格和尺寸符合设计要求；钢筋网和基岩面距离满足质量要求；钢筋绑扎牢固。

资源 3.27

2) 喷射混凝土抗压强度保证率在85%及以上；喷混凝土性能符合设计要求；喷混凝土厚度满足质量要求；喷层均匀性、整体性、密实情况要满足质量要求；喷层养护满足质量要求。

3) 贯通误差。对于地下洞室的开挖，其贯通测量容许极限误差应满足表3-8的要求。

表3-8 贯通测量容许极限误差值

相向开挖长度/km		＜4	＞4
贯通极限误差/cm	横向的	±10	±15
	纵向的	±20	±30
	竖向的	±5	±7.5

2. 地下洞室开挖质量检查及验收

承包人应按合同的有关规定，做好地下工程施工现场的粉尘、噪声和有害气体的安全防护工作，以及定时定点进行相应的监测，并及时向监理人报告监测数据。工作场地内的有害成分含量必须符合国家劳动保护法规的有关规定。

承包人应对地下洞室开挖的施工安全负责。在开挖过程中应按施工图纸和合同规定，做好围岩稳定的安全保护工作，防止洞（井）口及洞室发生塌方、掉块危及人员安全。开挖过程中，由于施工措施不当而发生山坡、洞口或洞室内塌方，引起工程量增加或工期延误，以及造成人员伤亡和财产损失，均应由承包人负责。

隧洞开挖过程中，承包人应会同监理人定期检测隧洞中心线的定线误差。

隧洞开挖完毕后，对于开挖质量应进行以下各项的检查：

（1）开挖岩面无松动岩块、小块悬挂体。

（2）如有地质弱面，对其处理符合设计要求。

（3）洞室轴线符合规范要求。

（4）底部标高、径向、侧墙、开挖面平整度在设计允许偏差范围内。

三、土石方回填质量控制

土石方回填在建筑工程、桥梁工程、市政工程和水利水电工程中均常见。土石方填筑主要包括基础和岸坡处理、土石料以及填筑的质量控制。这里所指的土石方填筑施工图纸所示的碾压式的土坝（堤）、土石坝、堆石坝等的坝体，以及土石围堰堰体和其他填筑工程的施工。

（一）坝基与岸坡处理

坝基与岸坡处理系属隐蔽工程，直接影响坝的安全。一旦发生事故，较难补救，因此，必须按设计要求认真施工。施工单位应根据设计要求，充分研究工程地质和水文地质资料，借以制订有关技术措施。对于缺少或遗漏的部分，应会同设计单位补充勘探和试验。在坝基和岸坡处理过程中，如发现新的地质问题或检验结果与勘探有较大出入时，勘测设计单位应补充勘探，并提出新的设计，与施工单位共同研究处理措施。对于重大的设计修改，应按程序报请上级单位批准后执行。

进行坝基及岸坡处理时，主要进行以下检查及检验。

1. 坝基及岸坡清理工序

（1）检查树木、草皮、树根、乱石、坟墓以及各种建筑物是否已全部清除；水井、泉眼、地道、洞穴等是否已经按设计处理。

（2）检查粉土、细砂、淤泥、腐殖土、泥炭是否已全部清除，对风化岩石、坡积物、残积物、滑坡体等是否已按设计要求处理。

（3）地质探孔、竖井、平洞、试坑的处理是否符合设计要求。

（4）长、宽是否在允许偏差范围内；清理边坡应不陡于设计边坡。

2. 坝基及岸坡地质构造处理

（1）岩石节理、裂隙、断层或构造破碎带是否已按设计要求进行处理。

（2）地质构造处理的灌浆工程是否符合设计要求和《水工建筑物水泥灌浆施工技术规范》（SL 62—2014）的规定。

（3）岩石裂隙与节理处理方法是否符合设计要求，节理、裂隙内的充填物是否冲洗干净，回填水泥浆、水泥砂浆、混凝土是否饱满密实。

(4) 进行断层或破碎带的处理，开挖宽度、深度符合设计要求，边坡稳定，回填混凝土密实，无深层裂缝，当蜂窝麻面面积大于0.5%，蜂窝需进行处理。

3. 坝基及岸坡渗水处理

(1) 渗水已妥善排堵，基坑中无积水。

(2) 经过处理的坝基及岸坡渗水，在回填土或浇筑混凝土范围内水源基本切断，无积水，无明流。

(二) 填筑材料

1. 料场复查与规划

(1) 承包人应根据工程所需各种土石料的使用要求，对合同指定的土石料场进行复勘核查，其复查内容如下：

1) 土石坝坝体等填筑体采用的各种土料和石料的开采范围和数量。

2) 土料场开采区表土开挖厚度及有效开采层厚度；石料场的剥离层厚度、有效开采层厚度和软弱夹层分布情况。

3) 根据施工图纸要求对土石料进行物理力学性能复核试验。

4) 土石料场的开采、加工、储存和装运。

(2) 承包人应根据合同提供的和承包人在料场复查中获得的料场地形、地质、水文气象、交通道路、开采条件和料场特性等各项资料以及监理人批准的施工措施计划，对各种用料进行统一规划，并提出料场规划报告报送监理人审批。料场规划报告的内容如下：

1) 开采工作面的划分以及开采区的供电系统、排水系统、堆料场、各种用料加工厂、运输线路、装料站、弃渣场和备用料源开采区等的布置设计。

2) 上述各系统和场站所需各项设备和设施的配置。

3) 料场的分期用地计划（包括用地数量和使用时间）。

(3) 料场规划应遵循下列原则：

1) 料场可开采量（自然方）与坝体填筑量的比值：堆石料为1.1～1.4；砂砾石料水上为1.5～2.0，水下为2.0～2.5。

2) 爆破工作面规划应与料场道路规划结合进行，并应满足不同施工时段填筑强度需要。

3) 主堆石坝料的开采宜选择运距较短、储量较大和便于高强度开采的料场，以保证坝体填筑的高峰用量。

4) 充分利用枢纽建筑物的开挖料。开挖时宜采用控制爆破方法，以获得满足设计级配要求的坝料，并做到“计划开挖、分类堆存”。

2. 开采

承包人必须按监理人批准的料场开采范围和开采方法进行开采。土料开采应采用立采（或平采）的开采方法；石料应采用台阶法钻孔爆破分层开采的施工方法。

（1）土料的开采应注意以下问题：

1）风化料开采过程中，应使表层坡残积土与其下层的土状和碎块状全风化岩石均匀混合，并使风化岩块通过开采过程得到初步破碎。

2）除专为心墙、斜墙的基础接触带开采的纯黏土外，在风化土料开采过程中，不应将土料和风化岩石分别堆放。

3）用于坝体反滤层、垫层、过渡层、混凝土和灌浆工程中的砂砾料，应按不同使用要求，进行开挖、筛分、冲洗和分类堆存。

（2）石料开采时应注意以下问题：

1）石料开采前，应按批准的料场开采规划和作业措施进行表土和作业措施，直到表土和覆盖层的剥离至可用石层为止。剥离的表层有机土壤和废土应按规定运往指定地点堆放。

2）在开采过程中，遇有比较集中的软弱带时，应按监理人的指示予以清除，严禁在可利用料内混杂废渣料。可利用料和废渣料均应分别运至指定的存料场堆放。

3）开采出的石料，颗粒级配必须符合施工图纸和技术条款的要求，超径部分应进行二次破碎处理。

4）堆料场的石料应分层存放，分层取用，严防颗粒分离。如已发生分离现象，承包人应重新将其混合均匀，且不得向发包人另行要求增加费用。

3. 制备和加工

承包人应按批准的施工措施以及现场生产性试验确定的参数进行坝料制备和加工。

4. 运输

（1）土料运输应与料场开采、装料和坝面卸料、铺料等工序持续和连贯进行，以免周转过多而导致含水量的过大变化。

（2）反滤料运输及卸料过程中，承包人应采取措施防止颗粒分离。运输过程中反滤料应保持湿润，卸料高度应加以限制。

（3）监理人认为不合格的土料、反滤料（含垫层料、过渡料）或堆石料，一律不得上坝。

5. 填筑材料的质量检查

料场质量控制应按设计要求和与本规范有关的规定进行，主要内容为：

（1）是否在规定的料区范围内开采，是否已将草皮、覆盖层等清除干净。

（2）开采、坝料加工方法是否符合有关规定。

（3）排水系统、防雨措施、负温下施工措施是否完善。

（4）坝料性质、含水量（指黏性土料、砾质土）是否符合规定。

设计应对各种填筑材料提出一些易于现场鉴别的控制指标与项目，具体见表3-9。其每班试验次数可根据现场情况确定。试验方法应以目测、手试为主，并取一定数量的代表样进行试验。

表3-9　　　　　　　　　　填筑材料控制指标

坝料类别		控制项目与指标
	黏性土	含水量上、下限值
		黏粒含量下限值
	砾质土	允许最大粒径
		含水量上、下限值；砾石含量上、下限值
反滤料		级配；含泥量上限值；风化软弱颗粒含量
过渡料		允许最大粒径；含泥量
坝壳砾质土		小于5mm含量的上、下限值；含水量的上、下限值
坝壳砂砾料		含泥量及砾石含量
堆石		允许最大块径；小于5mm粒径含量；风化软弱颗粒含量

（三）填筑

施工过程中承包人应会同监理人定期进行以下各项目的检查。

1. 土料填筑

在施工过程中进行土料填筑时，主要检验和检查项目如下：

（1）土料铺筑，含水率适中，无不合格土，铺土均匀，铺土厚度满足设计要求，表面平整，无土块，无粗料集中，铺料边线整齐。

（2）上、下层铺土之间的结合处理，砂砾及其他杂物清除干净，表面刨毛，保持湿润。

（3）土料碾压，无漏压、欠压，表面平整，无弹簧土、起皮、脱空或剪力破坏现象，压实指标满足设计干密度的要求。

（4）接合面处理，进行削坡、湿润、刨毛处理，搭接无界。

2. 堆石体填筑

在施工过程中进行堆石体填筑时，主要检验和检查项目如下：

（1）填筑材料符合《施工规范》和设计要求。

（2）每层填筑应在前一填筑层验收合格后才能进行。

（3）按选定的碾压参数进行施工；铺筑厚度不得超厚、超径；含泥量、洒水量应符合规范和设计要求。

（4）材料的纵横向结合部位符合《施工规范》和设计要求；与岸坡结合处的填料不得分离、架空，对边角加强压实。

资源3.28

（5）填筑层铺料厚度、压实后的厚度应满足要求（每层应有大于等于90%的测点达到规定的铺料厚度）。

（6）堆石填筑层面基本平整，分区能基本均衡上升，大粒径料无较大面积集中现象。

资源3.29

（7）分层压实的干密度合格率应满足要求（检测点的合格率大于等于90%，不合格值不得小于设计干密度的0.98）。

第四章

工程项目质量验收、保修期的质量控制

第一节　工程项目质量验收的质量控制

工程项目质量验收时应将项目分为单位（子单位）工程、分部（子分部）工程、分项工程和检验批（单元工程）进行验收。施工过程质量验收主要是指检验批和分项、分部工程的质量验收。

一、施工过程质量验收

1. 验收规则

《建筑工程施工质量验收统一标准》（GB/T 50300—2013）与各个专业工程施工质量验收规范明确规定了各分项工程的施工质量的基本要求，分项工程检验批的抽查办法和抽查数量，检验批主控项目、一般项目的检查内容和允许偏差，对主控项目、一般项目的检验方法以及各分部工程验收的方法和需要的技术资料等，同时，对涉及人民生命财产安全、人身健康、环境保护和公共利益的内容以强制性条文作出规定，要求必须坚决、严格遵照执行。

建筑工程质量验收的基本规则如下：

（1）验收均应在施工单位自检合格的基础上进行。

（2）参加工程施工质量验收的各方人员应具备相应的资格。

（3）检验批的质量应按主控项目和一般项目验收。

（4）对涉及结构安全、节能、环境保护和主要使用功能的试块施工中按规定进行见证检验。

2. 验收环节

检验批和分项工程是质量验收的基本单位；分部工程是在所含全部分项工程验收的基础上进行验收的，在施工过程中随完工随验收，并留下完整的质量验收记录和资料；单位工程作为具有独立使用功能的完整的建筑产品进行竣工质量验收。

施工过程的质量验收包括以下验收环节，通过验收后留下完整的质量验收记录和资料，为工程项目竣工质量验收提供依据。

（1）检验批质量验收。所谓检验批，是指按同一生产条件或按规定的方式汇总起来供检验用的，由一定数量样本组成的检验体。检验批可根据施工及质量控制和专业验收需要按楼层、施工段、变形缝等进行划分。检验批（单元）是工程验收的最小单位，是分项工程乃至整个建筑工程质量验收的基础。

检验批应由专业监理工程师组织施工单位项目专业质量检查员验收。

检验批质量验收合格应符合下列规定：

1）主控项目的质量经抽样检验均应合格。

2）一般项目的质量经抽样检验合格。

3）具有完整的施工操作依据、质量验收记录。主控项目是指建筑工程中对安全、节能、环境保护和主要使用功能起决定性作用的检验项目。主控项目的验收必须从严要求，不允许有不符合要求的检验结果。主控项目的检查具有否决权。除主控项目以外的检验项目称为一般项目。

（2）分项工程质量验收。分项工程的质量验收应在检验批验收的基础上进行。一般情况下，两者具有相同或相近的性质，只是批量的大小不同而已。分项工程可由一个或若干个检验批组成。

分项工程应由专业监理工程师组织施工单位项目专业技术负责人等进行验收。

分项工程质量验收合格应符合下列规定：

1）分项工程所含的检验批均应符合合格质量的规定。

2）分项工程所含的检验批的质量验收记录应完整。

（3）分部工程质量验收。分部工程的质量验收在其所含各分项工程验收的基础上进行。分部工程应由总监理工程师组织施工单位项目负责人和项目技术负责人等进行验收。勘察、设计单位项目负责人和施工单位技术、质量部门负责人应参加地基与基础分部工程的验收。设计单位项目负责人和施工单位技术、质量部门负责人应参加主体结构、节能分部工程的验收。

分部工程质量验收合格应符合下列规定：

1）分部工程所含分项工程的质量均应验收合格。

2）质量控制资料应完整。

3）有关安全、节能、环境保护和主要使用功能的抽样检测结果应符合相应规定。

4）观感质量验收应符合要求。

必须注意的是，由于分部工程所含的各分项工程性质不同，因此，它并不是在所含分项验收基础上的简单相加，即所含分项验收合格且质量控制资料完整，只是分部工程质量验收的基本条件，还必须在此基础上对涉及安全和使用功能的地基基础、主体结构、有关安全及重要使用功能的安装分部工程进行见证取样试验或抽样检测，而且还需要对其观感质量进行验收，并综合给出质量评价，对于评价为“差”的检查点，应通过返修处理等进行补救。

3. 施工过程质量验收不合格的处理

施工过程的质量验收以检验批的施工质量为基本验收单元。检验批质量不合格可能是使用的材料不合格，或施工作业质量不合格，或质量控制资料不完整等原因所致，其处理方法如下：

（1）在检验批验收时，发现存在严重缺陷的应推倒重做，有一般缺陷的，可通过返修或更换器具、设备消除缺陷后重新进行验收。

（2）个别检验批发现某些项目或指标（如试块强度等）不满足要求，难以确定是否验收时，应请有资质的法定检测单位检测鉴定，当鉴定结果能够达到设计要求时，应予以验收。

（3）对检测鉴定达不到设计要求，但经原设计单位核算仍能满足结构安全和使用功能的检验批，可以验收。

（4）严重质量缺陷或超过检验批范围内的缺陷，经法定检测单位检测鉴定以后，认为不能满足最低限度的安全使用功能的，必须进行加固处理，只要能满足安全使用范围，尽管改变外形尺寸，也可按照技术处理方案和协商文件进行验收，责任方应承担经济责任。

（5）通过返修或加固处理后仍不能满足安全使用要求的分部工程严禁验收。

二、建筑工程竣工质量验收

项目竣工质量验收是施工质量控制的最后一个环节，是对施工过程质量控制成果的全面检验，是从终端进行质量控制。未经验收或验收不合格的工程，不得交付使用。

1. 竣工质量验收的概念

（1）项目竣工。工程项目竣工是指工程项目经过承建单位的准备和实施活动，已完成了项目承包合同规定的全部内容，并符合发包单位的意图，达到了使用的要求，它标志着工程项目建设任务的全面完成。

（2）竣工质量验收。竣工验收是工程项目建设环节的最后一道程序，是全面检验工程项目是否符合设计要求和工程质量检验标准的重要环节，也是检查工程承包合同执行情况、促进建设项目交付使用的必然途径。我国《建设工程项目管理规范》（GB/T 50326—2017）对施工项目竣工验收的解释为“施工项目竣工验收是承包人按照施工合同的约定，完成设计文件和施工图纸规定的工程内容，经发包人组织竣工验收及工程移交的过程”。

（3）竣工质量验收的主体与客体。工程项目竣工验收的主体有交工主体和验收主体两方面，交工主体是承包人，验收主体是发包人，两者均是竣工验收行为的实施者，是互相依附而存在的。工程项目竣工验收的客体应是设计文件规定、施工合同约定的特定工程对象，即工程项目本身。在竣工验收过程中，应严格规范竣工验收双方主体的行为。对工程项目实行竣工验收制度是确保我国基本建设项目顺利投入使用的法律要求。

2. 竣工质量验收的依据

（1）国家相关法律法规和建设主管部门颁布的管理条例和办法。

（2）工程施工质量验收统一标准。

（3）专业工程施工质量验收规范。

（4）批准的设计文件、施工图纸及说明书。

（5）工程施工承包合同。

（6）其他相关文件。

3. 竣工质量验收条件

竣工验收的工程项目必须具备规定的交付竣工验收条件。

（1）设计文件和合同约定的各项施工内容已经施工完毕。

1）民用建筑工程完工后，承包人按照施工及验收规范和质量检验标准进行自检，不合格品已经自行返修或整改，达到验收标准。水、电、暖设备和智能化电梯经过试验，符合使用要求。

2）工业项目的各种管道设备、电气、空调，已做完清洁、试压、吹扫、油漆、保温等，符合验收规范和质量标准的要求。仪表、通信等专业施工内容已全部安装并经过试运转，全部符合工业设备安装施工。

3）其他专业工程按照合同的规定和施工图规定的工程内容全部施工完毕，质量验收合格，达到了交工的条件。

（2）有完整并经核定的工程竣工资料，符合验收规定。

（3）有勘察、设计、施工、监理等单位签署确认的工程质量合格文件。

（4）有工程使用的主要建筑材料、构配件。

1）现场使用的主要建筑材料（水泥、钢材）符合国家标准、规范要求的抽样试验报告。设备进场的证明及试验报告。

2）混凝土预制构件、钢构件、木构件等应有生产单位的出厂合格证。

3）混凝土、砂浆等施工试验报告，应按施工及验收规范和设计规定的要求取样。

4）设备进场必须开箱检验，并有出厂质量合格证，检验完毕要如实做好各种进场设备的检查验收记录。

（5）有施工单位签署的工程质量保修书。

4. 竣工质量验收的要求

（1）建筑工程施工质量应符合标准和相关专业验收规范的规定。

（2）建筑工程施工应符合工程勘察、设计文件的要求。

（3）参加工程施工质量验收的各方人员应具备规定的资格。

（4）工程质量的验收均应在施工单位自行检查评定的基础上进行。

（5）隐蔽工程在隐蔽前应由施工单位通知有关单位进行验收，并应形成验收文件。

（6）涉及结构安全的试块、试件以及有关材料，应按规定进行见证取样检测。

（7）检验批的质量应按主控项目和一般项目验收。

（8）对涉及结构安全、节能、环境保护和使用功能的重要分部工程，应按规定进行重点检查。

（9）承担见证取样检测及有关结构安全检测的单位应具有相应资质。

（10）工程的观感质量应有验收人员进行现场检查，并应共同确认。

5. 竣工质量验收的标准

（1）达到合同约定的工程质量标准。建设工程合同一经签订，即具有法律效力，对发承包双方都具有约束作用。合同约定的质量标准具有强制性，合同的约束作用规范了发承包双方的质量责任和义务，承包人必须确保工程质量达到双方约定的质量标准，不合格不得交付验收和使用。

（2）符合单位工程质量竣工验收的合格标准。符合国家标准《建筑工程施工质量验收统一标准》(GB/T 50300—2013) 对单位 (子单位) 工程质量验收合格的规定。单位工程是工程项目竣工质量验收的基本对象。单位 (子单位) 工程质量验收合格应符合下列规定:

1) 所含分部工程的质量均应验收合格。

2) 质量控制资料应完整。

3) 所含分部工程中有关安全、节能、环境保护和主要使用功能的检验资料应完整。

4) 主要使用功能的抽查结果应符合相关专业验收规范的规定。

5) 观感质量应符合要求。

(3) 单项工程达到使用条件或满足生产要求。

(4) 建设项目满足建成投入使用或生产的各项要求。

组成建设项目的全部单项工程均已完成,符合交工验收的要求或生产要求,并应达到以下标准:

1) 生产性工程和辅助公用设施,已按设计要求建成,能满足生产使用。

2) 主要工艺设备配套,设施经试运行合格,形成生产能力,能产出设计文件规定的产品。

3) 必要的设施已按设计要求建成。

4) 生产准备工作能适应投产的需要。

5) 其他环保设施、劳动安全卫生、消防系统已按设计要求配套建成。

6. 竣工质量验收的程序

建设工程项目竣工验收,可分为分包工程验收、竣工预验收和单位工程验收三个环节。整个验收过程涉及建设单位、勘察单位、设计单位、监理单位及施工总分包各方的工作,必须按照工程项目质量控制系统的职能分工,以建设单位为核心进行竣工验收的组织协调。

(1) 分包工程验收。单位工程中的分包工程完工后,分包单位应对所承包的工程项目进行自检,并应按标准规定的秩序进行验收。验收时,总包单位应派人参加。分包单位应将所分包工程的质量控制资料整理完整,并移交给总包单位。

(2) 竣工预验收。单位工程完工后,施工单位应组织有关人员进行自检。总监理工程师应组织各专业监理工程师对工程质量进行竣工预验收。存在施工质量问题时,应由施工单位整改。整改完毕后,由施工单位向建设单位提交工程竣工报告,申请工程竣工验收。

(3) 单位工程验收。建设单位收到工程竣工报告后,应由建设单位项目负责人组织监理、施工、设计、勘察等单位项目负责人进行单位工程验收。

7. 竣工质量验收的备案

我国实行建设工程竣工验收备案制度。新建、扩建和改建的各类房屋建筑工程和市政基础设施工程的竣工验收,均应按《建设工程质量管理条例》的规定进行备案。

(1) 建设单位应当自建设工程竣工验收合格之日起 15 日内,将建设工程竣工验收报告和规划、公安消防、环保等部门出具的认证文件或准许使用文件,报建设行政主管部门或者其他相关部门备案。

（2）备案部门在收到备案文件资料后的15日内，对文件资料进行审核，符合要求的工程，在验收备案表上加盖“竣工验收备案专用章”，并将一份退还建设单位存档。如审查中发现建设单位在竣工验收过程中，有违反国家有关建设工程质量管理规定行为的，责令停止使用，重新组织竣工验收。

（3）建设单位有下列行为之一的，责令改正，造成损失的依法承担赔偿责任。

1）未组织竣工验收，擅自交付使用的。

2）验收不合格，擅自交付使用的。

3）对不合格的建设工程按照合格工程验收的。

三、建筑工程竣工资料

工程项目竣工资料是工程项目承包人按工程档案管理及竣工验收条件的有关规定，在工程施工过程中按时收集、认真整理、竣工验收后移交发包人汇总归档的技术与管理文件，是记录和反映工程项目实施全过程的工程技术与管理活动的档案。

在工程项目的使用过程中，竣工资料有着其他任何资料都无法替代的作用，它是建设单位在使用中对工程项目进行维修、加固、改建、扩建的重要依据，也是对工程项目的建设过程进行复查、对建设投资进行审计的重要依据。因此，从工程建设一开始，承包单位就应设专门的资料员按规定及时收集、整理和管理这些档案资料，不得丢失和损坏；在工程项目竣工以后，工程承包单位必须按规定向建设单位正式移交这些工程档案资料。

1. 竣工资料的内容

工程竣工资料必须真实记录和反映项目管理全过程的实际，它的内容必须齐全、完整。按照我国《建设工程项目管理规范》（GB/T 50326—2017）的规定，工程竣工资料的内容应包括工程施工技术资料、工程质量保证资料、工程检验评定资料、竣工图和规定的其他应交资料。

（1）工程施工技术资料。工程施工技术资料是建设工程施工全过程的真实记录，是在施工全过程的各环节客观产生的工程施工技术文件，其主要内容包括工程开工报告（包括复工报告），项目经理部及人员名单、聘任文件，施工组织设计（施工方案），图纸会审记录（纪要），技术交底记录，设计变更通知，技术核定单，地质勘察报告，工程定位测量资料及复核记录，基槽开挖测量资料，地基钎探记录和钎探平面布置图，验槽记录和地基处理记录，桩基施工记录，试校记录和补校记录，沉降观测记录，防水工程抗渗试验记录，混凝土浇灌令，商品混凝土供应记录，工程测量复核记录，工程质量事故报告，工程质量事故处理记录，施工日志，建设工程施工合同及补充协议，工程竣工报告，工程竣工验收报告，工程质量补修书，工程预（结）算书，竣工项目一览表，施工项目总结。

资源4.1

（2）工程质量保证资料。工程质量保证资料是建设工程施工全过程中全面反映工程质量控制和保证的依据性证明资料，应包括原材料、构配件、器具及设备等的质量证明、合格证明、进场材料试验报告等。各专业工程质量保证资料的主要内容如下：

1）土建工程主要质量保证资料为：①钢材出厂合格证、试验报告；②水泥出厂合格证或试验报告；③焊接试（检）验报告、焊条合格证；④砖出厂合格证或试验报告；⑤防水材料合格证或试验报告；⑥构件合格证；⑦混凝土试块试验报告；⑧砂浆试块试验报告；⑨土壤试验、打（试）桩记录；⑩地基验槽记录；⑪结构吊装、结构验收记录；⑫隐蔽工程验收记录；⑬中间交接验收记录等。

资源 4.2

2）建筑采暖卫生与煤气工程主要质量保证资料为：①材料、设备出厂合格证；②管道、设备强度、焊口检查和严密性试验记录；③系统清洗记录；④排水管溜水、通水、通球试验记录；⑤卫生洁具盛水试验记录；⑥锅炉、烘炉、煮炉设备试运转记录等。

3）建筑电气安装主要质量保证资料为：①主要电气设备、材料合格证；②电气设备试验、调整记录；③绝缘、接地电阻测试记录；④隐蔽工程验收记录等。

4）通风与空调工程主要质量保证资料为：①材料、设备出厂合格证；②空调调试报告；③制冷系统检验、试验记录；④隐蔽工程验收记录等。

5）电梯安装工程主要质量保证资料为：①电梯及附件、材料合格证；②绝缘、接地电阻测试记录；③空、满、超载运行记录；④调整试验报告等。

6）建筑智能化工程主要质量保证资料为：①材料、设备出厂合格证、试验报告；②隐蔽工程验收记录；③系统功能与设备调试记录。

（3）工程检验评定资料。工程检验评定资料是建设工程施工全过程中按照国家现行工程质量检验标准，对工程项目进行单位工程、分部工程、分项工程的划分，再由分项工程、分部工程、单位工程逐级对工程质量作出综合评定的资料。

工程检验评定资料的主要内容有：

1）施工现场质量管理检查记录。

2）检验批质量验收记录。

3）分项工程质量验收记录。

4）分部（子分部）工程质量验收记录。

5）单位（子单位）工程质量竣工验收记录。

6）单位（子单位）工程质量控制资料核查记录。

7）单位（子单位）工程安全和功能检验资料核查及主要功能抽查记录。

8）单位（子单位）工程观感质量检查记录等。

（4）竣工图。竣工图是真实地反映建设工程竣工后实际成果的重要技术资料，是工程进行竣工验收的备案资料，也是建设工程进行维修、改建、扩建的主要依据。

工程竣工后，有关单位应及时编制竣工图，工程竣工图应加盖“竣工图”章。“竣工图”章的内容应包括发包人、承包人、收理人等单位名称，图纸编号，编制人，审核人，负责人，编制时间等。具体情况如下：

1）没有变更的施工图，可由承包人（包括总包和分包）在原施工图上加盖“竣工图”章标识，即作为竣工图。

2）在施工中虽有一般性设计变更，但能将原施工图加以修改补充作为竣工图的，可不再重新绘制。由承包人负责在原施工图（必须是新蓝图）上注明修改的部分，并附设计变更通知和施工说明，加盖“竣工图”章标识后作为竣工图。

3）工程项目结构型式改变、工艺改变、平面布置改变、项目改变及其他重大改变，不宜在原施工图上修改、补充的，由责任单位重新绘制改变后的竣工图。承包人负责在新图上加盖“竣工图”章标后作为竣工图。变更责任单位如果是设计人，由设计人负责重新绘制；责任单位若是承包人，由承包人重新绘制；责任单位若是发包人，则由发包人自行绘制或委托设计人绘制。

资源 4.3

（5）规定的其他应交资料。

1）施工合同约定的其他应交资料。

2）地方行政法规、技术标准已有规定的应交资料等。

2. 竣工资料的收集整理

工程项目的承包人应按竣工验收条件的有关规定，建立健全资料管理制度，要设置专人负责，认真收集和整理工程竣工资料。

（1）竣工资料的收集整理要求。

1）工程竣工资料必须真实反映工程项目建设全过程，资料的形成应符合其规律性和完整性，填写时应做到字迹清楚、数据准确、签字手续完备、齐全可靠。

2）工程竣工资料的收集和整理，应建立制度，根据专业分工的原则实行科学收集、定向移交、归档管理，要做到竣工资料不损坏、不变质和不丢失，组卷时符合规定。

3）工程竣工资料应随施工进度进行及时收集和整理，发现问题及时处理、整改，不留尾巴。

4）整理工程竣工资料的依据：一是国家有关法律、法规、规范对工程档案和竣工资料的规定；二是现行建设工程施工及验收规范和质量评定标准对资料内容的要求；三是国家和地方档案管理部门和工程竣工备案部门对工程竣工资料移交的规定。

（2）竣工资料的分类组卷。

1）一般单位工程，文件资料不多时，可将文字资料与图纸资料组成若干盒，分6个档案盒，对应6个案卷，即立项文件卷、设计文件卷、施工文件卷、竣工文件卷、声像材料卷、竣工图卷。

2）综合性大型工程，文件资料比较多，则各部分可根据需要组成一卷或多卷。

3）文件材料和图纸材料原则上不能混装在一个装具内，文件材料较少、需装在一个装具内时，必须用软卷皮装订，图纸不装订，然后装入硬档案盒内。

4）卷内文件材料排列顺序要依据卷内的材料构成而定，一般顺序为封面、目录、文件材料部分、备考表、封皮，组成的案卷力求美观、整齐。

5）填写目录应与卷内材料内容相符。编写页号以独立卷为单位，单面书写的文字材料页号编在右下角，双面书写的文字材料页号，正面编写在右下角，背面编写在左下角，图纸一律编写在右下角，校卷内文件排列先后用阿拉伯数字从“1”开始依次标注。

6）图纸折叠方式采用图面朝里、图签外露（右下角）的国标技术制图复制折叠方法。

资源 4.4

7）案卷采用中华人民共和国国家标准，装具一律用国标制定的硬壳卷夹或卷盒，外装尺寸为 300mm（高）×220mm（宽），卷盒厚度分别为 60mm、50mm、40mm、30mm、20mm5 种。

3. 竣工资料的移交验收

交付竣工验收的工程项目必须有与竣工资料目录相符的分类组卷档案，工程项目的交工主体即承包人在建设工程竣工验收后，一方面要把完整的工程项目实体移交给发包人；另一方面要把全部应移交的竣工资料交给发包人。

（1）竣工资料的归档范围。竣工资料的归档范围应符合《建设工程文件归档整理规范》（GB/T 50328—2014）的规定。凡是列入归档范围的竣工资料，承包人都必须按规定将自己责任范围内的竣工资料按分类组卷的要求移交给发包人，发包人对竣工资料验收合格后，将全部竣工资料整理汇总，按规定向档案主管部门移交备案。

（2）竣工资料的交接要求。总包人必须对竣工资料的质量负全面责任，确保竣工资料达到一次交验合格。总包人根据总分包合同的约定，负责对分包人的竣工资料进行抽检和预检，有整改的待整改完成后再进行整理汇总，一并移交发包人。承包人根据建设工程施工合同的约定，在建设工程竣工验收后，按规定和约定的时间，将全部应移交的竣工资料交给发包人，并应符合城建档案管理的要求。

（3）竣工资料的移交验收。竣工资料的移交验收是工程项目交付竣工验收的重要内容。发包人接到竣工资料后，应根据竣工资料移交验收办法和国家及地方有关标准的规定，组织有关单位的项目负责人、技术负责人对资料的质量进行检查，验证手续是否完备、应移交的资料项目是否齐全，所有资料符合要求后，发包、承包双方按编制的移交清单签字、盖章，按资料归档要求双方交接，竣工资料交接验收完成。

四、建筑工程竣工验收管理

工程项目竣工阶段的验收管理，是一项复杂而细致的工作，发包、承包双方和工程监理机构应加强配合协调，按竣工验收管理工作的基本要求循序进行，为建设工程项目竣工验收的顺利进行创造条件。

1. 竣工验收方式

在建设工程项目管理实践中，因承包的工程项目范围不同，交工验收的形式也会有所不同。如果一个建设项目分成若干个合同由不同的承包商负责实施，各承包商完成了合同规定的工程内容或者按合同的约定承包项目可分步移交的，均可申请交工验收。

一般来说，工程交付竣工验收可以按以下三种方式分别进行：

（1）单位工程（或专业工程）竣工验收。是指承包人以单位工程或某专业工程内容为对象，独立签订建设工程施工合同，达到竣工条件后，承包人可单独进行交工，发包人根据竣工验收的依据和标准，施工合同约定的工程内容组织竣工验收。

（2）单项工程竣工验收。其又称交工验收，即在一个总体建设项目中，一个单项工程已按设计图纸规定的工程内容完成，能满足生产要求或具备使用条件，承包人向监理人提交工程竣工报告和工程竣工报验单，经鉴认后应向发包人发出文件竣工验收通知书，说明工程完工情况、竣工验收准备情况、设备负荷单机试车情况，具体约定交付竣工验收的有关事宜。发包人按照约定的程序，依照国家颁布的有关技术标准和施工承包合同，组织有关单位和部门对工程进行竣工验收。验收合格的单项工程，在全部工程验收时，原则上不再办理验收手续。

（3）全部工程的竣工验收。其又称动用验收，指建设项目已按设计规定全部建成、达到竣工验收条件，由发包人组织设计、施工、监理等单位和档案部门进行全部工程的竣工验收。对一个建设项目的全部工程竣工验收而言，大量的竣工验收基础工作已在单位工程或单项工程竣工验收中完成了。对已经交付竣工验收的单位工程（中间交工）或单项工程并已办理了移交手续的，原则上不再重复办理验收手续，但应将单位工程或单项工程竣工验收报告作为全部工程竣工验收的附件加以说明。

2. 竣工验收准备工作

（1）建立竣工收尾班子。项目进入收尾阶段，大量复杂的工作已经完成，但还有部分剩余工作需要认真处理。一般来说，这些剩余工作大多是零碎的、分散的、工程量不多的工作，往往不被重视，但弄不好也会影响项目的正常运行；同时，临近项目结束，项目团队成员难免会有松懈的心理，这也会影响收尾工作的正常进行。项目经理是项目管理的总负责人，全面负责工程项目竣工验收前的各项收尾工作。加强项目竣工验收前的组织与管理是项目经理应尽的基本职责。

为此，项目经理要亲自挂帅建立竣工收尾班子，成员包括技术负责人、生产负责人、质量负责人、材料负责人、班组负责人等多方面的人员，要明确分工，责任到人，做到因事设岗、以岗定责、以责考核、限期完成工作任务。收尾项目完工要有验证手续，形成完善的收尾工作制度。

（2）制订、落实项目竣工收尾计划。项目经理要根据工作特点、项目进展情况及施工现场的具体条件，负责编制、落实有针对性的竣工收尾计划，并将之纳入统一的施工生产计划进行管理，以正式计划下达并作为项目管理层和作业层岗位业绩考核的依据之一。竣工收尾计划的内容要准确而全面，应包括收尾项目的施工情况和竣工资料整理，两部分内容缺一不可。竣工收尾计划要明确各项工作内容的起止时间、负责班组及人员。项目经理和技术负责人要把计划的内容层层落实，全面交底，一定要保证竣工收尾计划的完善和可行。

施工项目竣工收尾计划参照表4-1的格式编制。

表4-1　施工项目竣工收尾计划

序号	竣工项目名称	工作内容	起止时间	作业队伍	负责人	竣工资料	整理人	验证人

项目经理：　　　　　　技术负责人：　　　　　　编制人：

(3) 竣工收尾计划检查。项目经理和技术负责人应定期和不定期地对竣工收尾计划的执行情况进行严格的检查，对重要部位要做好详细的检查记录。检查中，各有关方面人员要积极协作配合，对列入竣工收尾计划的各项工作内容要逐项检查，认真核对，要以国家有关法律、行政法规和强制性标准为检查依据，发现偏离要及时纠正，发现问题要及时整改。竣工收尾项目按计划完成一项，则按标准验证一项，消除一项，直至全部完成计划内容。

(4) 工程项目竣工自检。项目经理部在完成施工项目竣工收尾计划，并确认已经达到了竣工的条件后，即可向所在企业报告，由企业自行组织有关人员依据质量标准和设计图纸等进行自检. 填写工程质量竣工验收记录、质量控制资料核查记录、工程质量观感记录表等资料，对检查结果进行评定，符合要求后向建设单位提交工程验收报告和完整的质量资料，请建设单位组织验收。

具体来说，如果工程项目是承包人一家独立承包，应由企业技术负责人组织项目经理部的项目经理、技术负责人、施工管理人员和企业的生产、质检等部门对工程质量进行检验评定，并作好质量检验记录；如果工程项目实行的是总分包管理模式，则首先由分包人按质量验收标准进行自检，并将验收结论及资料交总包人，总包人据此对分包工程进行复检和验收，并进行验收情况汇总。无论采用总包还是分包方式，自检合格后，总包人都要向工程监理机构递交工程竣工报验单，监理机构据此按《建设工程监理规范》(GB/T 50319—2013) 的规定对工程是否符合竣工验收条件进行审查，对符合竣工验收条件的予以签认。

(5) 竣工验收预约。承包人全面完成工程竣工验收前的各项准备工作，经监理机构审查验收合格后，承包人向发包人递交预约竣工验收的书面通知，说明竣工验收前的各项工作已准备就绪，满足竣工验收条件。预约竣工验收的通知书应表达两个含义：一是承包人按施工合同的约定已全面完成建设工程施工内容，预验收合格；二是请发包人按合同的约定和有关规定，组织工程项目的正式竣工验收，交付竣工验收通知书。

资源 4.5

3. 竣工验收报验

承包人完成工程设计和施工合同以及其他文件约定的各项内容，工程质量经自检合格，各项竣工资料准备齐全，确认具备工程竣工报验的条件，即可填写并递交工程竣工报告（表 4-2）和工程竣工报验单（表 4-3）。表格内容要按规定要求填写，自检意见应表述清楚，项目经理、企业技术负责人、企业法定代表人应签字，并加盖企业公章。报验单的附件应齐全，足以证明工程已符合竣工验收要求。

监理人收到承包人递交的工程竣工报验单及有关资料后，总监理工程师即组织专业监理工程师对承包人报送的竣工资料进行审查，并对工程质量进行验收。验收合格后，总监理工程师应签署工程竣工报验单，提出工程质量评估报告。承包人依据工程监理机构签署认可的工程竣工报验单和质量评估结论，向发包人递交竣工验收的通知，具体约定工程交付验收的时间、会议地点和有关安排。

表 4－2　　　　**工 程 竣 工 报 告**　　　　编号：

工程名称		建筑面积	
工程地址		结构类型/层数	
建设单位		开工/竣工日期	
设计单位		合同工期	
施工单位		工程造价	
监理单位		合同编号	

竣工条件及自检情况	自检内容	自检意见
	工程设计和合同约定的各项内容完成情况	
	工程技术档案和施工管理资料	
	工程所用建筑材料，建筑构配件，商品混凝土和设备的进场试验报告	
	涉及工程结构安全的试块，试件及有关材料的试验，检验报告	
	地基与基础，主体结构等重要分部，分项工程质量验收报告签证情况	
	建设行政主管部门，质量监督机构或其他有关部门责令整改问题的执行情况	
	单位工程质量自检情况	
	工程质量保修书	
	工程款支付情况	
	交付竣工验收的条件	
	其他	

经检验，该工程已完成设计和施工合同约定的各项内容，工程质量符合有关法律，法规和工程建设强制性标准。

项目经理：
企业技术负责人：
企业法定代表人：施工单位公章
年　月　日

监理单位意见：

总监理工程师：（公章）
年　月　日

表 4-3 工程竣工报验单

工程名称： 编号：

<table>
<tr><td>致：__________（监理单位）
我方已按合同完成了__________工程，经自检合格，请予以检查和验收。
附件：

承包单位：（章）
项目经理：
日　　期：</td></tr>
<tr><td>审查意见：
经初步验收，该工程：
1. 符合　不符合我国法律、法规要求；
2. 符合　不符合我国现行工程建设标准；
3. 符合　不符合设计文件要求；
4. 符合　不符合施工合同要求。
综上所述，该工程初步验收合格　不合格，可以　不可以组织正式验收。

监理单位：（章）
总监理工程师：
日　　期：</td></tr>
</table>

4. 竣工验收组织

发包人收到承包人递交的交付竣工验收通知书后，按照竣工验收程序对工程进行验收核查。

（1）成立竣工验收委员会或验收小组。大型项目、重点工程、技术复杂的工程，应根据需要组成验收委员会；一般工程项目，组成验收小组即可。竣工验收工作由发包人组织，主要参加人员有发包方和勘察、设计、总承包及分包单位的负责人，发包单位的工地代表，建设行政主管部门、备案部门的代表等。

（2）竣工验收委员会或验收小组的职责。

1）审查项目建设的各个环节，听取各单位的情况汇报；

2）审阅工程竣工资料；

3）实地考察建筑工程及设备安装工程情况；

4）全面评价项目的勘察、设计；

5）对遗留问题作出处理决定；

6）形成工程竣工验收会议纪要；

7）签署工程竣工验收报告。

(3) 建设单位组织竣工验收。

1) 由建设单位组织，建设、勘察、设计、施工、监理单位分别汇报工程合同履约情况和工程建设各个环节执行法律、法规和工程建设强制性标准的情况。

2) 验收组人员审阅各种竣工资料。验收组人员应对照资料目录清单，看其内容是否齐全，是否符合要求。

3) 实地查验工程质量。参加验收各方应对竣工项目实体进行目测检查。

4) 对工程勘察、设计、施工、监理单位各管理环节和工程文物质量等方面作出全面评价，形成经验收组人员签署的工程竣工验收意见。

5) 参与工程竣工验收的建设、勘察、设计、施工、监理单位等各方不能形成一致意见时，应当协商提出解决的方法，待意见一致后，重新组织竣工验收；当不能协商解决时，由建设行政主管部门或者其委托的建设工程质量监督机构裁决。

6) 签署工程竣工验收报告。工程竣工验收合格后，建设单位应当及时提出签署工程竣工验收报告，由参加竣工验收的各单位代表签名，并加盖竣工验收各单位的公章。

5. 工程移交手续

工程通过竣工验收，承包人应在发包人对竣工验收报告签认后的规定期限内向发包人递交竣工结算和完整的结算资料，在此基础上，发包、承包双方根据合同约定的有关条款进行工程竣工结算。承包人在收到工程竣工结算款后，应在规定期限内向发包人办理工程移交手续。具体内容如下；

(1) 按竣工项目一览表在现场移交工程实体。向发包人移交钥匙时，工程项目室内、室外应清扫干净，达到窗明、地净、灯亮、水通、排污畅通、动力系统可以使用。

(2) 按竣工资料目录交接工程竣工资料。应在规定的时间内，工程竣工资料清单目录进行逐项交接，办签章手续。

资源 4.6

(3) 按工程质量保修制度签署工程质量保修书。原施工合同中未包括工程质量保修书附件的，在移交竣工工程时应按有关规定签署或补签工程质量保修书。

(4) 承包人在规定时间内按要求撤出施工现场，解除施工现场全部管理责任。

(5) 工程交接的其他事宜。

第二节 工程保修期的质量控制

工程项目竣工验收交接后，工程项目的承包人应按照法律的规定和施工合同的约定，认真履行工程项目产品的回访与保修义务，以确保工程项目产品使用人的合理利益。回访工作应纳入承包人的生产计划及日常工作计划中。在双方约定的质量保修期内，承包人应向使用人提供在工程质量保修书中承诺的保修服务，并按照谁造成的质量问题由谁承担经济责任的原则处理问题。

一、工程项目产品回访与保修的概念

工程项目竣工验收后，虽然通过了交工前的各种检验，但由于建筑产品的复杂

性，仍然可能存在着一些质量问题或者隐患，要在产品的使用过程中才能逐步暴露出来。例如，建筑物的不均匀沉降、地下及屋面防水工程的渗漏等问题，都需要在使用中检查和观察才可以确定。为了有效地维护建设工程使用者的合法权益，工程交工后的保修已经被确定为我国的一项基本制度。

建设工程质量保修是指建设工程项目在办理竣工验收手续后，在规定的保修期限内，由勘察、设计、施工、材料等原因所造成的质量缺陷，应当由施工承包单位负责维修、返工或更换，由责任单位负责赔偿损失。这里的质量缺陷，是指工程不符合国家或行业现行的有关技术标准、设计文件及合同对质量的要求等。

回访是一种产品售后服务的方式，工程项目回访广义地讲是指工程项目的设计、施工、设备及材料供应等单位，在工程竣工验收交付使用后，自签署工程质量保证书起的一定期限内，主动去了解项目的使用情况和设计质量、施工质量、设备运行状态及用户对维修方面的要求，从而发现产品使用中的问题并及时处理，使建筑产品能够正常地发挥其使用功能，使建筑工程的质量保修工作真正落到实处。

二、工程项目产品回访与保修的意义

实行工程质量保修制度，加强工程项目产品的回访与保修工作，是明确与落实建设工程质量责任的重要措施，是维护用户及消费者合法权益的重要保障。工程项目产品回访与保修是双赢的过程，通过回访与保修，可以促进项目的承包人在项目的设计、施工过程中牢固树立为用户服务的观念，更有效地提高承包人的技术与管理水平；同时，承包人也尽到了为顾客服务的义务，履行了质量保修的承诺。

施工单位进行工程项目产品回访与保修有以下重要意义：

(1) 有利于项目经理部重视项目管理，提高工程质量。只有加强施工项目的过程控制，增强项目管理层和作业层的责任心，严格按规范和标准进行施工，从防止和消除质量缺陷的目的出发，才能从源头上杜绝工程保修问题的发生。

(2) 有利于承包人及时听取用户意见，发现工程质量问题，及时采取相应的措施，保证建筑工程使用功能的正常发挥，同时也履行了回访与保修的承诺。

(3) 有利于加强施工单位同建设单位和用户的联系与沟通，增强了建设单位和用户对施工单位的信用感，提高了施工单位的社会信誉。

三、工程项目产品回访与保修的依据

实行工程项目产品回访与保修制度是由我国法律与法规明确规定的，此项工作的主要依据如下：

(1)《中华人民共和国建筑法》以下简称《建筑法》第六十二条规定："建筑工程实行质量保修制度。"《建设工程项目管理规范》(GB/T 50326—2006) 具体的保修范围和最低保修期限由国务院规定。

(2)《中华人民共和国合同法》第二百八十一条规定："因施工人的原因致使建设工程质量不符合约定的，发包人有权要求施工人在合理期限内无偿修理或者返工、改建。经过修理或者返工、改建后，造成逾期交付的，施工人应当承担违约责任。"

（3）《建设工程质量管理条例》第三十九条规定：“建设工程实行质量保修制度。建设工程承包单位在向建设单位提交工程竣工验收报告时，应当向建设单位出具质量保修书。质量保修书中应当明确建设工程的保修范围、保修期限和保修责任等。”

（4）《建设工程项目管理规范》（GB/T 50326—2017）第 18.5.2 条规定：“发包人与承包人应签订工程保修期保修合同，确定质量保修范围、期限、责任与费用的计算方法。”第 18.5.3 条规定：“承包人在工程保修期内应承担质量保修责任，回收质量保修资金，实施相关服务工作。”

资源 4.7

四、工程项目产品的保修范围与保修期

（1）保修范围。一般来说，各种类型的建筑工程及建筑工程的各个部位都应该实行保修。《建筑法》中规定；建筑工程的保修范围应当包括地基基础工程、主体结构工程、屋面防水工程和其他土建工程，以及电气管线、上下水管线的安装工程，供热、供冷系统工程等项目。

资源 4.8

（2）保修期。保修期的长短直接关系到承包人、发包人及使用人的经济责任的大小。根据《建设工程质量管理条例》的规定，在正常使用条件下，建设工程的最低保修期限为建设工程的保修期，自竣工验收合格之日起计算。

五、保修期责任与做法

1. 保修期的经济责任

由于建筑工程情况比较复杂，不像其他商品那样单一，有些问题往往是由多种原因造成的。进行工程质量保修，必须厘清经济责任，由产生质量问题的责任方承担工程的保修经济责任。一般有以下情况：

（1）承包人的原因。由承包人未严格按照国家现行施工及验收规范、工程质量验收标准、设计文件要求和合同约定组织施工所造成的工程质量缺陷，所产生的工程质量保修，应当由承包人负责修理并承担经济责任。

（2）设计人的原因。对于设计所造成的质量缺陷，应由设计人承担经济责任。当由承包人进行修理时，其费用数额按合同约定，通过发包人向设计人索赔，不足部分由发包人补偿。

（3）发包人的原因。由发包人供应的建筑材料、构配件或设备不合格造成的工程质量缺陷，或由发包人指定的由分包人造成的质量缺陷，均应由发包人自行承担经济责任。

（4）使用人的原因。由于使用人未经许可自行改建所造成的质量缺陷，或由使用人使用不当所造成的损坏，均应由使用人自行承担经济责任。

（5）其他原因。由地震、洪水、台风等不可抗力原因所造成的损坏或施工原因所造成的事故，不在于规定的保修范围，承包人不承担经济责任。负责维修的经济责任由国家根据具体政策规定，

对在保修期内和保修范围内发生的质量问题，应先由建设单位组织勘察、设计、施工等单位分析质量问题的原因，确定保修方案，由施工单位负责保修。但当问题严重和紧急时，不管是什么原因造成的，均先由施工单位履行保修义务，不得推诿和扯

皮。对引起质量问题的原因则实事求是，科学分析，分清责任，按责任大小由责任方承担不同比例的经济赔偿。这里的损失，既包括由工程质量造成的直接损失，即用于返修的费用，也包括间接损失，如给使用人或第三人造成的财产或非财产损失等。

（6）保修保险。有的项目经发包人和承包人协商，根据工程的合理使用年限，采用保修保险方式。该方式不需要扣保留金，保险费由发包人支付，承包人应按约定的保修承诺，履行其保修职责和义务。推行保修保险可以有效地转移和规避工程的风险，符合国际惯例，对发包、承包双方都有利。

2. 保修做法

保修一般包括以下步骤：

资源 4.9

（1）在工程竣工验收的同时，施工单位应向建设单位发送《房屋建筑工程质量保修书》。工程质量保修书属于工程竣工资料的范围，它是承包人对工程质量保修的承诺。其内容主要包括保修范围和内容、保修时间、保修责任、保修费用等。具体格式见建设部（现为住房和城乡建设部）与国家工商行政管理总局 2000 年 8 月联合发布的《房屋建筑工程质量保修书（示范文本）》。

资源 4.10

资源 4.11

（2）填写工程质量修理通知书。在保修期内，若工程项目出现质量问题影响使用，使用人应填写《工程质量修理通知书》通知承包人，注明质量问题及部位、联系维修方式，要求承包人派人前往检查修理。《工程质量修理通知书》的发出日期为约定起始日期，承包人应在 7 天内派出人员执行保修任务。

第五章 工程质量检验、评定

第一节 工程质量检验

一、工程质量检验概述

（一）质量检验的含义

检验的定义是："通过观察和判断，适当结合测量、试验所进行的符合性评价"。在检验过程中，可以将"符合性"理解为满足要求。

质量检验活动主要包括以下几个方面：

（1）明确并掌握对检验对象的质量要求：即明确掌握产品的技术标准，明确检验项目和指标要求；明确抽样方案，检验方法及检验程序；明确产品合格判定原则等。

（2）测试：即用规定的手段按规定的方法在规定的环境条件下，测试产品的质量特性值。

（3）比较：即将测试所得的结果与质量要求相比较，确定其是否符合质量要求。

（4）评价：根据比较的结果，对产品质量的合格与否作出评价。

（5）处理：出具检验报告，反馈质量信息，对产品进行处理。具体来讲就是：

1）对合格的产品或产品批作出合格标记，填写检验报告，签发合格证，放行产品。

2）对不合格的产品或产品批填写检验报告与有关单据，说明质量问题，提出处理意见，并在产品上作出不合格标记，根据不合格品管理规定予以隔离。

3）将质量检验信息及时汇总分析，并反馈到有关部门，促使其改进质量。

施工过程中，施工承包人是否按照设计图纸、技术操作规程、质量标准的要求实施，将直接影响到工程产品的质量。为此，监理人必须进行各种必要的检验，避免出现工程缺陷和不合格品。

（二）质量检验的目的和作用

1. 质量检验的目的

质量检验的目的主要包括两个方面：一是决定工程产品（或原材料）的质量特性是否符合规定的要求；二是判断工序是否正常。具体就施工阶段而言，质量检验的目的包括：

（1）判断工程产品、建筑原材料质量是否符合规定要求或设计标准。

（2）判定工序是否正常，测定工序能力，进而对工序实行质量控制。

（3）记录所取得的各种检验数据作为对检验对象评价和质量评定的依据。

（4）评定质量检验人员（包括操作者自我检查）的工作准确性程度。

（5）对不符合质量要求的问题及时向施工承包人提出，并研究补救和处理措施。

（6）通过质量检验可以督促施工承包人提高质量，使之达到设计要求和既定标准。

2. 质量检验的作用

要保证和提高建设项目的施工质量，监理人除了检查施工技术和组织措施外，还要采用质量检验的方法，来检查施工承包人的工作质量。归纳起来，工程质量检验有以下作用：

（1）质量检验是保证工程质量的重要工作内容。只有通过质量检验，才能得到工程产品的质量特征值，才有可能和质量标准相比较，进而得到合格与否的判断。

（2）质量检验为工程质量控制提供了数据，而这些数据正是施工工序质量控制的依据。

（3）通过对进场器材、构配件及建筑材料实行全面的质量检验，可保证这些器材和原材料质量，从而促使施工承包人使用合格的器材和建筑材料，避免因器材或建筑材料质量而导致建设项目质量事故的发生。

（三）质量检验的必备条件

监理人对承包人实施有效的质量监理，是建立在开展质量检验基础上的。而进行质量检验，必须具备一定的条件，否则会导致检验工作质量低下（如误判、漏检等），致使对施工承包人的质量监理成为一句空话。

监理人进行质量检验的必备条件一般包括以下方面：

（1）要具有一定的检验技术力量。监理人要根据工程实际需要，来配齐各类质量检验人员。在这些质量检验人员中，应配有一定比例的、具有一定理论水平和实践经验或经专业考核获取检验资格的骨干人员。

资源 5.1

（2）要建立一套严密的科学管理制度。监理人为保证有条不紊地对施工承包人的施工质量进行检验，并保证质量检验工作的质量，以提供准确的质量信息，必须建立一套完整的管理制度。这些制度包括：质量检验人员岗位责任制、检验工程质量责任制、检验人员技术考核和培训、检验设备管理制度、检验资料管理制度、检验报告编写及管理等。

（3）要求施工承包人建立完善的质量检验制度和相应的机构。监理人的质量检验，是在施工承包人“三检”（初检、复检、终检）基础上进行的。施工承包人质量检验的制度、机构、手段和条件，不具备、不完善或“三检”不严，会使施工承包人自检的质量低下，相对地把施工承包人自检的工作，转嫁到监理身上，增加监理人质量监督的负担，最后使工程质量得不到保证。在施工承包人“三检”制度不健全或质量不高的情况下，监理人有权拒绝检查、验收和签证，直到“三检”工作符合要求为止。

（4）要配备符合标准并满足检验工作要求的检验手段。监理人只有配备了符合标准并满足检验工作要求的检验手段，才能直接、准确地获得第一手资料，切切实实做到对工程质量心中有数，进行有效的质量监理。

检验手段包括除去感觉性检验以外的其他检验所需要的一切量具、测具、工具、无损检测设备、理化试验设备等，如土工试验仪器、压力机等。

(5) 要有适宜的检验条件。监理人质量检验工作的条件如下：

1) 进行质量检验的工作条件：如试验室、场地、作业面和保证安全的手段等。

2) 保证检验质量的技术条件：如照明、空气温度、湿度、防尘、防震等。

3) 质量检验评价条件：主要是指合同中写明的、进行质量检验和评价所依据的技术标准，包括两类：第一类是现有的技术标准。如国标、部标及地方标准。第二类是目前尚无确定、需要自定的技术标准。对于这种情况，监理人可首先要求施工承包人提出施工规范和检查验收标准，在报监理人审批同意后，即作为实施的标准。当监理人不熟悉这种技术标准的业务时，或对审批这种标准把握不大时，也可委托有关单位进行审查，或向有关单位或部门咨询后再审查。

(四) 质量检验计划

由于工程质量检验工作的分散性和复杂性，为了使检验人员明确工作内容、方法、评价标准和要求，以保证质量检验工作的顺利进行，监理工程师应制订质量检验计划，计划的内容如下：

(1) 工程项目的名称（单位工程、分部工程）及检验的部位。

(2) 检验项目名称。即检验哪些质量性能特征。

(3) 检验方法。即是视觉检验、量测检验、无损检测、理化试验。

(4) 检验依据。质量检验是依据技术标准、规程、合同、设计文件中的哪一款，或者是哪些具体评价标准。

(5) 确定质量性能特征的重要性级别。

(6) 检验程度。是免检、抽检还是全数检验。

(7) 评价和判断合格与否的条件或标准。

(8) 检验样本（样品）的抽样方法。

(9) 检验程序。即检验工作开展的顺序或步骤。

(10) 检验合格与否的处理意见。

(11) 检验记录或检验报告的编号和格式。

(五) 质量检验种类

1. 按质量检验实施者分类

按质量检验的实施单位来分，质量检验可分为以下三种形式。

(1) 发包人/监理人的质量检验。发包人/监理人的质量检验是发包人/监理人在工程施工过程中以及工程完工时所进行的检验。这种检验是站在发包人的立场上，以满足合同要求为目的而进行的一种检验，它是对施工承包人的施工活动及工程质量实行监督、控制的一种形式。

监理机构的质量检验人员应具有一定的工程理论知识和施工实践经验，熟悉有关标准、规定和合同要求，认真按技术标准进行检验，做出独立、公正的评价。

监理机构进行质量检验的主要任务是：

1) 对工程质量进行检验，并记录检验数据。

2）参与工程中所使用的新材料、新结构、新设备和新技术的检验和技术审定。

3）对工程中所使用的重要材料进行检验和技术审定。

4）参与质量事故的分析处理。

5）校验施工承包人所用的检验设备和其检验方法。

（2）第三方质量检验。第三方质量检验，也称第三方质量监督检验。它是站在第三方公正立场，依据国家的技术标准、规程以及设计文件、质量监督条例等对工程质量及有关各方实行的质量监督检验，是强制性执行技术标准，是确保工程质量，确保国家和人民利益，维护生命财产安全的重要手段。

（3）施工承包人的质量检验。施工承包人的质量检验是施工承包人内部进行的质量检验，包括从原材料进货直至交工的全过程中的全部质量检验工作，它是发包人/监理人及政府第三方质量控制、监督检验的基础，是质量把关的关键。

施工单位在工程建设施工中必须健全质量保证体系，认真执行初检、复检和终检的施工质量“三检制”，在施工中对工程质量进行全过程的控制。初检是搞好施工质量的基础，每道工序完成后，应由班组质检员填写初检记录，班组长复核签字。一道工序由几个班组连续施工时，要做好班组交接记录，由完成该道工序的最后一个班填写初检记录；复检是考核、评定施工班组工作质量的依据，要努力工作提高一次检查合格率，由施工队的质检员与施工技术人员一起搞好复检工作，并填表写复检意见；终检是保证工程质量的关键，必须由质检监理和施工单位的专职质检员进行终检，对分工序施工的单元工程，如果上一道工序未经终检或终检不合格，不得进行下一道工序的施工。

施工承包人应建立检验制度，制定检验计划。质量检验用的检测器具应定期标定、校核；工地使用的衡器、量具也应定期鉴定、校准。对于从事关键工序操作和重要设备安装的工人，要经过严格的技术考核，达不到规定技术等级的不得顶岗操作。

通过严格执行上述有关施工承包人施工质量自检的规定，以加强施工企业内部的质量保证体系，推行全面质量管理。

2. 按检验内容和方式分类

按质量检验的内容及方式，质量检验可分为以下5种。

（1）施工预先检验。施工预先检验是指工程在正式施工前所进行的质量检验。这种检验是防止工程发生差错、造成缺陷和不合格品出现的有力措施。例如，监理人对原始基准点、基准线和参考标高的复核，对预埋件留设位置的检验；对预制构件安装中构件位置、型号、支承长度和标高的检验等。

资源5.2

（2）工序交接质量检验。工序交接质量检验主要指工序施工中或上道工序完工即将转入下道工序时所进行的质量检验，它是对工程质量实行控制，进而确保工程质量的一种重要检验，只有做到一环扣一环，环环不放松，整个施工过程的质量才能得到有力的保障。一般说来，它的工作量最大。其主要作用为：评价施工承包人的工序施工质量；防止质量问题积累；检验施工技术措施、工艺方案及其实施的正确性；为工序能力研究和质量控制提供数据。因此，监理人应在承包

资源5.3

人内部自检、互检的基础上进行工序质量交接检验，坚持上道工序不合格就不能转入下道工序的原则。例如，在混凝土进行浇筑之前，要对模板的安装、钢筋的架立绑扎等进行检查。

(3) 原材料、中间产品和工程设备质量确认检验。原材料、中间产品和工程设备质量确认检验是指监理人根据合同规定及质量保证文件的要求，对所有用于工程项目器材的可信性及合格性作出有根据的判断，从而决定其是否可以投用。原材料、中间产品和工程设备质量确认检验的主要目的是判定用于工程项目的原材料、中间产品和工程设备是否符合合同中规定的状态，同时，通过原材料、中间产品和工程设备质量确认检验，能及时发现承包人质量检验工作中存在的问题，反馈质量信息。如对进场的原材料（砂、石、骨料、钢筋、水泥等）、中间产品（混凝土预制件、混凝土拌和物等）、工程设备（闸门、水轮机等）的质量检验。

资源 5.4

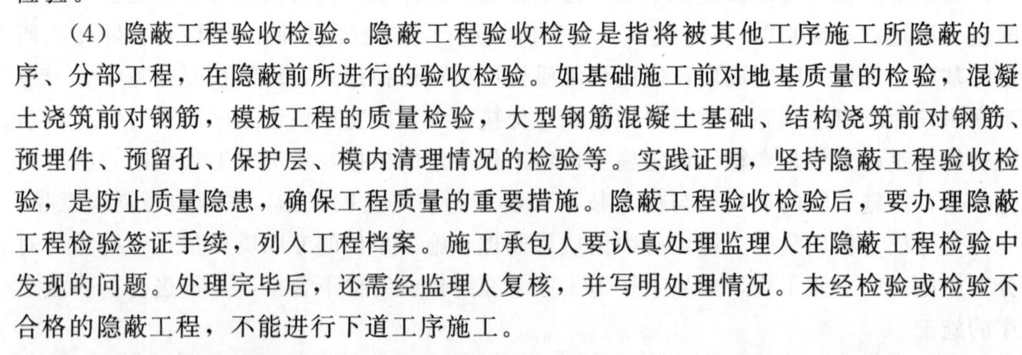

(4) 隐蔽工程验收检验。隐蔽工程验收检验是指将被其他工序施工所隐蔽的工序、分部工程，在隐蔽前所进行的验收检验。如基础施工前对地基质量的检验，混凝土浇筑前对钢筋，模板工程的质量检验，大型钢筋混凝土基础、结构浇筑前对钢筋、预埋件、预留孔、保护层、模内清理情况的检验等。实践证明，坚持隐蔽工程验收检验，是防止质量隐患，确保工程质量的重要措施。隐蔽工程验收检验后，要办理隐蔽工程检验签证手续，列入工程档案。施工承包人要认真处理监理人在隐蔽工程检验中发现的问题。处理完毕后，还需经监理人复核，并写明处理情况。未经检验或检验不合格的隐蔽工程，不能进行下道工序施工。

(5) 完工验收检验。完工验收检验是指工程项目竣工验收前对工程质量水平所进行的质量检验。它是对工程产品的整体性能进行全方位的一种检验。监理人在施工承包人检验合格的基础上，对所有有关施工的质量技术资料（特别是重点部位）进行核查，并进行有关方面的试验。完工验收检验是进行正式完工验收的前提条件。

3. 按工程质量检验深度分类

按工程质量检验工作深度分，可将质量检验分为全数检验、抽样检验和免检三类。

(1) 全数检验。全数检验也称普遍检验，是对工程产品逐个、逐项或逐段的全面检验。在建设项目施工中，全数检验主要用于关键工序及隐蔽工程的验收。

关键工序及隐蔽工程施工质量的好坏，将直接关系到工程的质量，有时会直接关系到工程的使用功能及效益。因此发包人（监理人）有必要对隐蔽工程的关键工序进行全数检验。

当监理人发现施工承包人某一工种施工工序能力差，或是第一次（初次）施工较为重要的施工项目（或内容），不采取全数检验不能保证工程质量时，均要采取全数检验。

归纳起来，遇到下列情况应采取全数检验：

1）质量十分不稳定的工序；

2）质量性能指标对工程项目的安全性、可靠性起决定性作用的项目；

3）质量水平要求高，对下道工序有较大影响的项目（包括原材料、中间产品和工程设备）等。

（2）抽样检验。在施工过程中进行质量检验，由于工程产品（或原材料）的数量相当大，人们不得不进行抽样检验，即从工程产品（或原材料）中抽取少量样品（即样组），进行仔细检验，借以判断工程产品或原材料批的质量情况。

常用在下列几种情况：

1）检验是破坏性的，如对钢筋的试验。

2）检验的对象是连续体，如对混凝土拌和物的检验等。

3）质量检验对象数量多，如对砂、石骨料的检验。

4）对工序进行质量检验。

（3）免检。免检是指对符合规定条件的产品，在其免检有效期内，免于国家、省、市、县各级政府监管部门实施的常规性质量监督检查。企业要申请免检，除具备独立法人资格，能保证稳定生产以外，执行的产品质量自定标准还必须达到或严于国家标准、行业标准的要求，此外其产品必须在省以上质监部门监督抽查中连续3次合格等。

为保证质量，质监部门对免检企业和免检产品实行严格的后续监管。国家质检行政管理部门会不定期对免检产品进行国家监督抽查，出现不合格的督促企业整改；严重不合格的，撤销免检资格。在免检期，免检企业还必须每年提供产品检验报告。免检企业到期，需重新申请的，质监部门还要再次核查免检产品质量是否持续符合免检要求，对不符合的，不再给予免检资格。

（六）合同内和合同外质量检验

1. 合同内质量检验

合同内质量检验是指合同文件中作出明确规定的质量检验，包括工序、材料、设备、成品等的检验。监理人要求的任何合同内的质量检验，不论检验结果如何，监理人均不为此负任何责任。承包人应承担质量检验的有关费用。

2. 合同外质量检验

对于合同外的质量检验，在FIDIC（国际咨询工程师联合会）条款和《土建工程施工合同条件》中规定是有区别的。

（1）《土建工程施工合同条件》中规定。合同外质量检验是指下列任何一种情况的检验：

1）额外检验。若监理人要求承包人对某项材料和工程设备的检查和检验在合同中未作规定，监理人可以指示承包人增加额外检验，承包人应遵照执行，但应由发包人承担额外检验的费用和工程延误责任。

2）重新检验。不论何种原因，若监理人对以往的检验结果有疑问时，可以指示承包人重新检验，承包人不得拒绝。若重新检验结果证明这些材料和工程设备不符合合同要求，则应由承包人承担重新检验的费用和工期延误责任；若重新检验结果证明这些材料和工程设备符合合同要求，则应由发包人承担重新检验的费用和工期延误责任。

（2）FIDIC 条款中的规定。合同外质量检验是指下列任何一种情况的检验：

1）合同中未曾指明或规定的检验。

2）合同中虽已指明或规定，但监理工程师要求在现场以外其他任何地点进行的检验。

3）要求在被检验的材料、工程设备的制造、装备或准备地点以外的任何地点进行的质量检验等。

合同外质量检验应分两种情况来区分责任。如果检验表明施工承包人的操作工艺、工程设备、材料没有按照合同规定，使监理人满意，则其检验费用及由此带来的一切其他后果（如工期延误等），应由施工承包人负担。如果属于其他情况，则监理工程师应在与业主和施工承包人协商之后，承包人有获得延长工期的权力，以及应在合同价格中增加有关费用。

尽管监理工程师有权决定是否进行合同外质量检验，但应慎重。

二、抽样检验原理

（一）抽样检验的基本概念

1. 抽样检验的定义

质量检验按检验数量通常分为全数检验、抽样检验和免检。全数检验是对每一件产品都进行检验，以判断其是否合格。全数检验常用在非破坏性检验，批量小、检查费用少或稍有一点缺陷就会带来巨大损失的场合等。但对很多产品来讲，全数检验是不可能往往也是不必要的，在很多情况下常常采用抽样检验。

抽样检验是按数理统计的方法，抽样检验是利用从批或过程中随机抽取的样本，对批或过程的质量进行判断和预测，如图 5-1 所示。

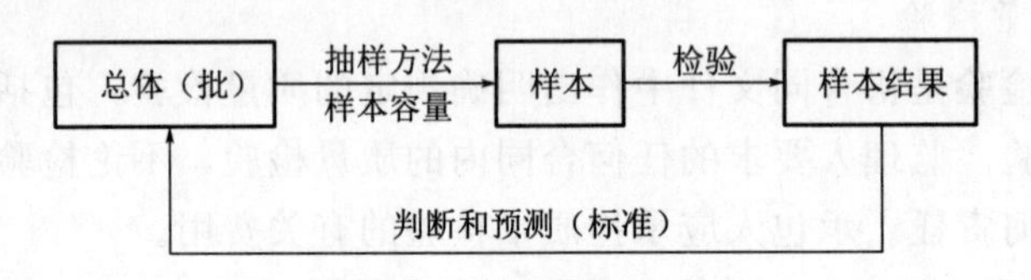

图 5-1 抽样检验原理

2. 抽样检验的分类

抽样检验按照不同的方式进行分类，可以分成不同的类型：

（1）按统计抽样检验的目的分类。

1）预防性抽样检验：这种检验是在生产过程中，通过对产品进行检验，来判断生产过程是否稳定和正常，这种主要是为了预测、控制工序（过程）质量而进行的检验。

2）验收性抽样检验：是从一批产品中随机的抽取部分产品（称为样本），检验后根据样本质量的好坏，来判断这批产品的好坏，从而决定接收还是拒收。

3）监督抽样检验：第三方，政府主管部门、行业主管部门如质量技术监督局的检验，主要是为了监督各生产部门。

（2）按单位产品的质量特征分类。

1）计数抽样检验：所谓计数抽样检验，是指在判定一批产品是否合格时，只用到样本中不合格数目或缺陷数，而不管样本中各单位产品的特征的测定值如何的检验判断方法。

a. 计件：用来表达某些属性的件数，如不合格品数。

b. 计点：一般适用产品外观，如混凝土的蜂窝、麻面数。

2）计量抽样检验：所谓计量抽样检验，是指定量地检验从批中随机抽取的样本，利用样品中各单位产品的特征值来判定这批产品是否合格的检验判断方法。

计数抽样检验与计量抽样检验的根本区别在于：前者是以样本中所含不合格品（或缺陷）个数为依据；后者是以样本中各单位产品的特征值为依据。

（3）按抽取样本的次数分类。

1）一次抽样检验：仅需从批中抽取一个大小为 n 样本，便可判断该批接收与否。

2）二次抽样检验：抽样可能要进行两次，对第一个样本检验后，可能有三种结果：接收，拒收，继续抽样。若得出“继续抽样”的结论，抽取第二个样本进行检验，最终做出接收还是拒收的判断。

在采用二次抽样检验时，需事先规定两组判定数，即第一次抽样检验时的合格判定数 c_1 和不合格判定数 r_1，以及第二次检验时的合格判定数 c_2，然后从批 N 中先抽取一个较小样本 n_1，并对 n_1 进行检验，确定检测 n_1 中的不合格品数 d_1，若 $d_1 \leqslant c_1$，则判定为批合格；若 $d_1 \geqslant r_1$，则判定为批不合格；若 $c_1 < d_1 < r_1$，则需抽取第二个样组 n_2，并对 n_2 进行检验，检验得样组中的不合格品数 d_2，若 $d_1 + d_2 > c_2$，则判定批为不合格；若 $d_1 + d_2 \leqslant c_2$，则判定批为合格，其检验程序如图 5-2 所示。

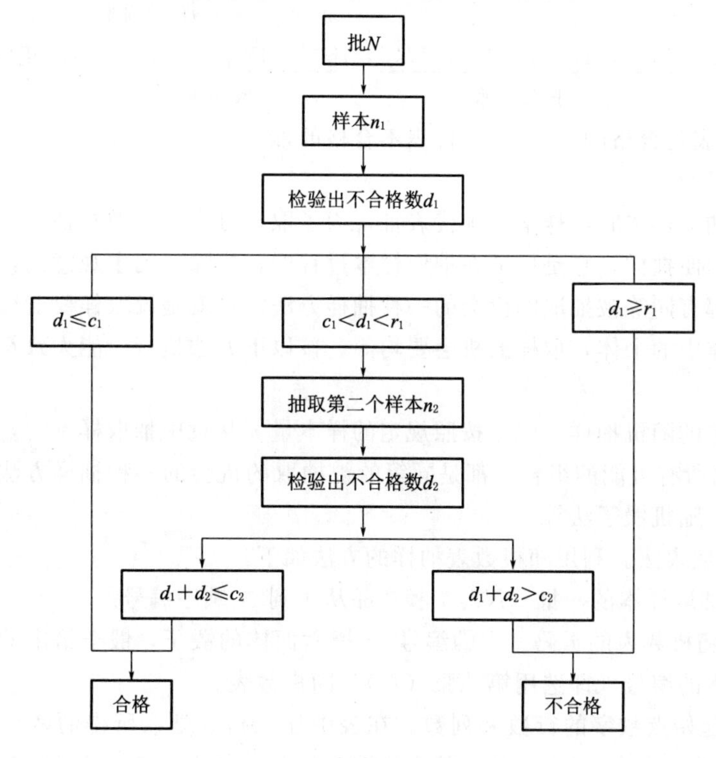

图 5-2　二次抽样检验程序

3）多次抽样检验：可能需要抽取两个以上具有同等大小样本，最终才能对批做出接收与否判定，是否需要第 i 次抽样要根据前次（$i-1$ 次）抽样结果而定，多次抽样操作复杂，需做专门训练。

4）序贯抽样检验：事先不规定抽样次数，每次只抽一个单位产品，即样本量为1，据累积不合格品数判定合格/不合格还是继续抽样时适用，针对价格昂贵、件数少的产品可使用。

（4）按抽样方案的制订原理来分类，有三大类：

1）标准型抽样方案：该方案是为保护生产方利益，同时保护使用方利益，预先限制生产方风险 α 的大小而制定的抽样方案。

2）挑选型抽样方案：所谓挑选型方案是指，对经检验判为合格的批，只要替换样本中的不合格品；而对于经检验判为拒收的批，必须全检，并将所有不合格全替换成合格品。即事先规定一个合格判定数 c，然后对样本按正常抽样检验方案进行检验，通过检验若样本中的不合格品数为 d，则当 $d \leqslant c$ 时，该批为合格；若 $d > c$，则对该批进行全数检验。这种抽样检验适用于不能选择供应厂家的产品（如工程材料、半成品等）检验及工序非破坏性检验。

3）调整型抽样方案：该类方案由一组方案（正常方案、加严方案和放宽方案）和一套转移规则组成，根据过去的检验资料及时调整方案的宽严。该类方案适用于连续批产品。

例如：1√，2√，3×，4√，5×，6√，7×，8×，9√，10×，11×，12√，13×，

加严检验

暂停检验　14√，15×，16√，17√，18√，19√，20√，21√ 正常

正常检验　　放宽检验

“√”代表是合格的批，“×”代表不合格的批。

3. 抽样方法

在进行抽取样本时，样本必须代表批，为了取样可靠，以随机抽样为原则，随机抽样不等于随便抽样，它是保证在抽取样本过程中，排除一切主观意向，使批中的每个单位产品都有同等被抽取的机会的一种抽样方法。也就是说取样要能反映群体的各处情况，群体中的个体，取样的机会要均等。按以下方法执行，能大致符合随机抽样的精神。

（1）简单的随机抽样。就是按照规定的样本量 n 从批中抽取样本时，使批中含有n个单位产品所有可能的组合，都是同等的被抽取的机会的一种抽样方法。主要数有随机数表法、随机骰子法等。

1）随机数表法。利用随机数表抽样的方法如下：

a. 将要抽取样本的一批（N）工程产品从1到 N 顺序编号。

b. 确定随机数表的页码（表的编号）。掷六面体的骰子，骰子给出的数字即为采用的随机数表的编号〔即选用第几张（页）〕随机数表。

c. 确定起始点数字的行数和列数。在表中任意指一处，所得的两位数即为行数（所得的两位数如为50以内的数，就直接取为行数。如大于50，则用该数减去50后

作为行数）。再用同样的方法可以确定列数（所得的两位数如为 25 以内的数，就直接取为列数；如大于 25，则用该数减去 25 以后作为列数）。

d. 从所确定的该页随机数表上按上述行、列所列出的数字作为所选取的第一个样本的号码，依次从左到右选取 n 个小于批量 N 的数字，作为所选取的样本编号，一行结束后，从下一行开始继续选取，如所得数字超过批量 N，则应舍弃。

2）随机骰子法。骰子法是将要抽取样本的一批（N）工程产品从 1～N 顺序编号，然后用掷骰子法来确定取样号。所用骰子有正六面体和正二十面体两种。在一般工程施工中，采用正六面体骰子。

抽样时，先根据批的数量将批分为 6 个大组（采用正六面体骰子抽样时），每个大组再分为 6 个小组，分组的级数决定子批的数量，每个小组中个体的数量不超过 6 个。分组后再对各组级中的每个组和每个小组中的个体都编上从 1～6 的号码，然后通过掷骰子来决定抽取哪一个个体作为样本，第一次掷得的号码确定 6 个大组中从哪一个大组抽取样本，第二次掷得的号码确定该大组中 6 个小组中从哪个小组中抽取样本，第三次掷得的号码确定从该小组中抽取哪个个体作为样本。

（2）分层随机抽样。当批是由不同因素的个体组成时，为了使所抽取的样本更具有代表性，即样本中包含有各种因素的个体，则可采用分层抽样法。

分层抽样是将总体（批）分成若干层次，尽量使层内均匀，层与层之间不均匀，这些层中选取样本。通常可按下列因素进行分层：

1）操作人员：按现场分、按班次分、按操作人员的经验分。

2）机械设备：按使用的机械设备分。

3）材料：按材料的品种分、按材料进货的批次分。

4）加工方法：按加工方法、安装方法分。

5）时间：按生产时间（上午、下午、夜间）分。

6）按气象情况（阴、晴、雨、风）分。

分层抽样多用于工程施工的工序质量检验中，以及散装材料（如砂、石、水泥等）的验收检验中。

（3）两级随机抽样。当许多产品装在箱中，且许多货箱又堆积在一起构成批量时，可以首先作为第一级对若干箱进行随机抽样，然后把挑选出的箱作为第二级，再分别从箱中对产品进行随机抽样。

（4）系统随机抽样。当对总体实行随机抽样有困难时，如连续作业时取样、产品为连续体时取样，可采用一定间隔进行抽取的抽样方法称为系统抽样。例如：现要求测定港区路基的下沉值，由于路基是连续体，可采取每米或几米测定一点（或二点）的办法，作抽样测定。系统抽样还适合流水生产线上的取样，但应注意，当产品质量特性发生变化时会产生较大偏差。然而抽取样本的个数依抽检方案而定。

资源 5.5

4. 抽样检验中的两类风险

由于抽样检验的随机性，就像进行测量总会存在误差一样，在进行抽样检验中，也会存在下列两种错误判断（风险）：

（1）第一类风险。即本来是合格的交验批，有可能被错判为不合格批，这对生产方是不利的，这类风险也可称为承包商风险或第一类错误判断。其风险大小用 α 表示。

（2）第二类风险。即将本来不合格的交验批，有可能错判为合格批，将对使用方产生不利。第二类风险又称用户风险或第二类错误判断。其风险大小用 β 表示。

（二）计数型抽样检验

1. 计数型抽样检验中的几个基本概念

（1）一次抽样方案。一次抽样方案：抽样方案是一组特定的规则，用于对批进行检验、判定。它包括样本量 n 和判定数 c，如图 5-3 所示。

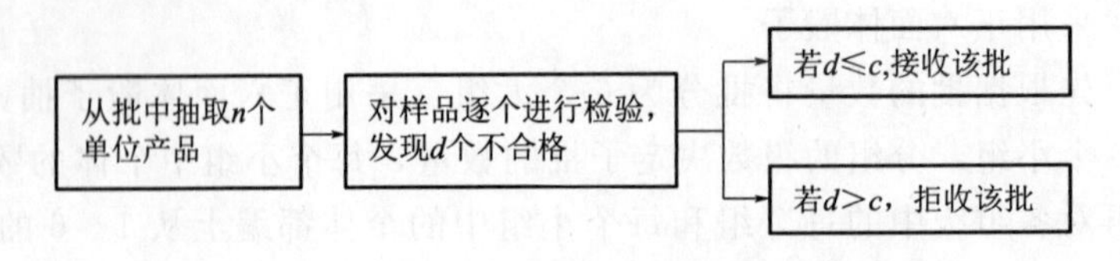

图 5-3 一次抽样方案

（2）接收概率。接收概率，是根据规定的抽样检验方案将检验批判为合格而接收的概率。一个既定方案的接收概率是产品质量水平，即批不合格品率 p 的函数，用 $L(p)$ 表示。

检验批的不合格品率 p 越小，接收概率 $L(p)$ 就越大。对方案（n，c），若实际检验中，样本的不合格品数为 d，其接收概率计算公式为

$$L(p)=P(d\leqslant c)$$

式中：$P(d\leqslant c)$ ——样本中不合格品数为 $d\leqslant c$ 时的概率。

其中批不合格品率 p 是指批中不合格品数占整个批量的百分比。即

$$p=\frac{D}{N}\times 100\%$$

式中 D—中不合格品数；

N——批量数。

批不合格百分率是衡量一批产品质量水平的重要指标。

（3）接收上界 p_0 和拒收下界 p_1。接收上界 p_0：在抽样检查中，认为可以接收的连续提交检查批的过程平均上限值，称为合格质量水平。设交验批的不合格率为 p，当 $p\leqslant p_0$ 时，交验批为合格批，可接收。

资源 5.6

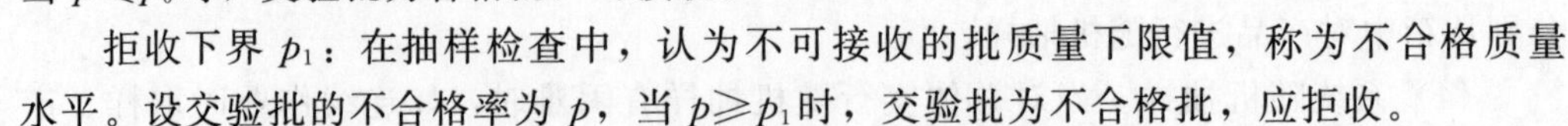

拒收下界 p_1：在抽样检查中，认为不可接收的批质量下限值，称为不合格质量水平。设交验批的不合格率为 p，当 $p\geqslant p_1$ 时，交验批为不合格批，应拒收。

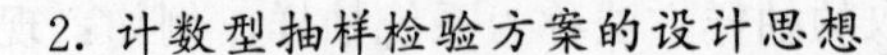

2. 计数型抽样检验方案的设计思想

一个合理的抽样方案，不可能要求它保证所接收的产品 100% 是合格品，但要求它对于不合格率达到规定标准的批以高概率接收；而对于合格率比规定标准差的批以高概率拒收。

计数型抽样检验方案设计是基于这样的思想，为了同时保障生产方和顾客利益，预先限制两类风险 α 和 β 前提下制订的，所以制订抽样方案时要同时满足：① $p\leqslant p_0$ 时，$L(p)\geqslant 1-\alpha$，也就是当样本抽样合格时，接收概率应该保证大于 $1-\alpha$；② $p\geqslant p_1$ 时，$L(p)\leqslant\beta$，即当样本抽样不合格时，接收概率应该保证小于 β。

（1）确定 α 和 β 值。一个好的抽样方案要同时兼顾生产者和用户的利益，严格控制两类错误判断概率。但是 α、β 不能规定过小，否则会造成样本容量 n 过大，以致无法操作。就一般工业产品而言，α 取 0.05 及 β 取 0.10 最为常见；在工程产品抽检中，α、β 规定多少才合适，目前尚无统一取值标准。但有一点可以肯定，工程产品抽检中，α、β 取值远比工业产品的取值要大，原因是工业产品的样本容量可以大些，而工程产品的样本容量要小些。

（2）确定 p_0、p_1。

1）确定 p_0。p_0 的水平受多种因素影响，如产品的检查费用、缺陷类别、对产品的质量要求等。一般通过生产者和用户协商，并辅以必要的计算来确定。它的确定分两种情况：①根据过去的资料，可以把 p_0 选在过去平均不合格率附近；②在缺乏过去资料的情况下，可结合工序能力调查来选择 p_0，$p_0=p_U+p_L$。其中 p_U 是超上限不合格率，p_L 是超下限不合格率。

2）确定 p_1。抽样检验方案中，p_1 的选取应与 p_0 拉开一定的距离，p_1/p_0 过小（如 $n\leqslant 3$），往往增加 n（抽样量），检验成本增加；p_1/p_0 过大，会导致放松对质量的要求，对使用方不利，对生产方也有压力。一般情况下，p_1/p_0 取在 4～10。

（3）根据 α 和 β、p_0 和 p_1 的值，可以通过查表、计算得出 n、c 的值。至此，抽样方案即已确定。

（三）计量型抽样检验方案

计量抽样检查适用于有较高要求的质量特征值，而它可用连续尺度度量，并服从于正态分布，或经数据处理后服从正态分布。

1. 计量型抽样检验中的基本概念

（1）规格限。规定的用以判断单位产品某计量质量特征是否合格的界限值。

规定的合格计量质量特征最大值是上规格限（U）；规定的合格计量质量特征最小值是下规格限（L）。

仅对上或下规格限规定了可接收质量水平的规格限称为单侧规格限；同时对上或下规格限规定了可接收质量水平的规格限是双侧规格限。

（2）上质量统计量、下质量统计量。上规格限、样本均值和样本标准差的函数是上质量统计量 Q_U，即

$$Q_U=\frac{U-\overline{X}}{S} \tag{5-1}$$

式中：$\overline{X}$——样本均值；

S——样本标准差。

下规格限、样本均值和样本标准差的函数是下质量统计量 Q_L，即

$$Q_L=\frac{\overline{X}-L}{S} \tag{5-2}$$

（3）接收常数（k）。由可接收质量水平和样本大小所确定的用于判断批接收与否的常数。它给出了可接收批的上质量统计量最大值（$k_{\triangle}$）和（或）下质量统计量的最小值（k_c）。

2. 计量型抽样检验方案的设计思想

计量型抽样检验，对单位产品的质量特征，必须用某种与之对应的连续量（例如时间、重量、长度等）实际测量，然后根据统计计算结果（例如均值、标准差或其他统计量等）是否符合规定的接收判定值或接收准则对批进行判定。

抽取大小为 n 的样本，测量其中每个单位产品的计量质量特性值 X，然后计算样本均值 $\overline{X}$ 和样本标准差 S。

（1）根据均值是否符合接收判定值，对批进行判定，如图 5－4 所示。

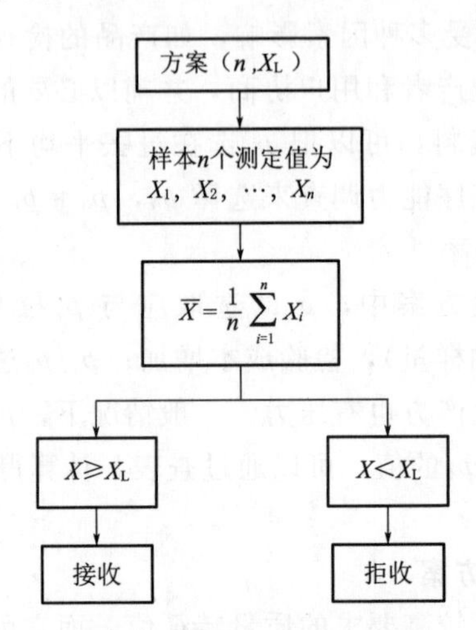

图 5－4　利用均值判定批

（2）根据上、下质量统计是否符合接收判定值，对批进行判定。

对于单侧上规格限，计算上质量统计量。

$$Q_U=\frac{U-\overline{X}}{S} \tag{5-3}$$

若 $Q_U \geqslant k$，则接收该批；若 $Q_U < k$，则拒收该批。

对于单侧下规格限，计算下质量统计量。

$$Q_L=\frac{\overline{X}-L}{S} \tag{5-4}$$

若 $Q_L \geqslant k$，则接收该批；若 $Q_L < k$，则拒收该批。

对于分立双侧规格限，同时计算上、下质量规格限。

若 $Q_L \geqslant k_L$，且 $Q_U \geqslant k_U$，则接收该批；若 $Q_L < k_L$ 或 $Q_U < k_U$，则拒收该批。

第二节　工程质量评定

一、工程项目质量评定的意义和依据

为了提高工程项目的施工质量水平，保证工程质量符合设计和合同的规定及要求，衡量施工单位的施工质量水平，全面评价工程的施工质量，在工程项目施工完成后，应按照有关的标准和规定，对工程质量进行评定。工程质量评定的依据如下：

（1）国家和部门颁发的工程质量等级评定标准。

（2）国家和部门颁发的工程项目验收规程。

（3）有关部门颁发的施工规范、施工操作规程。

（4）工程承包合同中有关质量的规定和要求。

（5）工程的设计文件、设计变更与修改文件、设计变更通知书、施工图纸等。

（6）施工组织设计、施工技术措施、施工说明书等文件。

（7）设备制造厂家提供的产品说明书、安装说明书和有关的技术规定。

（8）原材料、成品、半成品、构配件的质量验收标准。

二、工程项目的划分

（一）一般工业与民用建筑工程

在一般工业与民用建筑工程中，一个工程项目通常可划分为几个单位工程，每一个单位工程又可划分为几个分部工程，每一个分部工程又划分为几个分项工程，工程项目的最小单位为分项工程。

工程项目的质量评定是以工程项目的最小单位为基础来进行评定的，所以在一般工业与民用建筑工程中，工程项目的质量评定以分项工程为基本评定单位。

在一般工业与民用建筑工程中，由于建筑工程和建筑安装工程的特点不同，所以工程项目的划分方法也是不相同的。

1. 分项工程

（1）建筑工程。建筑工程的分项工程通常按主要工种来划分，例如砌筑工程、钢筋工程、玻璃工程、混凝土工程、模板工程等。

（2）建筑安装工程。建筑安装工程的分项工程一般是按用途、种类和设备组别来划分，例如管道工程；按用途可分为给水管道安装工程、排水管道安装工程、煤气管道安装工程等；按种类可分为碳素钢管道安装工程、铸铁管道安装工程、混凝土管道安装工程、陶土管道安装工程等；按设备组别可分为锅炉安装工程、锅炉附属设备安装工程、锅炉附件安装工程等。建筑安装工程的分项工程也可按系统、区段来划分，如采暖与煤气工程的分项工程等。

2. 分部工程

（1）建筑工程。建筑工程的分部工程通常按建筑的主要部位将一个单位工程划分为 6 个分部工程，即地基基础工程、主体工程、地面与楼面工程、门窗工程、装饰工程、屋面工程等。在多层及高层房屋工程中的主体分部工程应按楼层（段）划分分项工程；在单层房屋工程中的主体分部工程应按变形缝划分分项工程。

（2）建筑安装工程。建筑安装工程的分部工程一般按工程用途将一个单位工程划分为建筑采暖与煤气工程、建筑电气安装工程、通风与空调工程和电梯安装工程等 4 个分部工程。

此外，由于建筑安装工程的单位工程分为室内和室外，故建筑安装工程的分部和分项工程也分为室内和室外两部分。

3. 单位工程

建筑物（构筑物）的单位工程通常是独立的建筑物（构筑物），一个住宅小区建筑群中的一栋住宅楼是一个单位工程，一个学校中的一栋建筑物（教学楼、办公楼、宿舍楼等）均为一个单位工程。

一个住宅小区或厂区内，室外的给水、排水、供热、煤气等建筑采暖卫生与煤气工程组成一个单位工程，室外的架空线路、电缆线路、路灯等建筑电气安装工程组成一个单位工程，道路、围墙等建筑工程组成一个单位工程。

建筑工程和建筑安装工程的分部工程和分项工程的划分分别见表5－1和表5－2。

表5－1　　建筑工程分部、分项工程

序号	分部工程名称	分项工程名称
1	地基与基础工程	土方、爆破、灰土、砂、砂石和三合土（石灰、黏土和细砂）地基。重锤夯实地基、强夯地基、挤密桩地基、振冲地基、打（压）桩、灌注桩、沉井和沉箱、地下连续墙、防水混凝土结构、水泥砂浆防水层、卷材防水层、模板、钢筋、混凝土、构件安装、预应力混凝土、砌砖、砌石、钢结构焊接、钢结构螺栓连接、钢结构制作、钢结构安装、钢结构油漆等
2	主体工程	模板、钢筋、混凝土、构配件安装、预应力钢筋混凝土、砌砖、砌石、钢结构焊接、钢结构螺栓连接、钢结构制作、钢结构安装、钢结构油漆、木屋架制作、木屋架安装、屋面木屋架等
3	地面工程	基层、整体楼面、地面、板块楼面、地面木质板楼、地面等
4	门窗工程	木门制作、木门安装、钢门窗安装、铝合金门窗安装等
5	装饰工程	一般抹灰、装饰抹灰、清水砖墙勾缝、油漆、刷（喷）浆、玻璃、裱糊、饰面、罩面板及钢木骨架、细木制品、花饰安装等
6	屋面工程	屋面找平层、保温（隔热）层、卷材、油膏嵌缝、涂料屋面、细石混凝土屋面、平瓦屋面、薄钢板屋面、波瓦屋面、水落管等

注　地基与基础分部工程，包括±0.00以下结构及防水分项工程。

表5－2　　建筑安装工程分部、分项工程

序号	分部（或单位）工程名称	分项工程名称	
1	建筑采暖卫生与煤气工程	室内	给水管道安装，给水管道附件及卫生器具给水配件安装、采暖管道安装、采暖散热器及太阳能热水器安装、采暖附属设备安装、煤气管道安装、锅炉安装、锅炉附属设备安装、锅炉附件安装
		室外	给水管道安装、排水管道安装、供热管道安装、煤气管道安装、煤气调压装置安装等
2	建筑电气安装工程	架空线路和杆上电气设备安装、电缆线路、配管及管内穿线、瓷柱（珠）及瓷瓶配线、护套线配线、槽板配线、照明配线用钢索、硬母线安装、滑接线和移动式软电缆安装、电力变压器安装、低压电器安装、电机的电气检查和接线、蓄电池安装、电气照明器具及配电箱（盘）安装、避雷针（网）及接地装置安装等	
3	通风与空调工程	金属风管制作、硬聚氯乙烯风管制作、部件制作、风管及配件安装、空气处理室制作及安装、消声器制作及安装、除尘器制作及安装、通风机安装、制冷管道安装、防腐与油漆、风管与设备保温等	
4	电梯安装工程	牵引装置组装、导机组装、轿厢、层门组装、电气装置安装、安全保护装置、试运转等	

（二）水利水电工程

根据水利水电工程的特点，水利水电工程项目可划分为几个扩大单位工程，每个扩大单位工程又可划分为几个单位工程，每个单位工程可划分为几个分部工程，每个分部工程则可划分为几个单元工程，单元工程是工程项目的基本单位。

1. 项目工程

项目工程是指一个独立的工程项目，即一个水利水电枢纽工程，如葛洲坝水电枢纽工程、丹江口水电枢纽工程、新安江水电枢纽工程等。

2. 扩大单位工程

扩大单位工程是指由几个单位工程联合发挥同一效益和作用或具有同一性质和用途的工程，如拦河坝工程、泄洪工程、引水工程、发电工程、航运工程、升压变电工程等。

3. 单位工程

单位工程是指具有独立的施工条件或独立作用，并由若干个分部工程所组成的一个工程实体，一般是一座独立的建筑物的一部分，通常按设计来划分，如左岸土石坝、右岸混凝土坝、河床溢流坝、副坝、泄洪洞、引水隧洞、溢洪道、发电厂房等。

对于葛洲坝水电枢纽工程这样一个项目工程，可划分为拦河坝工程、泄洪工程、发电工程、升压变电工程、航运工程等5个扩大单位工程。

拦河坝工程又可划分为左岸土石坝、三江混凝土非溢流坝、黄草坝（混凝土心墙）和右岸混凝土重力坝等4个单位工程；泄洪工程可划分为三江冲沙闸、三江泄水闸和大江冲沙闸等3个单位工程；发电工程可划分为二江电厂和大江电厂2个单位工程；航运工程可划分为一号船闸、二号船闸、三号船闸、大江防淤堤、三江防淤堤等5个单位工程；升压变电工程只有右岸550kV直流开关站一个单位工程。

4. 分部工程

分部工程是指组成单位工程的各组成部分，如非溢流坝段、溢流坝段、厂坝连接段、坝基防渗及排水、防渗心墙和斜墙、防渗铺盖等。

5. 单元工程

单元工程是指由几个工种施工完成的最小综合体，由这些综合体组成一个分部工程。单元工程可根据设计结构、施工部署或质量考核要求划分的层、块、段来确定，例如，对于岩石地基开挖工程，相应的单元工程应按混凝土浇筑仓块来划分，每一块为一个单元工程，又如混凝土工程，相应的单元工程按混凝土仓号划分，每一个仓号为一个单元工程；两岸边坡地基开挖也可按施工检查验收区划分，每个验收区为一个单元工程；排架柱梁等则按一次检查验收范围划分，若干个柱梁为一个单元工程。

三、一般工程与民用建筑工程的质量评定

（一）评定项目的分类

在工程质量评定中，通常将参与检验评定的施工项目（或施工内容）分为三类，即保证项目、基本项目和允许偏差项目。

1. 保证项目

保证项目是涉及结构安全或重要使用性能的分项工程，它们应全部满足标准规定的要求，在质量评定标准条文中用“必须”或“严禁”等用词表示的施工项目。保证项目中主要包括以下三方面内容：

（1）重要材料、成品、半成品及附件的材料，检查出厂合格证明及试验数据。

（2）结构的强度、刚度、稳定性等效据，检查试验报告。

（3）工程进行中和完毕后必须进行检验，现场抽查或检查测试记录。

2. 基本项目

基本项目是对结构的使用要求、使用功能、美观等都有较大影响，必须通过抽样检查来确定能否合格，是否达到优良标准。在质量评定标准条文中用“应”或“不应”用词表示的施工项目（或施工内容）。在质量评定中，基本项目的重要性仅次于保证项目。

3. 允许偏差项目

允许偏差项目是结合对结构性能或使用功能、观感等的影响程度，根据一般操作水平，允许有一定偏差，保持偏差值在规定范围内的施工项目（或施工内容）。

允许偏差值有以下几种情况：

（1）有“正”“负”要求的数值。

（2）要求大于或小于某一数值。

（3）要求在一定范围内的数值。

（4）采用相对比值表示偏差值。

（二）质量等级评定标准

1. 分项工程

（1）合格标准。

1）保证项目必须符合相应质量检验评定标准的规定。

2）基本项目抽检处（件）的质量应符合相应质量检验评定标准的合格规定。

3）允许偏差项目抽检的点数中，建筑工程有70%及其以上，建筑设备安装工程有80%及其以上的实测值应在相应质量检验评定标准的允许偏差范围内。

（2）优良标准。

1）保证项目必须符合相应质量检验评定标准的规定。

2）基本项目每项抽检处（件）应符合相应质量检验评定标准的合格规定，其中有50%及其以上的处（件）符合优良规定，该项即为优良，也就是说优良项数占检验项数的50%及其以上，该检查项目即为优良。

3）允许偏差项目抽检的点数中，有90%及其以上的实测值应在相应质量检验评定标准的允许偏差范围内。

2. 分部工程

（1）合格标准。所含分项工程的质量全部合格。

（2）优良标准。所含分项工程的质量全部合格，其中有50%及其以上为优良（建筑设备安装工程中必须含指定的主要分项工程）。

3. 单位工程

(1) 合格标准。

1) 所含分部工程的质量应全部合格。

2) 质量保证资料应基本齐全。

3) 观感质量的评分得分率应达到70%及其以上。

(2) 优良标准。

1) 所含分部工程的质量全部合格，其中有50%及其以上优良，建筑工程必须含主体和装饰分部工程；以建筑安装工程为主的单位工程，其指定的分部工程必须优良。

2) 质量保证资料应基本齐全。

3) 观感质量的评分得分率应达到85%及其以上。

(三) 不合格分项工程经返工处理后质量等级的确定

(1) 返工重做（全部或局部返工重做）的分项工程可重新评定其质量等级，可以评定为合格，也可评定为优良。

重新评定质量等级时，要对该分项工程按标准规定，重新抽样、选点、检查和评定。

(2) 经加固补强或经法定检测单位鉴定能够达到设计要求的，其质量等级只能评为合格，不能评为优良。

1) 经加固补强能够达到设计要求，是指加固补强后，未造成改变外形尺寸或未造成永久性缺陷，补强后再次检测其质量达到设计要求。

2) 经法定检测单位鉴定能够达到设计要求，是指请国家或地方认定批准的检验单位，对工程进行检验测试，其测试结果证明能够达到设计要求。

(3) 经法定检验单位鉴定，工程质量未达到设计要求，但经过设计单位鉴定认可，能满足结构安全和使用功能要求，可不加固补强的，或经加固补强改变了外形尺寸或造成永久性缺陷的，其分项工程质量等级可评定为合格，其所在分部工程的质量不能评为优良。

1) 经法定检测单位鉴定，工程质量未达到设计要求，但经过设计单位验算尚可满足结构安全和使用功能要求，而无需加固补强的分项工程。

2) 出现一些未达到设计要求的工程，经过验算满足不了结构安全和使用功能，需要进行加固补强，但加固补强后改变了外形尺寸或造成永久缺陷的分项工程。

四、水利水电工程的质量评定

(一) 质量评定项目的分类

在水利水电工程中，单元工程是施工质量日常控制和考核的基础，其质量的评定是以检查项目和检查测点的质量为依据，将检查结果与标准规定的要求相比较。

在单元工程的质量评定中，常将进行质量检验的项目分为主要检验项目或保证检验项目、其他（或一般、基本）检验项目、允许偏差项目（或实测项目）。主要检验项目（或保证检验项目）是指这些项目的质量对保证单元工程的质量起控制作用，因此这些项目的质量必须符合评定标准中规定的内容。其他（或一般、基本）检验项目是指这些项目的质量对单元工程的质量并不起控制作用，允许其与质量标准存在一定偏差，因此要求这些检验项目的质量基本符合标准中规定的内容。允许偏差项目（或实测项目）是指在质量检验评定标准中规定有“允许偏差”的检验项目，其中一些项目是对工程外观质量的要求，另一些项目是对工程内在质量的要求，如密度、强度等。

（二）质量等级评定标准

水利水电工程质量的评定、考核，是以单元工程为统计单位的，评定单位工程质量的依据是分部工程质量评定的结果，而评定分部工程质量的依据是单元工程质量评定的结果，因此，在进行工程质量评定时，首先应明确单位工程、分部工程和单元工程的划分原则和方法，而且重点在评定单元工程的质量。

单元工程质量评定的具体标准可参见水利部标准《水利水电基本建设工程单元工程质量等级评定标准》（SL 631～638），对于质量不合格的单元工程，应返工进行质量补强处理，直到符合标准和设计要求为止。全部返工的工程可重新评定质量等级，但一律不得评为优良；未经处理的工程，不能评为合格。质量合格是指工程质量符合相应的质量标准中规定的合格要求；质量优良是指工程质量在合格的基础上达到质量标准中规定的优良要求。

单位工程的质量评定，除以单元工程的质量为基础进行评定外，尚须进行最终检验，检验的主要项目包括混凝土坝（主坝）的混凝土强度保证率、离差系数（变异系数）和抗渗、抗冻标号是否符合设计要求；土石坝（主坝）压实干密度、不合格样品的数量及其干密度偏离施工规范要求的偏差；水轮发电机组在设计水头工况下能否达到出力；工程投入运行后工作是否正常等，满足上述检验条件的工程最终才能评为优质工程。

1. 单元工程

（1）合格标准。

1）主要检查项目（或保证项目）全部符合质量检验评定标准中合格标准规定的内容。

2）其他检验项目基本符合上述合格标准。

3）允许偏差（或实测）项目的抽检点数，在水工建筑工程中有70%及其以上（有的项目要求有90%及其以上），安装工程中有90%及其以上的实测值在允许偏差范围之内，其余有微小出入，但基本达到相应检验评定标准的规定。

（2）优良标准。

1）主要检查项目（或保证项目）必须全部符合质量检验评定标准中规定的内容。

2）其他检验项目全部合格，其中有50%及其以上符合优良规定。

3）允许偏差（或实测）项目抽检的点数中有90%及其以上的实测值在允许偏差范围之内，其余基本达到相应检验评定标准的规定。

2. 分部工程

（1）合格标准。分部工程中所包含的单元工程的质量全部合格。

（2）优良标准。分部工程中所包含的单元工程的质量全部合格，其中50%及其以上符合优良标准。

3．单位工程

（1）合格标准。

1）单位工程中所包含的分部工程的质量全部合格。

2）主要检查项目或保证项目的技术资料符合相应检验评定标准的规定。

3）检验项目质量综合评分得分率达到70%及其以上。

（2）优良标准。

1）单位工程中所包含的分部工程的质量全部合格，其中50%及其以上符合优良标准。

2）主要检验项目或保证项目的技术资料符合相应检验评定标准的规定。

3）检验项目质量综合评分得分数达到80%及其以上。

五、水利水电安装工程的质量评定

（一）水工金属结构工程的质量评定

金属结构及启闭机械安装工程的质量评定应根据《水利水电单元工程施工质量验收评定标准　水工金属结构工程》（SL 635—2012）和合同中所规定的其他标准来进行。

（二）水轮发电机组安装工程的质量评定

水轮发电机组安装工程的质量评定应根据《水利水电基本建设工程 单元工程质量等级评定标准 第3部分：水轮发电机组安装工程》（DL/T 5113.3—2012）和合同规定的有关标准来进行。该标准是单元工程、分部工程和单位工程竣工后质量检验和评定（包括阶段的和中间的检查和评定）的统一尺度，适用于下列情况下的水轮发电机组安装工程的质量评定：

（1）单机容量为3MW及其以上的水轮发电机组。

（2）水轮机为混流式或冲击式，转轮直径在1.0m及其以上的水轮发电机组。

（3）水轮机为轴流式、斜流式或贯流式，转轮名义直径1.4m及其以上的水轮发电机组。

对于抽水蓄能的可逆式机组和小型水轮发电机组可以参照该标准来进行质量许定。

（三）发电电气设备安装工程的质量评定

发电电气设备安装工程的质量评定应根据《水利水电基本建设工程 单元工程质量等级评定标准 第5部分：发电电气设备安装工程》（DL/T 5113.5—2012）和合同规定的标准来进行。该标准适用于大中型水电站发电工程中下列电气设备购安装工程，小型水电站可参照这一标准来进行质量等级评定：

（1）20kV及其以下电压等级的发电电气。

（2）直流操作电源（蓄电池部分）。

（3）直流控制保护设备及装置。

（4）400V以下交流低压电气设备及装置。包括油断路器安装、隔离开关安装、互荷开关及高压熔断器安装工程、互感器安装、干式电抗器安装、避雷器安装、高压开关柜安装、厂用变压器安装、低压配电盘安装、电缆线路安装、硬母线安装、接地装置安装、保护网安装、控制保护装置安装、蓄电池安装、起重机电气设备安装、电气照明装置安装等的质量等级评定。

六、工程项目质量评定的组织

1. 分项工程或单元工程

分项工程或单元工程的质量检验评定是在班组自检合格的基础上，由单位工程负责人组织工长、班组长、班组质量员、专职质量检查员进行评定，并由专职质量检查员核定，然后定期报监理单位和质量监督站确认。对于隐蔽工程、工程的关键部位和重要部位，施工单位应在自检合格的基础上，报送监理单位和质量监督站，由监理工程师会同建设单位、设计单位和质量监督站的代表共同检查评定，监理单位和质量监督站有权不定期地进行现场抽查。

2. 分部工程

分部工程的质量检验评定是由相当于施工队一级的技术负责人组织有关人员进行评定，专职质量检验人员核定，然后填写（中间交工证书），分别报送监理单位和质量监督站检查评定。

3. 单位工程

资源 5.7

单位工程完成后，由企业的技术负责人组织企业的技术、质量、生产等有关部门人员到现场进行检验评定，评定结束后，汇总并向监理单位提供全部分项工程（或单元工程）和分部工程质量检验评定记录、签证和全部质量保证资料（对于水利水电工程为全部保证项目或主要项目的技术资料），由监理工程师组织有关部门（建设单位、设计单位、施工单位、生产运行单位、质量监督站等）进行评定，最后送交质量监督行政管理部门核定。

资源 5.8

第六章

建筑工程项目质量检测和质量事故的处理

由于影响建筑产品质量的因素繁多，在施工过程中稍有不慎，就容易引起系统性因素变异，从而产生质量问题、质量事故，甚至发生严重的工程质量事故。因此，必须采取有效的措施，对常见的质量问题和事故事先加以预防，并对已经出现的质量事故及时进行分析和处理。

工程质量事故是指由于建设、勘察、设计、施工、监理等单位违反工程质量有关法律法规和工程建设标准，使工程产生结构安全、重要使用功能等方面的质量缺陷，造成人身伤亡或者重大经济损失的事故。

建立健全施工质量管理体系，加强施工质量控制，就是为了预防施工质量问题和质量事故，在保证工程质量合格的基础上，不断提高工程质量。所以施工质量控制的所有方法都是预防施工质量事故的措施。

第一节　工程质量问题和质量事故的分类

一、工程质量不合格

1. 质量不合格和质量缺陷

根据《质量管理体系　基础和术语》（GB/T 19000—2016）的规定，凡工程产品没有满足某个规定的要求，就称为质量不合格；而未满足某个与预期或规定用途有关的要求，称为质量缺陷。

2. 质量问题和质量事故

工程质量不合格，影响使用功能或工程结构安全，造成永久质量缺陷或存在重大质量隐患，甚至直接导致工程倒塌或人身伤亡，必须进行返修、加固或报废处理，按照由此造成直接经济损失的大小分为质量问题和质量事故。

二、工程质量事故

根据住房和城乡建设部《关于做好房屋建筑和市政基础设施工程质量事故报告和调查处理工作的通知》（建质〔2010〕111 号），工程质量事故是指由于建设、勘察、设计、施工、监理等单位违反工程质量有关法律法规和工程建设标准，使工程产生结构安全、重要使用功能等方面的质量缺陷，造成人身伤亡或者重大经济损失的事故。

工程质量事故具有成因复杂、后果严重、种类繁多、往往与安全事故共生的特点，建筑工程质量事故的分类有多种方法，不同专业工程类别对工程质量事故的等级划分也不尽相同，但都是以伤亡人数和经济损失进行分类。

1. 按事故造成损失的程度分级

建质〔2010〕111号文根据工程质量事故造成的人员伤亡或者直接经济损失，将工程质量事故分为4个等级：

（1）特别重大事故，是指造成30人以上死亡，或者100人以上重伤，或者1亿元以上直接经济损失的事故。

（2）重大事故，是指造成10人以上30人以下死亡，或者5000万元以上1亿元以下直接经济损失的事故。

（3）较大事故，是指造成3人以上10人以下死亡，1000万元以上5000万元以下直接经济损失的事故。

（4）一般事故，是指造成3人以下死亡，或者10人以下重伤，或者100万元以上1000万元以下直接经济损失的事故。

该等级划分所称的“以上”包括本数，所称的“以下”不包括本数。

2. 按事故责任分类

（1）指导责任事故，指由于工程实施指导或领导失误而造成的质量事故。例如，由于工程负责人片面追求施工进度，放松或不按质量标准进行控制和检验，降低施工质量标准等。

资源6.1

（2）操作责任事故，指在施工过程中，由于实施操作者不按规程和标准实施操作而造成的质量事故。例如，浇筑混凝土时随意加水，或振捣疏漏造成混凝土质量事故等。

资源6.2

（3）自然灾害事故，指由突发的严重自然灾害等不可抗力造成的质量事故。例如，地震、台风、暴雨、雷电、洪水等对工程造成破坏甚至使之倒塌。这类事故虽然不是人为责任直接造成，但灾害事故造成的损失程度也往往与人们是否在事前采取了有效的预防措施有关，相关责任人员也可能负有一定责任。

第二节　施工质量事故的预防

建立健全施工质量管理体系，加强施工质量控制，就是为了预防施工质量问题和质量事故，在保证工程质量合格的基础上，不断提高工程质量。所以，施工质量控制的所有措施和方法都是预防施工质量事故的措施。具体来说，施工质量事故的预防应运用风险管理的理论和方法，从寻找和分析可能导致施工质量事故发生的原因入手，抓住影响施工质量的各种因素和施工质量形成过程的各个环节，采取针对性的预防控制措施。

一、施工质量事故发生的原因

1. 技术原因

技术原因是指由于项目勘察、设计、施工中技术上的失误引发质量事故。例如，地质勘察过于疏略，对水文地质情况判断错误，致使地基基础设计采用不正确的方案或结构设计方案不正确，计算失误，构造设计不符合规范要求；施工管理及实际操作人员的技术素质差。采用了不合适的施工方法或施工工艺等。这些技术上的失误是造成质量事故的常见原因。

2. 管理原因

管理原因指管理上的不完善或失误引发质量事故。例如，施工单位或监理单位的质量管理体系不完善，质量管理措施落实不力，施工管理混乱，不遵守相关规范，违章作业，检验制度不严密，质量控制不严格，检测仪器设备因管理不善而失准，以及材料质量检验不严等原因引起质量事故。

资源 6.3

3. 社会、经济原因

社会、经济原因指引发的质量事故是由于社会上存在的不正之风及经济上的原因滋长了建设中的违法、违规行为。例如，违反基本建设程序，无立项、无报建、无开工许可、无招投标、无资质、无监理、无验收的“七无”工程，边勘察、边设计、边施工的“三边”工程，屡见不鲜，几乎所有的重大施工质量事故都能从这个方面找到原因；某些施工企业盲目追求利润而不顾工程质量，在投标报价中随意压低标价，中标后则依靠违法的手段或修改方案追加工程款，甚至偷工减料等。这些因素都会导致发生重大工程质量事故。

4. 人为事故和自然灾害原因

人为事故和自然灾害原因是指造成质量事故是由于人为的设备事故、安全事故，导致连带发生质量事故，以及严重的自然灾害等不可抗力造成质量事故。

二、施工质量事故预防的具体措施

1. 严格按照基本建设程序办事

首先要做好项目可行性论证，不可未经深入的调查分析和严格论证就盲目定案；要彻底搞清工程地质水文条件方可开工；杜绝无证设计、无图施工；禁止任意修改设计和不按图纸施工；工程竣工不进行试车运转、不经验收不得交付使用。

2. 认真做好工程地质勘察

地质勘察时要适当设置钻孔位置和设定钻孔深度。钻孔间距过大，不能全面反映地基实际情况；钻孔深度不够，难以查清地下软土层、滑坡、墓穴、孔洞等有害地质构造。地质勘察报告必须详细、准确，防止因根据不符合实际情况的地质资料而采用错误的基础方案，导致地基不均匀沉降、失稳，使上部结构及墙体开裂、破坏、倒塌。

资源 6.4

3. 科学地加固处理好地基

对软弱土、冲填土、湿陷性黄土、膨胀土、岩层出露、岩溶等不均匀地基要进行科学的加固处理。要根据不同地基的工程特性，按照地基处理与上部结构相结合使其共同工作的原则，从地基处理与设计措施、结构措施、防水措施、施工措施等方面综合考虑治理。

4. 进行必要的设计审查复核

应请具有合格专业资质的审图机构对施工图进行审查复核，防止出现设计考虑不周、结构构造不合理、设计计算错误、沉降缝及伸缩缝设置不当、悬挑结构未通过抗倾覆验算等原因，导致质量事故的发生。

资源6.5

5. 严格把好建筑材料及制品的质量关

要从采购订货、进场验收、质量复验、存储和使用等几个环节严格控制建筑材料及制品的质量，防止不合格或变质、损坏的材料和制品用到工程上。

6. 对施工人员进行必要的技术培训

要通过技术培训的施工人员掌握基本的建筑结构和建筑材料知识，使其懂得遵守施工验收规范对保证工程质量的重要性，从而在施工中自觉遵守操作规程，不蛮干，不违章操作，不偷工减料。

7. 依法进行施工组织管理

施工管理人员要认真学习、严格遵守国家相关政策法规和施工技术标准，依法进行施工组织管理；施工人员首先要熟悉图纸，对工程的特点和关键工序、关键部位，应编制专项施工方案并严格执行；施工作业必须按照图纸和施工验收规范、操作规程进行；施工技术措施要正确，施工顺序不可搞错，脚手架和楼面不可超载堆放构件和材料；要严格按照制度进行质量检查和验收。

8. 做好应对不利施工条件和各种灾害的预案

要根据对当地气象资料的分析和预测，事先针对可能出现的风、雨、高温、严寒、雷电等不利施工条件，制定相应的施工技术措施。还要对不可预见的人为事故和严重自然灾害做好应急预案，并有相应的人力、物力储备。

9. 加强施工安全与环境管理

许多施工安全和环境事故都会连带发生质量事故，加强施工安全与环境管理，也是预防施工质量事故的重要措施。

第三节　施工质量问题和质量事故的处理

一、施工质量事故处理的依据

(1) 质量事故的实况资料。包括质量事故发生的时间、地点；质量事故状况的描述；质量事故发展变化的情况；有关质量事故的观测记录、事故现场状态的照片或录像；事故调查组调查研究所获得的第一手资料。

(2) 有关合同及合同文件。包括工程承包合同、设计委托合同、设备与器材购销合同、监理合同及分包合同等。

(3) 有关的技术文件和档案。主要是有关的设计文件（如施工图纸和技术说明）与施工有关的技术文件、档案和资料（如施工方案、施工计划、施工记录、施工日志、有关建筑材料的质量证明资料、现场制备材料的质量证明资料、质量事故发生后对事故状况的观测记录、试验记录或试验报告等）。

(4) 相关的建设法规。主要有《中华人民共和国建筑法》《建设工程质量管理条例》和《关于做好房屋建筑和市政基础设施工程质量事故报告和调查处理工作的通知》（建质〔2010〕111号）等与工程质量及质量事故处理有关的法规，以及勘察、设计、施工、监理等单位资质管理和从业者资格管理方面的法规，建筑市场管理方面的法规，以及相关技术标准、规范、规程和管理办法等。

二、施工质量事故报告和调查处理程序

施工质量事故报告和调查处理程序如图 6－1 所示。

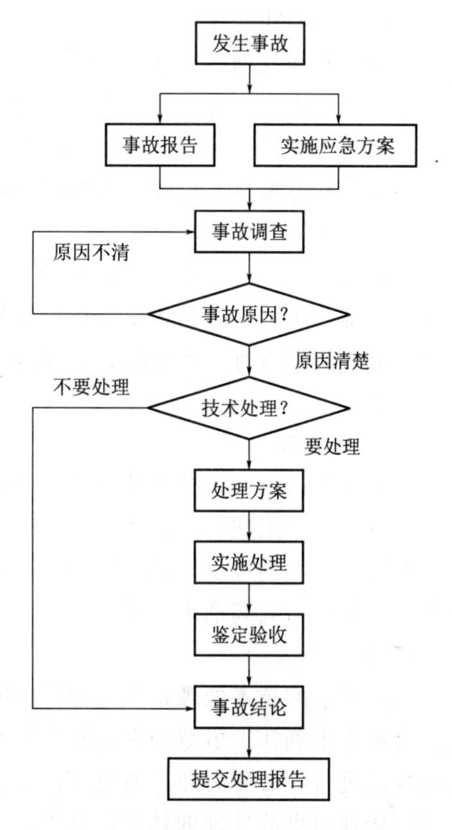

图 6－1　施工质量事故报告和调查处理程序

1. 事故报告

工程质量事故发生后，事故现场有关人员应当立即向工程建设单位负责人报告；工程建设单位负责人接到报告后，应于 1 小时内向事故发生地县级以上人民政府住房和城乡建设主管部门及有关部门报告；同时，应按照应急预案采取相应措施。情况紧急时，事故现场有关人员可直接向事故发生地县级以上人民政府住房和城乡建设主管部门报告。

事故报告应包括下列内容：

（1）事故发生的时间、地点、工程项目名称、工程各参建单位名称。

（2）事故发生的简要经过、伤亡人数和初步估计的直接经济损失。

（3）对事故原因的初步判断。

（4）事故发生后所采取的措施及事故控制情况。

（5）事故报告单位、联系人及联系方式。

（6）其他应当报告的情况。

2. 事故调查

事故调查要按规定区分事故的大小，分别由相应级别的人民政府直接或授权委托有关部门组织事故调查组进行调查。未造成人员伤亡的一般事故，县级人民政府也可以委托事故发生单位组织事故调查组进行调查。事故调查应力求及时、客观、全面，以便为事故的分析与处理提供正确的依据。要将调查结果整理撰写成事故调查报告，其主要内容如下：

（1）事故项目及各参建单位概况。

（2）事故发生经过和事故救援情况。

（3）事故所造成的人员伤亡和直接经济损失。

（4）事故项目有关质量检测报告和技术分析报告。

（5）事故发生的原因和事故性质。

（6）事故责任的认定和事故责任者的处理建议。

（7）事故防范和整改措施。

3. 事故原因分析

原因分析要建立在事故情况调查的基础上，避免情况不明就主观推断事故的原因。特别是对涉及勘察、设计、施工、材料和管理等方面的质量事故，事故的原因往往错综复杂，由此，必须对调查所得到的数据、资料进行仔细的分析，依据国家有关法律法规和工程建设标准分析事故的直接原因和间接原因，必要时组织对事故项目进行检测鉴定和专家技术论证，去伪存真，找出造成事故的主要原因。

4. 制订处理方案

事故的处理要建立在原因分析的基础上，要广泛地听取专家及有关方面的意见。经科学论证，决定事故是否要进行技术处理。在制订事故处理的技术方案时，应做到安全可靠、技术可行、不留隐患、经济合理、具有可操作性、满足项目的安全和使用功能要求。

5. 事故处理

事故处理的内容包括事故的技术处理，按经过论证的技术方案进行处理，解决事故造成的质量缺陷问题；事故的责任处罚，依据有关人民政府对事故调查报告的批复和有关法律法规的规定，对事故相关责任者实施行政处罚，负有事故责任的人员涉嫌犯罪的，依法追究其刑事责任。

6. 鉴定验收

质量事故的技术处理是否达到预期的目的，是否依然存在隐患，应当通过检查鉴定和验收作出确认。事故处理的质量检查鉴定，应严格按施工验收规范和相关质量标准的规定进行，必要时还应通过实际量测、试验和仪器检测等方法获取必要的数据，以便正确地对事故处理的结果作出鉴定，形成鉴定结论。

7. 提交处理报告

事故处理后，必须尽快提交完整的事故处理报告，其内容包括事故调查的原始资料、测试的数据；事故原因分析和论证结果；事故处理的依据；事故处理的技术方案及措施；实施技术处理过程中有关的数据、记录、资料；检查验收记录；对事故相关责任者的处罚情况和事故处理的结论等。

三、施工质量事故处理的基本要求

(1) 质量事故的处理应达到安全可靠、不留隐患、满足生产和使用要求，经济合理的目的。

(2) 消除造成事故的原因，注意综合治理，防止事故再次发生。

(3) 正确确定技术处理的范围和正确选择处理的时间和方法。

(4) 切实做好事故处理的检查验收工作，认真落实防范措施。

(5) 确保事故处理期间的安全。

四、施工质量缺陷处理的基本方法

1. 返修处理

若项目某些部分的质量未达到规范、标准或设计规定的要求，存在一定的缺陷，但经过采取整修等措施后可以达到要求的质量标准，又不影响使用功能或外观的要求，则可采取返修处理的方法。例如，某些混凝土结构表面出现蜂窝、麻面，或者混凝土结构局部出现损伤，如结构受撞击、局部未振实、冻害、火灾、酸类腐蚀等，当这些缺陷或损伤暴露在结构的表面或局部，不影响其使用和外观，可进行返修处理。再如，对混凝土结构出现的裂缝，经分析研究如果其不影响结构的安全和使用功能，也可采取返修处理。裂缝宽度不大于0.2mm时，可采用表面密封法；裂缝宽度大于0.3mm时，采用嵌缝密闭法；当裂缝较深时，则应采取灌浆修补的方法。

资源6.6

2. 加固处理

这主要是针对危及结构承载力的质量缺陷的处理。通过加固处理，建筑结构恢复或提高承载力，更新满足结构安全性与可靠性的要求，结构能继续被使用或被改作其他用途。对混凝土结构常用的加固方法主要有增大截面加固法、外包角钢加固法、粘钢加固法、增设支点加固法、增设剪力墙加固法、预应力加固法等。

3. 返工处理

当工程质量缺陷经过返修、加固处理后仍不能满足规定的质量标准要求，或不具备补救可能性，则必须采取重新制作、重新施工的返工处理措施。例如，某防洪堤坝建筑压实后，其压实土的密度未达到规定值，经核算将影响土体的稳定且不满足抗渗能力的要求，需挖除不合格土，重新施工；某公路桥梁工程预应力按规定张拉系数为1.3，而实际仅为0.8，属严重的质量缺陷，也无法修补，只能重新制作。再如，某高层住宅施工中，有几层的混凝土结构误用了安定性不合格的水泥。无法采用其他补救办法，不得不爆破拆除重新浇筑。

资源6.7

4. 限制使用

当工程质量缺陷按修补方法处理后无法保证达到规定的使用要求和安全要求，而又无法返工处理时，不得已可作出诸如结构卸荷或减荷以及限制使用的决定。

5. 不作处理

某些工程质量问题虽然达不到规定的要求或标准，但其情况不严重，对结构安全或使用功能影响很小，经过分析、论证、法定检测单位鉴定和设计单位等认可后可不作专门处理。一般可不作专门处理的情况有以下几种：

（1）不影响结构安全和使用功能的。例如，有的工业建筑物出现放线定位的偏差，且严重超过规范标准规定，若要纠正，会造成重大经济损失，但经过分析、论证，其偏差不影响生产工艺和正常使用，对外观也无明显影响，可不作处理。例如，某些部位的混凝土表面的裂缝，经检查分析，属于表面养护不够的干缩微裂，不影响安全和外观，也可不作处理。

（2）后道工序可以弥补的质量缺陷。例如，混凝土结构表面的轻微麻面，可通过后续的抹灰、刮涂、喷涂等弥补，也可不作处理。再如，混凝土现浇楼面的平整度偏差达到10mm，但由于后续垫层和面层的施工可以弥补，所以也可不作处理。

（3）法定检测单位鉴定合格的。例如，某检验批混凝土试块强度值不满足规范要求，强度不足，但经法定检测单位对混凝土实体强度进行实际检测，其实际强度达到规范允许和设计要求值时，可不作处理。对经检测未达到要求值，但与要求值相差不多的，经分析论证，只要使用前经再次检测达到设计强度，也可不作处理，但应严格控制施工荷载。

（4）出现的质量缺陷，经检测鉴定达不到设计要求，但经原设计单位核算，仍能满足结构安全和使用功能的。例如，某一结构构件截面尺寸不足，或材料强度不足，影响结构承载力，但按实际情况进行复核验算后仍能满足设计要求的承载力时，可不进行专门处理。这种做法实际上是挖掘设计潜力或降低设计的安全系数，应谨慎处理。

6. 报废处理

出现质量事故的项目，通过分析或实践，采取上述处理方法后仍不能满足规定的质量要求或标准，则必须予以报废处理。

第四节　无损检测技术

一、无损检测技术的意义及特点

无损检测（non-destructive testing，NDT）是一门新兴的综合性的应用技术。它以不损害被检验对象的使用性能为前提，应用多种物理原理和化学现象，对各种工程材料、零部件和结构件进行有效的检验和测试，借以评价其完整性、连续性、安全可靠性及某些物理性能。无损检测主要包括检测材料或构件中是否有缺陷存在并判断缺陷的形状、性质、大小、位置、取向、分布和内合物等内容；还能提供涂层厚度、材料成分、组织状态、应力分布以及某些物理和机械量等信息。目前，无损检测技术已在机械制造、冶金、石油化工、航空航天、核能电力、交通等行业获得广泛应用，成为控制产品质量、保证设备安全运行的重要技术手段。

无损检测的研究内容主要包括两个方面：无损检测和无损评价。前者是检测缺陷的有无；后者是在前者的基础上对缺陷进行定量测量，以此对有缺陷的材料和产品的质量进行评价或测量材料和产品的某些物理、力学性能（如内部残余应力、组织结构、涂层厚度等）。

（一）无损检测的意义

无损检测及其评价技术对于控制和改进产品质量，保证质量、零件和产品的可靠性，保证设备的安全运行以及提高生产效率、降低成本等都起着重要的作用，是发展现代工业和科学技术必不可少的重要技术手段，也是进行全面“质量管理”的重要环节，从产品设计、加工制造、成品检验到在役检测各阶段，无损检测都发挥着积极的作用。

1. 设计阶段

产品的质量在很大程度上取决于设计水平。设计时选择产品的结构形式，制定检查、试验方法和验收标准，从而决定了产品的性能、可靠性和可维修性。20 世纪 80 年代，美国就颁布了军用标准 MIL. 6870E《飞机、导弹材料和零件无损检测要求》等。在该标准中，明确提出各设计单位应考虑无损检测的实际能力，以保证结构设计要求与无损检测的灵敏度、分辨力和可靠性相一致，同时要求各设计单位成立无损检测技术要求审查部，对零件图样、类别、允许缺陷类型和尺寸、关键部位、无损检测方法和规范、验收标准、使用维修中需用无损检测的项目等进行审查。

2. 研制、生产阶段

设计图样、资料下达至研制生产部门，生产部门的第一项任务是获得能制造出符合设计需求的零件的原材料。对原材料的要求除化学成分、力学性能外，还必须包括无损检测方面的要求。例如，在研制钛合金制件的初期，由于当时冶金水平不高，存在成分不均匀导致组织不均的问题，这是不允许的，在规范中就规定必须通过超声检测，严格控制杂质水平的高低不超过某一范围。

无损检测往往被认为会增加检查费用，从而使制造成本提高。可是如果在制造过程中间的适当环节正确地进行无损检查，就能避免进行以后的无效工序，从而降低制造成本。例如，如果在焊接完成后才检测发现有缺陷，就需要返工。而返工需要花费许多工时或者很难修补，因此可以在焊接完工前中间阶段先进行无损检测，确实证明没有缺陷后，再继续进行焊接，这样焊接后就可能不需要再进行修补。又如，对铸件进行机械加工时，有时不允许机械加工后的表面上出现残渣、气孔或裂纹等缺陷，这也可以在机械加工前预先对要进行加工的部分进行无损检测。通过无损检测，对于加工后会出现缺陷的地方就不必再进行机械加工。采用上述方法，就可以避免在机械加工后由于出现缺陷而成为不合格品，从而节约机械加工工时。

为按规定的质量要求制造产品。首先必须知道所采用的制造工艺是否适宜，可先根据预定的制造工艺制作试样或试制品，对其进行无损检测。一边观察检测结果，一边改进制造工艺，并反复进行试验，最后确定满足质量要求的产品制造工艺。例如，为了确定焊接规范，可根据预定的焊接规范制成试样，进行射线照相，随后根据探伤结果，修正焊接规范，最后再确定能否达到质量要求的焊接规范。当制造铸件时，为了确定铸件工艺设计，也可利用射线照相探伤，根据缺陷发生的情况来改进浇口和冒口的位置，最后确定铸造工艺设计。这些都是无损检测运用于改进制造工艺方面的例子。按照各种无损检测手段所具有的特征，并熟练地运用这些手段，就能很容易地改进制造工艺。

然而必须注意的是，同一特定产品使用性能相同，但原材料及产品制造工艺不同，应采用的无损检测方法和技术以及相应的结果评定内容可能大不相同，如果盲目地应用无损检测，并不一定能提高可靠性。因此必须研究何时进行适当的无损检测，选择最适当的检测方法，应用正确的检测技术。

3. 使用阶段

为保证使用的可靠性，使用部门必须根据设计部门规定的周期和方法以及制造部门所提交的具体零部件的检测细则对指定零部件进行可靠的无损检测。这些检测结果对于改进设计、提高制造及检测水平，从而保证产品使用性能、延长使用寿命都是至关重要的。

高温、高压、高速度及高效率是现代工业的标志。而其均是建立在高质量产品的基础上的。产品的高质量是建立在高质量的设计、高质量的工艺水平的基础上的。在生产过程中，从原材料的无损检测开始，到最终成品的无损检测为止，通过一系列的无损检测，判定设计的好坏、原材料的好杯、制造工艺的好坏，并找出可能引起破损的因素，随后加以改进，可以尽量减少产品发生损坏的概率。可以说，现代工业是建立在无损检测基础之上的。

（二）无损检测的特点

应用无损检测，首先必须对无损检测的特点有所认识。

1. 无损检测和破坏性检测

无损检测的时间必须是评定质量的最适当的时间，应该在对材料或工件的质量有影响的每道工序之后进行。例如，当考虑到热处理所引起的质量变化时，必须在热处理之前和之后分别进行无损检测。焊接的检测，在热处理前是对原材料制造工艺和焊接工艺的检查；在热处理后则是对热处理工艺的检查。

另外，经过焊接和热处理的材料会出现延迟断裂现象，即在加工或热处理后，经过几小时甚至几天才产生裂纹。因此，如果焊接后过早地进行检验，则不能有效地检出裂纹，所以一般至少要放一昼夜，然后再进行检测。所以，选择什么时间进行检验，对正确地评定质量是极为重要的。

2. 无损检测结果的可靠性

无损检测的可靠性与被检工件的材质、组成、形状、表面状态、所采用的物理量的性质，以及被检工件异常部位的状态、形状、大小、方向性和检测装置的特性等关系很大，同时还受人为因素、环境条件等的影响。不管采用哪一种检查方法，要完全检查出异常部位几乎是不可能的。另外，往往不同的检测方法会得到不同的信息，因此，综合应用几种方法可以提高无损检测的可靠性。

3. 无损检测方法和检测规范的选择

为了尽量提高检测结果的可靠性，必须选择适合于异常部分性质的检测方法和检测规范。这就要求预先分析被检工件的材质、加工类型、加工过程，预计缺陷可能是什么类型、形状、所在部位及方向，然后确定最适当的检测方法。

无损检测是利用材料的物理性质因有缺陷而产生变化，通过测定其变化量，从而判断材料内部是否存在缺陷。因此，其理论依据是物理性质。目前，在无损检测中所用材料的物理性质有：①材料在射线辐射下呈现的性质；②材料在弹性波作用下呈现的性质；③材料的电学性质、磁学性质、热学性质以及表面能量的性质等。因此，弄清楚这些物理性质以及测量材料性质细微变化的技术，就成为无损检测技术的基础。值得注意的是，物理量的变化与材料内部的组织结构的异常不一定是一一对应的。材料的内部异常不一定能使所有物理量都发生变化。因此，需根据不同的物理量（方法），而且往往需要综合考虑几种不同的物理量的变化情况（即采用不同的方法），才能对材料内部组织结构的异常情况作出可靠的判断。

4. 无损检测的应用

在充分掌握了上述的要点并进行了非常细致的无损检测之后，所得的检测结果也未必是完全可靠的。因此，无损检测的结果只应用来作为评定质量和寿命的依据之一，而不能仅仅根据它来作出结论。如果可能，不应仅仅只采用一种无损检测方法，而应尽可能多地同时采用几种方法，以便让各种方法互相取长补短，从而取得更多的信息依据。另外，还应利用无损检测以外的其他检测方法所得到的结果，使用有关材料的、焊接的、加工工艺的知识综合起来作出判断。总之，无损检测结果的判断技术是有关物理、化学、机械、电气及材料等的高度综合性的技术。

二、无损检测的种类

（一）以检测方法分类的无损检测方法

随着现代物理学、材料科学、微电子学和计算机技术的发展，无损检测技术也随之迅速发展，各种无损检测方法的基本原理几乎涉及现代物理学的各个分支。长期以来，无损检测大多以检测方法进行分类。据资料统计，现有的无损检测方法不少于70种。但目前用得最多的是超声波检测、射线检测、磁粉检测、涡流检测和渗透检测5种常规无损检测方法。除此之外，常用的还有声发射检测、红外检测和激光全息照相检测等。

（二）按照不同材料进行分类的无损检测方法

按照不同材料进行分类，用于工程结构的无损检测的主要方法如下。

1. 材料强度检测

（1）混凝土结构：回弹法、超声法、回弹、超声综合法。

（2）钢结构：表面硬度法。

（3）砌体结构：回弹法。

2. 材料内部缺陷、探伤检测（均为无损检测）

（1）混凝土：超声法。

（2）钢筋：半电池电位法。

（3）钢结构：超声法。

（三）结构无损检测内容

结构的现场检测技术有静载试验、动载试验和无损检测技术。无损检测技术不仅可了解结构质量现状，还能推测今后结构的发展趋势。对用无损检测得到的资料与用静载、动载测定结构得到的资料进行综合分析研究，可为全面评定结构性能提供依据。

无损检测的内容如下：

（1）检测结构混凝土强度。

（2）检测结构混凝土缺陷，如裂缝、空洞、不密实区。

（3）检测钻孔桩水下混凝土灌注质量，如夹层、断桩、缩径、低强区。

（4）检测结构锈蚀钢筋的位置、保护层厚度。

资源 6.8

（四）相关规范、标准

用于建设工程无损检测的相关标准、规范有：《建筑结构检测技术标准》（GB/T 50344—2019）、《砌体工程现场检测技术标准》（GB/T 50315—2011）、《混凝土结构试验方法标准》（GB/T 50152—2012）、《回弹法检测混凝土抗压强度技术规程》（JGJ/T 23—2011）、《钻芯法检测混凝土强度技术规程》（CECS 03—2007）、《混凝土结构工程施工质量验收规范》（GB 50204—2015）、《砌体结构工程施工质量验收规范》（GB 50203—2011）、《回弹法检测泵送混凝土抗压强度技术规程》（DB33/T 1049—2016）、《超声回弹综合法检测混凝土抗压强度技术规程》(T/CECS 02—2020)、《超声法检测混凝土缺陷技术规程》(CECS 21—2000)、《焊缝无损检测超声检测技术、检测等级和评定》(GB 11345—2013)、《钢结构工程施工质量验收标准》(GB 50205—2020)。

三、工程常用无损检测技术

(一)混凝土构件缺陷检测

混凝土的质量缺陷包括外观质量缺陷和内部缺陷两种。

1. 外观质量缺陷

外观质量缺陷包括露筋、蜂窝、孔洞、夹渣、疏松、裂缝、连接部位缺陷、缺棱掉角、棱角不直、翘曲不平等外形缺陷和表面麻面、掉皮、起砂等外表缺陷。

外观质量缺陷检测注意事项包括:①混凝土分项工程完工后,施工企业应对全数构件进行外观检查。对有质量缺陷的混凝土构件表面的混凝土缺陷位置进行记录,并测定缺陷的相关参数。②工程质量检测时,当具备条件时,应对全数构件进行检查,当不具备条件时,可采用随机抽查的方法。③混凝土构件外观质量缺陷的相关参数按缺陷的情况按下列方法进行测定:用钢尺量测每个露筋的长度;用钢尺量测每个孔洞的最大直径,用游标卡尺量测深度;用钢尺或相应工具确定蜂窝和疏松的面积,必要时成孔、量测深度;用钢尺或相应工具确定麻面、掉皮、起砂等面积;用刻度放大镜测试裂缝的最大宽度,用钢尺量测裂缝的长度。④混凝土构件外观质量缺陷的检测,应按缺陷类别进行汇总,汇总结果可用列表或图示的方式表达。

2. 混凝土的缺陷常用检测方法

当质量缺陷在构件的内部或通过常用工具不能确定缺陷的深度和范围时宜作为混凝土构件内部缺陷进行检测。目前检测混凝土结构内部缺陷最有效的方法是超声法检测。超声法检测混凝土缺陷是指对混凝土结构内部空洞和不密实区的位置及范围、裂缝深度、表面损伤层厚度、不同时间浇筑的混凝土结合面的质量和混凝土均质性的检测。混凝土构件的内部缺陷可采用超声法、冲击回波法和电磁波法等非破损检测方法进行检测,必要时宜通过钻取混凝土芯样或剔凿进行验证,且宜对怀疑存在缺陷的构件或局部区域进行全数检测。冲击回波法可用于测量细长混凝土内部构件,测试位置应布置在构件的顶部或端部使冲击回波沿构件长向传递;电磁波法可用于沿构件表面检测内部缺陷,对于判别困难的区域可采取成孔或钻芯核实。

资源 6.9

3. 混凝土缺陷的成因

在桥梁结构施工的过程中以及在桥梁结构使用的过程中,往往会在混凝土结构内部形成一些缺陷。形成这些缺陷的主要原因如下:

资源 6.10

(1)在混凝土施工过程中,由于振捣不足、钢筋布置过密、模板漏浆等原因,造成混凝土结构内部形成孔洞、不密实区和蜂窝。

(2)材料质量不好,结构表面产生裂缝。

资源 6.11

(3)由于施工质量欠佳,如混凝土搅拌时间过长、模板移动或鼓出、支架下沉、脱模过早、不均匀下沉、养护不好、大体积混凝土中因水化热造成混凝土不均匀收缩、混凝土的水灰比大、干燥收缩等原因,使混凝土产生各种裂缝。

(4)混凝土设计抗压强度不足或外力超过设计要求时,引起混凝土裂缝。

（5）外界条件变化，如混凝土表面温度、火灾、冻害、钢筋生锈、化学作用、基础不均匀下沉、通过的车辆超过设计荷载重。

资源 6.12

混凝土缺陷种类如图 6-2 所示。

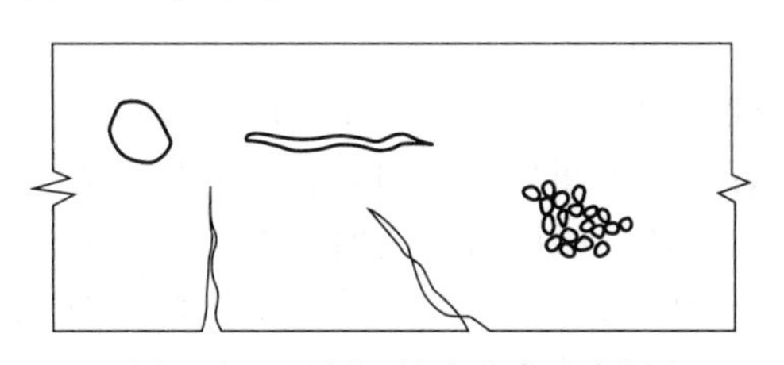

图 6-2　混凝土缺陷种类示意图

4. 超声法检测混凝土仪器简介

超声法混凝土检测采用 GTJ-U830 系列非金属超声检测仪（混凝土超声波测试仪），该仪器具有极高的现场使用可靠性最大传送时间测量范围（0～9999ms）和最广泛的传感器量程（24kHz～1MHz），适合所有应用场合装有开关的传感器，可方便记录读数，产品变异可应用不同选择不同频率的传感器，24kHz、37kHz、54kHz（随机附带标准）、82kHz 和 150kHz 带尖头状 45kHz 传感器，可测量粗糙表面。

适用标准为：要求适用于《岩土工程勘察规范》（GB 50021—2001）、《建筑抗震设计规范》（GB 50011—2010）、《超声回弹综合法检测混凝土抗压强度技术规程》（T/CECS 02—2020）、《超声法检测混凝土缺陷技术规程》（CECS 21—2000）的最新标准。

工程应用范围为：超声投射法基桩、连续墙完整快速检测；超声-回弹综合法检测混凝土抗压强度超声检测混凝土裂缝深度、不密实区及蜂窝空洞、结合面质量、表面损伤层厚度、钢管混凝土内部缺陷。

仪器组成：①主控方式：工业级专用控制系统；②通道数：双通道；③液晶显示：尺寸为 8 英寸，分辨率为 800×600；屏幕类型触摸式 LCD；④平面换能器：50kHz；⑤一发一收径向换能器：50kHz；⑥管口导向轮：标配；⑦测桩提升系统：标配；⑧触发方式：信号触发；⑨采样周期：0.05～6.4μs（八档可选）；⑩最大采样长度：4096；⑪接触灵敏度：≤30μV；⑫声时读测精度：0.05μs；⑬发射脉宽：1.6ms；⑭数据存储容量：2GB（SD 卡）+2GB（U 盘）；⑮通道接口：USB 接口；⑯数据导出方式：支持优盘导出；⑰供电方式：DC12V；⑱主机重量：2.0kg；⑲放大器增益：82dB；⑳频带宽度 5Hz～500kHz；㉑工作环境温度：-10～40℃。

资源 6.13

5. 超声检测技术的一般规定

（1）检测前应掌握和取得以下有关结构情况的资料：①工程和结构名称；②混凝土原料品种和规格；③混凝土浇筑和养护情况；④结构尺寸和配筋施工图或钢筋隐蔽图；⑤结构外观质量及存在的问题。

（2）根据检测要求和结构外观质量，选择对混凝土质量有怀疑的区域（以下简称测区）进行测试。

(3) 测区混凝土表面应清洁、干整，必要时可用砂轮磨平或用高标号快凝砂浆抹平。

(4) 以质量正常的混凝土首波幅度不小于 30mm 为前提，应选用较高频率的换能器。

(5) 换能器应通过耦合剂与结构表面接触，耦合层中不得夹杂泥沙或空气。

(6) 检测时应采用普测与细测相结合的方法。普测的测点间距宜为 200～500mm (平测法例外)。对出现可疑数据的区域，应加密布点进行细测。

(7) 浅裂缝检测一般要求。浅裂缝检测用于结构混凝土开裂深度小于或等于 50mm 的裂缝检测；需要检测的裂缝中，不得充水或泥浆；如有主钢筋穿过裂缝且与 T、R 换能器的连线大致平行，布置测点时应注意使 T、R 换能器连线至少与该钢筋轴线相距 1.5 倍的裂缝预计深度。

(8) 深裂缝检测一般要求。深裂缝检测用于大体积混凝土结构中预计深度在 500mm 以上的裂缝检测，被检测结构应满足：①允许在裂缝两旁钻测试孔；②裂缝中不得充水或泥浆。被测结构上钻取的测试孔应满足：①孔径应比换能器直径大 5～10mm；②孔深应至少比裂缝预计深度深 7mm，经测试如浅于裂缝深度，则应加深钻孔；③对应的两个测试孔，必须始终位于裂缝两侧，其轴线应保持平行；④两个对应测试孔间距宜为 20mm，同一结构的各对应测孔间距应相同；⑤孔中粉末碎屑应清理干净；⑥宜在裂缝一侧多钻一个较浅的孔，测试无缝混凝土的声学参数，供对比判别使用。

(9) 不密实区和空洞检测一般要求。不密实区和空洞检测用于结构混凝土局部区域内的不密实和空洞情况检测；进行混凝土不密实区和空洞检测时，结构的被测部位及测区应满足：①被测部位应具有一对（或两对）相互平行的测试面；②测区的范围应大于有怀疑的区域；③在测区布置测定时，应避免 T、R 换能器的连线与附近的主钢筋轴线平行。

(10) 混凝土结合面质量检测一般要求。混凝土结合面（统称结合面），系指前后两次浇筑间隔时间大于 3h 的混凝土之间所形成的接触面，如施工缝、修补加固等。混凝土结合面检测时，被测部位及测点的确定应满足：①测试前应查明结合面的位置及走向，以正确确定被测部位及布置测点；②结构的被测部位应具有使声波垂直或斜穿结合面的一对平行测试面；③所布置的测点应避开平行声波传播方向的主钢筋或预埋铁件。

(11) 表面损伤层检测一般规定。表面损伤检测适用于因冻害、高温或化学侵蚀等所引起的混凝土表面损伤厚度的检测。检测表面损伤厚度时，检测部位和测点的确定应满足：①根据结构的损伤情况和外观质量选取有代表性的部位布置测区；②结构被测表面应平整并处于自然干燥状态，且无接缝和饰面层；③测点布置时应避免 T、R 换能器的连续方向与附近主钢筋的轴线平行。

6. 表面损伤层检测

(1) 匀质性检测用于结构混凝土各部位的相对匀质性的检测。

(2) 匀质性检测时，检测部位和测点的布置应满足以下要求：

1）被检测的应具有相对平行的测试面。

2）测点应在被测部位上均匀布置，测点的间距一般为200～500mm；测点布置时，应避开与声波传播方向相一致的主钢筋。

7. 检测位置的确定

超声检测混凝土内部密实度时被测部位应满足下列要求：

（1）被测部位应具有可进行检测的测试面，并保证能穿过被检测区域。

（2）测试范围应大于有怀疑的区域，使测试范围内具有同条件的混凝土以便进行对比。

（3）总测点数不应少于30个，且其中同条件的正常混凝土的对比用测点数不应少于总测点数的60%，且不应少于20个。

（二）回弹法测混凝土强度

回弹法的基本原理是利用混凝土强度与其表面硬度之间的关系，通过一定功能的钢锤冲击混凝土表面，用表面硬度值推定混凝土强度。

回弹仪检测混凝土强度，是用一定的弹力将一个钢锤的冲击力传到混凝土表面上，其初始动能发生再分配，一部分能量以塑性变形或残余变形的形式为混凝土所吸收，而另一部分与表面硬度成正比的能量传给重锤，使重锤回弹一定的高度，根据回弹高度与混凝土强度成正比的关系推算混凝土强度。低标号混凝土回弹值小，高标号混凝土回弹值大。英国Kolek引用布、维氏的均质弹性体硬度公式，并根据回弹仪水平方向弹击混凝土试体时消耗在印痕中的动能的试验，导出了混凝土表面硬度值与印痕直径的数学关系式。

资源6.14

1. 一般规定

（1）检测结构或构件混凝土强度时，应具有下列资料：①工程名称及设计、施工监理（或监督）和建设单位名称；②结构或构件名称、外形尺寸、数量及混凝土强度等级；③水泥品种、标号、安定性、厂名，砂石种类、粒径，外加剂或掺和料品种、掺量，混凝土配合比等；④施工时材料计量情况，模板、浇筑、养护情况及成形日期等；⑤必要的设计图纸和施工记录；⑥检测原因。

（2）检测结构或构件混凝土强度可采用下列两种方式，其适用范围及构件数量应符合下列规定：①单个检测。适用于单独的结构或构件检测。②批量检测。适用于在相同的生产工艺条件下，混凝土强度等级相同，原材料、配合比、成型工艺、养护条件基本一致且龄期相近的同类构件。按批进行检测的构件，抽检数量不得少于同批构件的30%，且构件数量不得少于10件。抽检构件时应随机抽取并使所选构件具有代表性。

（3）每一构件的测区，应符合下列规定：①每一结构或构件测区数不应少于10个，对某一方向尺寸小于4.5m且另一方向尺寸小于0.3m的构件，其测区数可适当减少，但不应少于5个。②相邻两测区的间距应控制在2m以内，测区离构件端部或施工缝边缘的距离不宜大于0.5m。③测区应选在使回弹仪处于水平方向，检测混凝土浇筑侧面。当不能满足这一要求时，方可选在使回弹仪处于非水平方向，检测混凝土浇筑侧面、表面或底面。④测区宜选在构件的两个对称可测面上，也可选在一个可测面上，且应均匀分布，在构件的受力部位及薄弱部位必须布置测区，并应避开预埋件。⑤测区的面积宜控制在 0.04m。⑥检测面应为原状混凝土面，并应清洁、平整，不应有疏松层、浮浆、油垢以及蜂窝、麻面，必要时可用砂轮清除疏松层和杂物，且不应有残留的粉末或碎屑。⑦对于弹击时会产生颤动的薄壁、小型构件应设置支撑固定。

（4）结构或构件的测区应标有清晰的编号，必要时在记录纸上描述测区布置示意图和外观质量情况。

（5）当检测条件与测强曲线的适用条件有较大差异时，可采用同条件试件或钻取混凝土芯样进行修正，试件或钻取芯样数量应不少于 6 个。计算时，测区混凝土强度换算值应乘以修正系数。

修正系数为

$$\eta = \frac{1}{n}\sum_{i=1}^{n} f_{cu,i}/f_{cu,i}^{e} \tag{6-1}$$

$$\eta = \frac{1}{n}\sum_{i=1}^{n} f_{cor,i}/f_{cu,i}^{e} \tag{6-2}$$

式中　η——修正系数，精确到 0.01；

$f_{cu,i}$、$f_{cor,i}$——第 i 个混凝土立方体试件（边长为 150mm）、芯样试件（ϕ100mm×100mm）的抗压强度值，精确到 0.1MPa；

$f_{cu,i}^{e}$——对应于第 i 个试件的回弹值和碳化深度值；

n——试件数。

2. GTJ－HT225 数显式混凝土回弹仪

（1）用途：GTJ－HT225 型全自动一体回弹仪是用于建筑结构中硬化混凝土抗压强度的非破损检测评定的仪器。它能够现场检测并记录回弹值、碳化深度值、角度、测试面等参数。检测完成后能够立即给出该构件的强度推定结果。

（2）适用标准：《回弹仪》（GB/T 9138—2015）和《回弹仪法检测混凝土抗压强度技术规程》（JGJ/T 23—2011）。

（3）数据采集系统终端参数为：①输入方式：自动记录回弹值；②数据处理：依据规范自动进行数据修正、计算统计分析；③显示方式：中文液晶；④系统容量：800 个构件；⑤供电方式：可充电大容量锂电池；⑥自动关机：无操作自动关机；⑦体积：123mm×55mm×25mm；⑧重量：200g；⑨工作环境温度：－10～45℃。

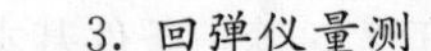

3. 回弹仪量测

资源 6.15

检测时，回弹仪的轴线应始终垂直于结构或构件的混凝土检测面，缓慢施压，准确读数，快速复位。

测点宜在测区范围内均匀分布，相邻两测点的净距一般不小于 20mm，测点距外露钢筋、预埋件的距离一般不小于 30mm。测点不应设在气孔或外露石子上，同一测点只允许弹击 1 次。每一测区应记取 16 个回弹值，每一测点的回弹值读数精确至 1。

4. 测量结果

资源 6.16

回弹法检测混凝土抗压强度测量后填写回弹法检测混凝土抗压强度报告。

（三）混凝土中钢筋的检测

混凝土中的钢筋检测可分成钢筋间距、混凝土保护层厚度、钢筋直径、钢筋力学性能及钢筋锈蚀状况等检测项目。混凝土中钢筋的部分检测项目可采用基于电磁感应原理的钢筋探测仪或基于电磁波反射原理的雷达仪进行测定，检测钢筋所用的钢筋探测仪和雷达仪的性能应满足《混凝土中钢筋检测技术标准》(JGJ/T 152—2019) 的相关要求。采用电磁感或电磁波反射等非破损检测方法时，宜通过凿开混凝土后的实际量测或取样检测的方法进行验证，并可根据验证结果进行适当的修正。

1. 钢筋数量和间距检测的一般规定

混凝土中钢筋的数量或间距可采用基于电磁感应法或电磁波反射法测定。用电磁感应法或电磁波反射法可测定梁类和柱类构件可测定面钢筋的数量，可测定墙板类构件钢筋的间距。

测定梁类和柱类构件主筋数量的检测操作应遵守下列规定：避开其他金属材料和较强的铁磁性材料；选择表面应清洁、平整的部位进行测定；在构件的可测表面标注出钢筋每个钢筋的位置；必要时量测钢筋的间距。

当遇到下列情况时应采取剔凿验证的措施：认为相邻钢筋过密，不满足 $t/c \geqslant 1$ 的条件，t 为钢筋间最小净距离 (mm)；c 为混凝土保护层厚度 (mm)；钢筋位置、数量或间距的测试结果与设计有较大偏差；混凝土（包括饰面层）含有或存在可能对钢筋检测造成误判的金属件。

对于墙板类构件应测定钢筋的间距，其检测可按下列步骤进行：根据尺寸大小，在构件上均匀布置测点，每个构件上的测点不少于 3 个；对连续 7 根钢筋进行测定，标出第一根钢筋和最后一根钢筋的位置，确定这 2 个钢筋的距离，计算出钢筋的平均间距；梁柱类构件的箍筋可按此法检测。

工程质量检测时应按下列规则对单个构件进行合格性判定：柱、梁类构件受力一侧钢筋实测根数少于设计根数时，评定该构件不合格；墙板类构件的平均间距大于《混凝土结构工程施工质量验收规范》(GB 50204—2015) 规定的允许偏差时，该构件评定为不合格；梁柱类构件的箍筋间距按墙板类构件钢筋间距规则判定。

资源 6.17

工程质量检测时，对检测批钢筋的检测应遵守下列规定：将设计文件中钢筋配置要求相同的构件作为一个检测批；随机确定备检构件的轴线位置。

2. 混凝土保护层厚度检测的一般规定

工程质量检测需要确定钢筋保护层厚度时，应采取剔凿测定法、电磁波结合剔凿检验法和电磁感应结合剔凿检验法。验收规范对保护层厚度要求较高，间接检测方法中的电磁波法和电磁感应法均不能确保相应的精度要求，需要采用直接的剔凿法对这些方法的检测结果进行验证，结构功能性评定时，当不需要对钢筋锈蚀问题作出判定且不需要对构件耐火等级做出判定时，可采用电磁波法或电磁感应法测试保护层厚度。

资源 6.18

结构功能性检测时，当无需进行耐久性评定时，对于非重要截面的混凝土保护层厚度可采用电磁波和电磁感应法检验。

剔凿测定混凝土保护层厚度工作应符合下列规定：确定钢筋的位置；在钢筋的位置上垂直于混凝土的表面成孔；以钢筋表面至构件混凝土表面的垂直距离作为该测点的保护层厚度测试值。

电磁波或电磁感应结合剔凿检验时，检验操作应符合下列规定：电磁波或电磁感应法测定混凝土保护层厚度的检测按《混凝土中钢筋检测技术标准》（JGJ/T 152—2019）的规定操作；在已测定保护层厚度的钢筋上进行剔凿验证，验证点数；构件上可直接量测混凝土保护层厚度的点可计为检验点；将剔凿点直接量测的保护层厚度与电磁波或电磁感应法量测的保护层厚度进行比较，对于工程质量检测，当两者的差异不超过±1mm和剔凿测定厚度10%两者之中较大值时，认为两个测试结果无明显差异；结构功能性检测时，当两者差异不超过±2mm和剔凿测定厚度±15%两者较大值时，认为两者无明显差异。

工程质量检测时，抽检混凝土保护层厚度的构件数及合格判定规则，应按《混凝土结构工程施工质量验收规范》（GB 50204—2015）的规定执行。

3. 钢筋数量和保护层厚度的测定仪器简介

GTJ-RBL+钢筋保护层测定仪（扫描型）属于钢筋直径、混凝土保护层测定仪。

（1）用途概述：钢筋保护层测定仪是一种便携式无损检测仪器，可用于钢筋混凝土结构施工质量的检测，能够在混凝土表层测定钢筋位置，检测钢筋保护层厚度及钢筋直径；此外，也可以对混凝土结构内部的磁性体及导电体的位置进行检测，如墙壁内部电缆、水暖管道等，施工前的探测可以有效避免施工中对这些设施的损坏，减少意外的发生。

（2）适用标准：要求适用于《混凝土结构设计规范》（GB 50010—2010）、《混凝土结构工程施工质量验收规范》（GB 50204—2015）、《建筑结构检测技术标准》（GB/T 50344—2019）。

参数为：①规格型号：GTJ-RBL+；②保护层厚度适用范围：ϕ6mm～ϕ50mm；③第一里程：6～100mm，第二里程：6～200mm；④保护层厚度最大允许误差：−1～1mm的误差6～79mm；−2～2mm的误差8～109mm；−4～4mm的误差110～200mm；⑤直径估测适用范围：ϕ6mm～ϕ32mm；⑥直径示值最大误差：±1档；⑦剖面测量功能：支持；⑧网格测量功能：支持；⑨探头自校正：支持；⑩主机参数屏幕尺寸：5英寸，分辨率：160×128，体积：195mm×140mm×45mm，重量：0.8kg；⑪主机外壳：防水、防尘、防震；⑫数据传输方式：UBS；⑬供电电源：大容量锂电池，持续使用18h以上；⑭工作环境要求：温度：−10～40℃；湿度：<90%RH；⑮其他要求：空气中不含有腐蚀性气体、无强电磁场干扰、无应有大的震动和冲击、避免阳光直射；⑯包装规格：材质：工程塑料；体积：4200mm×140mm×335mm；重量：5.5kg。

（四）构件中钢筋锈蚀状况检测

1. 一般规定

构件中钢筋锈蚀状况宜在对使用环境和结构现状进行调查并分类的基础上，按照约定抽样原则进行检测。

根据不同类别的具体情况，分别采取剔凿取样检测方法、检测混凝土电阻率、混凝土中钢筋电位、锈蚀电流或综合分析判定方法检测混凝土中钢筋锈蚀状况。

剔凿取样检测方法可通过外露钢筋或剔凿出钢筋用游标卡尺直接测定钢筋的剩余

直径、蚀坑深度、长度及锈蚀物的厚度，推算钢筋的截面损失率，量测钢筋剩余直径前应将钢筋除锈。

钢筋的失重率可通过截取钢筋，按照《普通混凝土长期性能和耐久性能试验方法标准》（GB/T 50082—2009）进行测定。

混凝土中钢筋电位可采用基于半电池原理的检测仪器进行检测；混凝土的电阻率可采用四电极混凝土电阻率测定仪进行检测；混凝土中钢筋锈蚀电流可采用基于线形极化原理的检测仪器进行检测。

综合分析判定方法检测的参数可包括裂缝宽度、混凝土保护层厚度、混凝土强度、混凝土碳化深度、混凝土中有害物质含量以及使用环境等，根据综合情况判定钢筋的锈蚀状况。

非破损检测方法和综合分析判定方法应配合剔凿检测方法进行验证。

2. GTJ - XSY 混凝土钢筋检测仪

结构混凝土中的钢筋发生锈蚀使得钢筋有效截面积减小、体积增大，从而导致混凝土膨胀、剥落、钢筋与混凝土的握裹力及承载力降低，直接影响到混凝土的结构的安全性及耐久性。因此对混凝土结构内部钢筋锈蚀程度的检测是对既有建筑结构安全评估鉴定的重要内容之一。适用标准为《建筑结构检测技术标准》（GB/T 50344—2019）。

资源 6.19

参数为：①电位电极尺寸：30mm×120mm，重量 100g；②主机参数：屏幕尺寸 5 英寸，体积：195mm×140mm×140mm，重量：0.8kg；③主机外壳：防水、防尘、防震；④供电方式：内置锂电池；⑤电位测量范围：±1000mV；⑥测试精度：1mV；⑦测量间距：1～100cm；⑧数据存储容量：5400 个测区/228000 个测点数据；⑨工作环境温度：－10～40℃；⑩保证规格：材质工程塑料；体积：420mm×140mm×335mm；重量：5.5kg。

资源 6.20

第七章

工程项目质量数理统计

第一节　运用数理统计方法的作用和目的

运用数理统计方法对工业产品进行质量管理，是从 1924 年美国贝尔电话试验中心的休哈特（W. A. Shewahart）开始的。他运用概率论的原理提出了控制生产过程中产品质量的“6σ”方法，即“质量控制图”和“预防缺陷”的概念。继他之后又有许多人在工业产品质量管理中运用了数理统计方法。如美国的道奇（H. F. Dodgt）和罗米格（H. G. Romig）提出的抽检表，瓦尔德（A. Wald）提出的序贯抽检法，戴明（W. E. Deming）提出的循环工作法，以及日本的石川馨提出的因果分析法等。这些都对改善和提高产品质量、进行科学的质量管理做出了贡献。但是必须指出的是，质量管理如果仅仅依靠或偏重数理统计方法，不与专业技术和管理技术相结合，其实际效果是不会理想的。只有强调抓好全企业的工作质量，全面质量管理才能收到预期的效果。

一、统计数据的特征

任何质量都表现为一定的数量，质量的好坏通常是以特征值来表示的。所谓质量特征值就是我们常用的质量数据。在质量管理中掌握质量的数量界限，是进行数理统计的一个重要原则问题，也就是通常讲的没有质量就没有数量，达不到标准质量数值要求的产品质量不能算好的产品质量（例如 C20 混凝土，28d 的龄期强度为 2kPa，这是数量界限，小于或大于 2kPa 都不能算最好的）。表现在产品质量和工程质量中的统计数据有两个基本特性：一个是统计数据的差异性；另一个是统计数据的规律性。

1. 统计数据的差异性（分散性）

这种特性是由于产品质量和工程质量本身都存在各种不同程度的差异所决定的。因为任何产品和工程质量的特征都是通过数值表现出来的，而这些数值是始终处于变动之中的。我们知道，不管用怎样精密的机器设备和多么谨慎的操作，生产出来的产品质量总不会完全相同，总会存在着不同程度的差别。比如，加工 100 块混凝土面板用的是同一种原材料、同一种施工工艺和操作方法，使用一套定型钢模板，在同一个振动台上振捣，其他养生等条件也完全相同，但加工出来的 100 块面板，却不会在外形尺寸、抗压强度、表面等方面都完全一致，总是会有差别的。如果这 100 块面板在各方面的质量特征都完全一致，没有分毫差别，那是根本不可能的。假如真的出现了完全一致的情况，那不是数据出现了偏差，就一定是人为假造的。因为在客观事物中，完全一致是不符合客观规律的。在质量管理中，把这种客观必然存在的差别，也就是产品本身存在的不均一性和不整齐的情况称为质量散差。这种散差是以数据大小来表现的。表示各种散差的数据集合在一起就是质量特征值。产生质量散差的原因，主要是由于在产品生产和工程施工过程中，有许多不可预见的偶然性因素存在，这是不可避免的现象。当然，除了这种不可预见的因素之外，也会有诸如技术条件和管理方法不善所造成的散差。

2. 统计数据的规律性

不论在任何时候和任何条件下，测得一组产品质量和工程质量的数据都必然会存在散差。但是，这种散差并不是漫无边际、相差悬殊的，而是具有一定的规律性，也就是在一定范围内变化。对于这种规律性的变化，在数学上称为分布状态。一般常见的分布状态有正态分布、二项式分布、泊松分布等。表现在产品质量和工程质量上的散差分布大体上可分为两类：一类是数据值集中在中间位置，同时向两端分散，形成一个中间大、两头小，以中心为轴、向左右两个方向对称发展的分布状态。这种分布状态在工程质量中经常出现，如混凝土的强度值分布和各种构件尺寸分布，以及焊接质量分布等。另一类是数据值向着一端集中，但向着另一端分散，形成一种偏向分布状态。这种分布多表现在产品疵点和产品缺陷上，在工程施工中有许多工序操作会出现这种分布状态。但是，这种分布状态也不是一成不变的，由于在产品生产和工程施工中某种原因的存在，也会导致本来从正常情况下说应该是对称型的分布，而在实际表现中却成了非对称的、偏态的分布，遇到这种情况就要进行具体分析。

在质量管理中，应用数理统计就是要从反映质量特征值的差异性中去寻求其规律性，从而预测和控制产品的质量。所以，有人把这种用数理统计进行质量管理的方法称为“预防缺陷”的管理方法。这里要指出：用数理统计进行质量管理的方法，从表面上看，各个数据都是从已经生产出来的产品中搜集来的，这同“事后检验”方法似乎没有什么区别。其实，它与“全数检验，个个过关”的方法有本质上的不同。因为数理统计质量管理方法中进行统计分析的目的不是那些被观测到的数据本身，而是通过这些已被观测到的数据去推测判断那些尚未观测的数据，也就是用少量的产品质量去估测判断批量产品的质量状况。

例如，某施工工地进场 1000t 建筑钢材，在验收检查这批钢材时，要从其中抽取很少的试样进行机械物理性能试验和化学分析。然后根据对试样的检查测试结果，判断这 1000t 钢材的质量状况，看其是否合格。从表面上看是对试样的检测，但检测的目的并不是试样本身，主要目的是根据这些试样的检测数据去推断和预报全部钢材的质量状况。

再如，某混凝土预制构件厂，为了测定混凝土构件的强度，进行了一次检查测试，共积累“试件强度压验报告单”100 份，经过统计分析，提出了质量分布状况，做出是否合格的结论。这个结论在表面上看是从已经生产出来的构件测得的。但是，经过对这些数据统计分析的结果来看，却不单单是这些试块本身的强度，而恰恰是包括那些尚未生产的构件强度。假如这些测得的数据是可信的，而且做出的结论是合格的，那么，预制厂就可以按照既定的配合比和其他工艺条件继续进行生产。假如从测得的数据发现了问题，证明强度不合格，预制厂就可立即采取相应的措施，加以改进，再经过一次循环，得出合格的结果后方能投入批量生产。从以上情况可以看出，对这100份“试件强度抗压实验报告单”的统计推理工作，不仅仅是对前批构件的质量分析，更重要的是对下批构件质量做出预测预报，从而达到“预防缺陷”的目的。

二、数理统计方法的作用

用数理统计方法进行质量管理，本身就是一种用数据进行质量控制的科学方法，它同过去的“事后检验”以及目前建筑施工企业采用的定期组织检查的质量管理方法相比，在工程质量管理中具有许多优点。

1. 节约生产费用，降低工程成本

统计质量管理的基本方法是利用控制图进行质量管理。对产品质量进行检查，主要是采用随机抽样这种检查方法。检查方法既不同于“事后检验”方法中的整批全数检查，也不同于目前建筑施工企业中所采取的选点检查方法，它是伴随着每个生产工序进行随机抽样。这种检验方法不仅抽样数量少，而且试样的系统性强，有充分的代表性。在生产和施工过程中，只需要抽检几个、几十个点就可以得出可靠的数据，对整个工程质量和产品质量进行预测、预报。运用这种方法可以大大减少工作量，提高工作效果，节省费用开支，降低工程成本。

2. 及时发出信号，防患于未然

统计质量管理方法是通过静态分析和动态分析两种形式进行数理统计和质量控制的。各种数据的搜集和积累都是伴随生产工序进行的。通过对数据的统计整理和分析判断，再用图表的形式展示在图面上。这样，在生产过程中，只要产品质量特征值的分布符合控制图的管理要求，整批产品的质量就会得到基本保证。所以说，统计质量管理方法是一种“看得见、有数据、有信号”的管理方法。在日常生产过程中，如果一旦发生工艺、设备、材料、操作等方面的影响因素或者存在其他不良因素，在统计图表上都会有所反映，从而可以使管理人员和操作者随时随地了解产品的质量状态，及时发出信号，防患于未然。

3. 控制生产工序，做到心中有数

统计方法可以使生产工序得到控制，使其在一个稳定的状态下进行正常生产。用统计方法进行质量管理，就是用数理统计进行质量散差分析，找出产生散差的原因，制定措施加以管理控制。在生产过程中只要把工序严格的控制起来，对产品质量就会做到心中有数。这种工序控制对于施工企业是十分必要、非常适用的。比如，在施工过程中有许多重要工程的结构构件，按技术要求都应当进行设计荷载和极限荷载试验，但事实上又做不到。又如一些网架结构的拼装和大型混凝土预制构件等，非标准金属结构构件以及各种管线工程的焊接等，按技术要求也应当做全数检查，但实际上也做不到。在这种情况下，如果能采用统计质量管理方法，随着生产工序进行系统的抽样检查，并用数理统计方法去预测、预报全部工序的质量状况，找出影响因素，采取措施，制定标准，从而把整个施工中的各个工序控制起来，使每一个工序和最终建筑产品质量都能做到心中有数，是最为理想的。

4. 调查工序能力，制定合理标准

在统计质量管理中提供了一个调查工序能力和鉴别工序能力的方法。这是一个实事求是、以数为据、以理服人的好方法。工序能力是指一个工序或一个分项工程处于稳定的状态下实际施工（加工）质量的保证能力。工序质量保证能力不是凭主观印象定的，而是用科学计算反映出来的数据。通过工序能力的调查，可以为确定各种机械设备的利用，施工工艺方法和施工组织设计的编制，施工操作规程和制定各种工作标准、技术标准提供科学的数字根据。

5. 积累历史资料，有利企业管理

统计质量管理方法不仅可以控制生产全过程中各个工序的质量动态，从而预防次品或废品的产生，而且可以有系统的积累大量的历史资料。每一件产品、每一项工作经过几次 PDCA 循环，都会积累整套改善和提高质量的数据，形成历史记录，这是宝贵的技术档案资料。每种数据都可以按时间、地点、环境、操作者、工艺方法和机器设备进行分类统计，这对进一步开发技术、提高工程质量具有十分重要的意义。这些资料可靠性强，适用性广，对不断改善和提高企业经营管理水平，制定各种标准，都有极大的参考价值。

三、运用数理统计方法的目的

数理统计方法是全面质量管理的“哨兵”，是一种提出问题、分析问题、研究问题的良好手段。运用统计方法进行质量管理的主要目的是：①掌握质量状态；②分析工程质量的问题；③掌握影响工程质量的主要因素；④了解影响质量各种因素的相互关系。从而用确切的数据、科学的计量反映工程质量的真实情况，使工程质量不断提高，成本不断下降，工期不断缩短。从上述 4 个主要目的来看，统计方法在整个质量管理中是不可忽视的。但是，必须明确指出，统计方法仅仅是质量管理中的一种手段、工具和方法。它如同医生治病用的诊断器械一样，只能协助医生诊查患者的病情，为医生提供有关的数据。但它不能起到治疗的作用，治疗还需要靠医疗技术。在全面质量管理中也是如此，统计方法可以为质量管理提供大量的数据，使管理者、操作者做到心中有数。但是提出什么样的措施，采用什么办法解决工程质量问题，统计方法就无能为力了，这就需要采用专业技术去加以研究解决。因此，对运用统计方法必须有一个正确理解，它只是一种认识问题的工具，不是包医百病的灵丹妙药。如果把统计方法同全面的、有组织的管理和专业技术结合起来，就会如虎添翼，成为一套比较完善的质量管理方法。反之，把统计方法强调到不适当的程度，就会出现偏差。

第二节　数理统计基础

一、总体与样本

在工程质量检验中，对无限总体中的个体，逐一考察其某个质量特性显然是不可能的；对有限总体，若所含个体数量虽不大，但考察方法往往是破坏性的，同样不能采用全数考察。所以，通过抽取总体中的一小部分个体加以检测，以了解和分析总体质量状况，这是工程质量检验的主要方法。因此，除重要项目外，大多采用抽样检验，这就涉及总体与样本的概念。

总体又称母体，是统计分析中所要研究对象的全体。而组成总体的每个单元称为个体。例如，在沥青混合料拌和工地上需要确定某公司运来的一批沥青是否合格，则这批沥青就是总体。

总体分为有限总体和无限总体，如果是一批产品，由于其数量有限，所以称其为有限总体；如果是一道工序，由于工序总在源源不断地生产出产品，有时是一个连续的整体，所以这样的总体称为无限总体。

从总体中抽取一部分个体就是样本（又称子样）。例如，从每一桶沥青中取 2 个试样，一批沥青有 100 桶，抽查了 200 个试样做试验，则这 200 个试样就是样本。而组成样本的每一个个体，即为样品。例如，上述 200 个试样中的某一个，就是该样本中的一个样品。

样本容量（有时也称样本数）是样本中所含样品的数量，通常用 n 表示样本容量。上例中样本容量 $n=200$。样本容量的大小直接关系判断结果的可靠性。一般来说，样本容量越大，可靠性越好，但检测所耗费的工作量也越大，成本也就越高。样本容量与总体中所含个体的量相等时，是一种极限情况。

二、质量数据

工程质量控制、评价是以数据为依据，质量控制中常说的“一切用数据说话”就是要求用数据来反映工序质量状况及判断质量效果。

质量数据是质量信息的重要组成部分，只有通过对它的收集、处理、分析，才可以达到对生产施工过程的了解、掌握以至控制。没有质量数据，就不可能有现代化的科学的质量控制。因此质量数据的作用是十分重要的。

质量数据的来源主要是工程建设过程中的各种检验，即材料检验、工序检验、竣工验收检验，当然也包括使用过程中的必要检验。可以说质量检验为质量控制提供了全面的、大量的质量数据，依据它才能正常开展质量控制及质量管理活动。

质量数据就其本身的特性来说，可以分为计量值数据和计数值数据。

1. 计量值数据

计量值数据是可以连续取值的数据，表现形式是连续型的。如长度、厚度、直径、强度、化学成分等质量特征，一般都是可以用检测工具或仪器等测量（或试验）的，类似这些质量特征的测量数据，一般都带有小数，如长度为 1.15m、1.18m 等。

在工程质量检验中得出的原始检验数据大部分是计量值数据。

2. 计数值数据

有些反映质量状况的数据是不能用测量器具来度量的。为了反映或描述属于这类型内容的质量状况，而又必须用数据来表示时，便采用计数的办法，即用 1、2、3、…连续地数出个数或次数，凡属于这样性质的数据即为计数值数据。计数值数据的特点是不连续，并只能出现 0、1、2、…等非负的整数，不可能有小数。如不合格品数、不合格的构件数、缺陷的点数等。一般来说，以判定方法得出的数据和以感觉性检验方法得出的数据大多属于计数值数据。

计数值数据有两种表示方法，一种是直接用计数出来的次数、点数来表示（称 Pn 数据）；一种是把它们（Pn 数据）与总检查次（点）数相比，用百分数表示（称 P

数据)。P数据在工程检验中是经常使用的，如某分项工程的质量合格率为90%，即是表示经检查为合格的点（次）数与总检查点（次）数的比值为90%。但也应注意，不是所有的百分数表示的数据都是计数值数据，因为当分子为计量值数据时，则计算出来的百分数也应是计量值数据。一般可以这样说，在用百分数表示数据时，当分子、分母为计量值数据时，分数值为计量值数据；当分子、分母为计数值数据时，分数值为计数值数据。

数据获得后，还涉及数据的定位问题，也就是出现了对规定精确程度范围之外的数字如何取舍的问题。在统计中一般常用的数值修约规则如下：

（1）拟舍去的数字中，其最左面的第一位数字小于5时，则舍去，留下的数字不变。

例如，将18.2432修约只留一位小数时，其拟舍去的数字中最左面的第一位数字是4，则可舍去，而成18.2。

（2）拟舍去的数字中，其最左面的第一位数字大于5时，则进1，即所留下的末位数字加1。

例如，将26.4843修约只留一位小数时，其拟舍去的数字中最左面的第一位数字是8，则应进1，结果为26.5。

（3）拟舍去的数字中，其最左面的第一位数字等于5，而后面的数字并非全部为0时，则进1，即所留下的末位数字加1。

例如，将1.0501修约只留一位小数时，其拟舍去的数字中最左面的第一位数字是5，5后面的数字还有0、1，故应进1，结果为1.1。

（4）拟舍去的数字中，其最左面的第一位数字等于5，而后面无数字或全部为0时，所保留的数字末位数为奇数（1、3、5、7 、9）则进1，如为偶数（0、2、4、6、8）则舍去。

例如，将下列各数修约只留一位小数时，其拟舍去的数字最左面的第一位数字是5，5后面无数字，根据所留末位数的奇偶关系，结果为：

0.05→0.0（因为“0”是偶数）

0.15→0.2（因为“1”是奇数）

0.25→0.2（因为“2”是偶数）

0：45→0.4（因为“4”是偶数）

（5）拟舍去的数字并非单独的一个数字时，不得对该数值连续进行修约，应按拟舍去的数字中最左面的第一位数字的大小，照上述各条一次修约完成。

例如：将15.4546修约成整数时，不应按15.4546→15.455→15.46→15.5→16进行，而应按15.4546→15进行修约。

上述数值修约规则（有时称之为“奇升偶舍法”）与以往惯用的“四舍五入”的方法区别在于用“四舍五入”法对数值进行修约，从很多修约后的数值中得到的均值偏大。用上述修约规则，进舍的状况具有平衡性。进舍误差也具有平衡性，若干数值经过这种修约后，修约值变大的可能性与变小的可能性是一样的。

表现工程质量的统计数据有两个基本特性：一是统计数据的差异性；二是统计数据的规律性。

实践证明，任何一个生产施工过程，不论客观条件多么稳定，设备多么精确，操作水平多么高，其生产施工出来的工程都不会完全相同，也就是工程质量不可能完全一样，或多或少总会有差异，这就是所谓的工程质量波动性，因此反映工程质量的统计数据的重要特性就是它的差异性。虽然通过质量检验获取的质量数据千变万化、各不相同，但并非杂乱无章，它总是存在一定的规律性，即变化是有一定范围或局限，其中多数向某一数值集中，同时又分散在这个数值的两旁，因此质量数据既分散又集中、既有差异性又有规律性。质量控制中就是要应用数理统计方法从反映工程质量的数据的差异性中寻找其规律性，从而预测和控制工程质量。

三、数据的统计特征量

用来表示统计数据分布及其某些特性的特征量分为两类：一类表示数据的集中位置，例如算术平均值、中位数等；一类表示数据的离散程度，主要有极差、标准离差、变异系数等。

1. 算术平均值

算术平均值是表示一组数据集中位置最有用的统计特征量，经常用样本的算术平均值来代表总体的平均水平。总体的算术平均值用 μ 表示，样本的算术平均值则用 $\overline{x}$ 表示。如果 n 个样本数据为 x_1，x_2，…，x_n，那么，样本的算术平均值为

$$\overline{x}=\frac{1}{n}(x_1+x_2+\cdots+x_n)=\frac{1}{n}\sum_{i=1}^{n}x_i \tag{7-1}$$

[例 7-1] 某路段路基压实质量检测，地基系数 K_{30} 的检测值分别为 158MPa/m、156MPa/m、160MPa/m、153MPa/m、148MPa/m、154MPa/m、150MPa/m、161MPa/m、157MPa/m、155MPa/m。求地基系数的算术平均值。

资源 7.1

解：由式（7-1）可知，地基系数的算术平均值为

$$\overline{f}_B=\frac{1}{10}(158+156+160+153+148+154+150+161+157+155)$$

$$=155.2(\text{MPa/m})$$

2. 中位数

在一组数据 x_1、x_2、…、x_n 中，按其大小次序排序，以排在正中间的一个数表示总体的平均水平，称之为中位数或中值，用 $\tilde{x}$ 表示。n 为奇数时，正中间的数只有一个；n 为偶数时，正中间的数有两个，取这两个数的平均值作为中位数，即

$$\tilde{x}=\begin{cases}\dfrac{x_{n+1}}{2}(n\text{ 为奇数})\\[2ex]\dfrac{1}{2}(x_{\frac{n}{2}}+x_{\frac{n+1}{2}})(n\text{ 为偶数})\end{cases} \tag{7-2}$$

[例 7-2] 检测值同 [例 7-1]，求中位数。

解：检测值按大小次序排列为 161MPa/m、160MPa/m、158MPa/m、157MPa/m、156MPa/m、155MPa/m，154MPa/m、153MPa/m、150MPa/m、148MPa/m，则中位数为

$$\tilde{f}_B=\frac{F_{B(5)}+F_{B(6)}}{2}=\frac{156+155}{2}=155.5(\text{MPa/m})$$

3. 极差

在一组数据中最大值与最小值之差称为极差，即

$$R = x_{\max} - x_{\min} \quad (7-3)$$

［例 7-3］ ［例 7-1］中的检测数据的极差为

$$R = f_{B\max} - f_{B\min} = 161 - 148 = 13(\mathrm{MPa/m})$$

极差没有充分利用数据的信息，但计算十分简单，仅适用于样本容量较小（$n<10$）的情况。

4. 标准偏差

标准偏差有时也称标准离差、标准差或称均方差，它是衡量样本数据波动性（离散程度）的指标。在质量检验中，总体的标准偏差（σ）一般不易求得。样本的标准偏差 S 按式（7-4）计算：

$$S = \sqrt{\frac{(x_1 - \overline{x})^2 + (x_2 - \overline{x})^2 \cdots + (x_n - \overline{x})^2}{n-1}} = \sqrt{\frac{1}{n-1} \sum_{i=11}^{n} (x_i - \overline{x})^2}$$

$$= \sqrt{\frac{1}{n-1} \sum_{i=1}^{n} (x_i{}^2 - nx^{-2})} \quad (7-4)$$

［例 7-4］ 仍用［例 7-1］的数据，求样本标准偏差 s。

解：由式（7—4）可知样本标准方差为

$$s = \{\frac{1}{10-1}[(158-155.2)^2 + (156-155.2)^2 + (160-155.2)^2 +$$
$$(153-155.2)^2 + (148-155.2)^2 + (154-155.2)^2 + (150-155.2)^2 +$$
$$(161-155.2)^2 + (157-155.2)^2 + (155-155.2)^2]\}^{1/2} = 4.13$$

5. 变异系数

标准偏差是反映样本数据的绝对波动状况，当测量较大的量值时，绝对误差一般较大；测量较小的量值时，绝对误差一般较小。因此，用相对波动的大小，即变异系数更能反映样本数据的波动性。变异系数用 C_v 表示，是标准偏差 S 与算术平均值的比值，即

$$C_v = \frac{S}{x} \times 100\% \quad (7-5)$$

［例 7-5］若甲路段路基地基系数 K_{30} 算术平均值为 155.2MPa/m，标准偏差为 4.13；乙路段路基地基系数 K_{30} 算术平均值为 160.8MPa/m，标准偏差为 4.27。则两路段的变异系数为

$$\text{甲路段：} C_v = \frac{4.13}{155.2} = 2.661\%$$

$$\text{乙路段：} C_v = \frac{4.27}{160.8} = 2.655\%$$

从标准偏差看，即 $S_{甲} < S_{乙}$，但从变异系数分析，即 $C_{v甲} > C_{v乙}$，说明甲路段的地基系数 K_{30} 相对波动比乙路段的大。

四、数据的特征

分布质量数据具有一定的规律性，这种规律性一般用概率分布来描述。概率分布

的形式很多，在公路工程质量控制和评价中，常用到正态分布。

正态分布是应用最多、最广泛的一种概率分布，而且是其他概率分布的基础。

正态分布的概率密度函数为

$$f(X)=\frac{1}{\sqrt{2\pi\sigma}}e^{-\frac{(X-\mu)^2}{2\sigma^2}}(-\infty< X <+\infty) \quad (7-6)$$

式中　X——随机变量；

μ——正态分布的平均值；

σ——正态分布的标准偏差。

平均值 μ 是 $f(X)$ 曲线的位置参数，决定曲线最高点的横坐标，标准偏差 σ 是 $f(X)$ 曲线形状参数，它的大小反映了曲线的宽窄程度，σ 越大，曲线低而宽，随机变量在平均值 μ 附近出现的密度越小；σ 越小，曲线高而窄，即变量在平均值 μ 附近出现的密度越大（图 7-1）。正态分布具有以下特点：

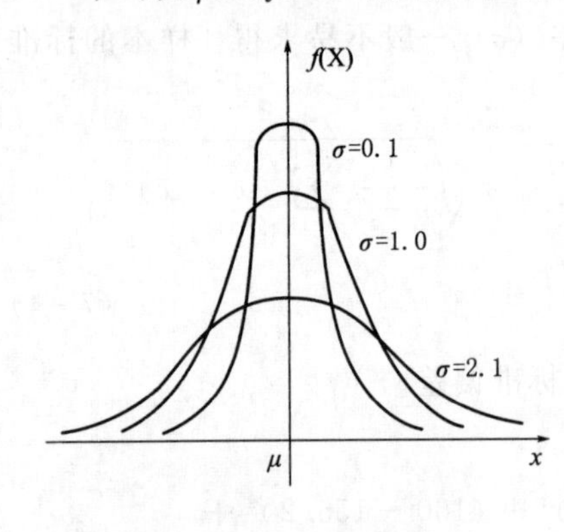

图 7-1　正态分布曲线图

（1）正态分布曲线对称于 $x=\mu$，即以平均值为中心。

（2）当 $x=\mu$ 时，曲线处于最高点，当 x 向左右偏离时，曲线不断的降低，整个曲线呈中间高两边低的形状。

（3）曲线与横坐标轴围成的面积等于 1，即

$$\int_{-\infty}^{+\infty}\frac{1}{\sqrt{2\pi}\cdot\sigma}e\,\frac{(X-\mu)^2}{2\sigma^2}\mathrm{d}X=1 \quad (7-7)$$

一般的随机变量服 X 从参数 μ 与 σ 的正态分布，可记作 $X\sim N(\mu,\sigma)$。

特别的，当 $\mu=0$、$\sigma=1$ 时的正态分布，称为标准正态分布，用 $N(0,1)$ 表示。它的概率密度函数为

$$f(X)=\frac{1}{\sqrt{2\pi}}e-\frac{x^2}{2}$$

对于正态分布 $N(\mu,\sigma)$，它的测量值落入区间 (a,b) 的概率，用 $P(a<x<b)$ 表示：

$$P(a<x<b)=\Phi\left(\frac{b-\mu}{\sigma}\right)-\Phi\left(\frac{a-\mu}{\sigma}\right) \quad (7-8)$$

其中　$$\Phi(a)=\int_{-\infty}^{a}\frac{1}{\sqrt{2\pi}}e-\frac{x^2}{2}dX$$

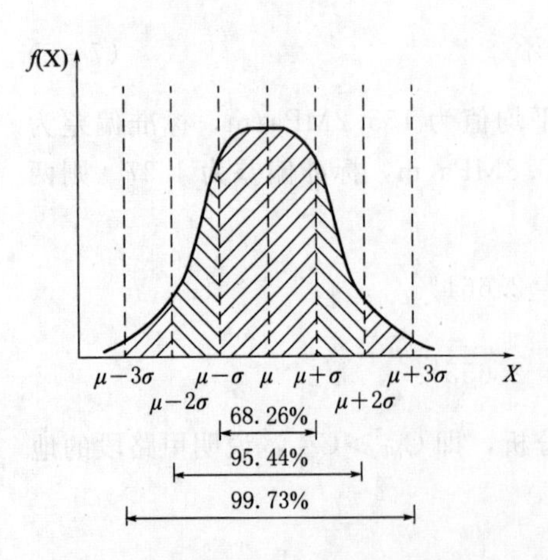

图 7-2　正态分布与置信

利用式（7-8），可以求得双边置信区间的几个重要数据（图 7-2）：

$$P\{\mu-\sigma<X\leqslant\mu+\sigma\}=0.6826$$

$$P\{\mu-2\sigma<X\leqslant\mu+2\sigma\}=0.9544$$

$$P\{\mu-3\sigma<X\leqslant\mu+3\sigma\}=0.9973$$

$$P\{\mu-1.96\sigma<X\leqslant\mu+1.96\sigma\}=0.9500$$

双边置信区间可统一为

$$\mu-\mu_{\frac{1-\beta}{2}}\cdot\sigma<X\leqslant\mu+\mu_{\frac{1-\beta}{2}}\cdot\sigma \tag{7-9}$$

式中　β——显著性水平；

$1-\beta$——置信水平；

$\mu_{\frac{1-\beta}{2}}$——双边置信区间的正态分布临界值；

$\mu-\mu_{\frac{1-\beta}{2}}\cdot\sigma,\mu+\mu_{\frac{1-\beta}{2}}\cdot\sigma$——置信下限与上限。

同理可得，单边置信区间的几个重要数据：

$$P\{X\leqslant\mu+\sigma\}=P\{X\geqslant\mu+\sigma\}=0.8413$$

$$P\{X\leqslant\mu+2\sigma\}=P\{X\leqslant\mu-2\sigma\}=0.9772$$

$$P\{X\leqslant\mu+3\sigma\}=P\{X\geqslant\mu-3\sigma\}=0.9987$$

$$P\{X\leqslant\mu+1.645\sigma\}=P\{X\geqslant\mu-1.645\sigma\}=0.9500$$

其置信区间可表示为

$$X\leqslant\mu+\mu_{1-\beta}\cdot\sigma \tag{7-10}$$

$$X\geqslant\mu-\mu_{1-\beta}\cdot\sigma \tag{7-11}$$

式中　$\mu+\mu_{1-\beta}\cdot\sigma,\mu-\mu_{1-\beta}\cdot\sigma$——单边置信上限和下限。

在公路工程质量检验与评价中，常把式（7-10）、式（7-11）中μ称为保证率系数（常用 Za 表示），其取值与公路等级有关，而且常常用样本平均值$\overline{x}$与标准差S分别代替上述公式中的μ与σ。

第三节　常用的数理统计方法和工具

工程质量控制与评价是以数理统计方法作为基本手段，所谓数理统计方法，就是运用统计性规律，收集、整理、分析、利用数据，并以这些数据作为判断、决策和解决质量问题的依据。

质量控制中比较常用且有效的统计方法有频数分布直方图法、排列图法、因果分析图法、控制图法、分层法、相关图法和统计调查分析法等。限于篇幅，本节主要介绍分布直方图、控制图、相关图法和因果分析图及排列图等方法。

一、频数分布直方图法

频数分布直方图即质量分布图，简称直方图，是把收集到的质量数据按要求加以整理和分层，然后再进行频数统计，并画成若干直方图形的质量散差分布图。进而，从频数分布中计算质量特征值，以便检验和判断工程质量情况。

1. 直方图的绘制

在质量管理中进行频数统计的目的主要是为了弄清质量特征的分布规律，掌握产品质量散差的波动状态，以便进行质量控制。

[例 7-6] 现以某施工工地搗制 C_{40} 混凝土对抗压强度试验进行频数分析为例，说明频数分布直方图的计算和绘制步骤：

资源 7.2

（1）数据搜集。首先根据国家质量检验评定标准规定，搜集了 35 份混凝土抗压强度报告单，具体数据见表 7-1。

表 7-1　　混凝土抗压强度统计表

顺序	数据					最大值	最小值
1	4.12	4.15×	3.40○	3.75	3.72	4.15	3.40
2	4.00	4.09	3.96○	4.06	4.17×	4.17	3.96
3	4.07	4.71×	4.28	4.21	3.87○	4.71	3.87
4	4.14○	4.73	4.90×	4.35	4.17	4.90×	4.14
5	3.95	4.75×	4.38	4.41	3.61○	4.75	3.61

注　○代表最小值，×代表最大值。

（2）找出全体数据的最大值和最小值。为了简化手续，一般可采用下述方法，即将全体数据列表后，先找出每行中的最大值和最小值，然后再从已经找出的最大值和最小值中再找出全体数据的最大值和最小值。最大值用 X_{max} 表示，量小值用 X_{min} 表示。在本例中，$X_{max}=4.9$kPa，$X_{min}=3.4$kPa。参见表 7-1 中标注符号。

（3）计算极差值。极差值是表示全体数据的最大值与最小值之差，也就是全体数据的分布极限范围。极差值一般用字母 R 表示：

$$R=X_{max}-X_{min} \tag{7-12}$$

在本例中，$R=4.9\text{kPa}-3.4\text{kPa}=1.5$（kPa）。

（4）确定组距和分组数。组距大小应根据对测量数据的要求精度而定。组数应根据搜集数据总数（子样）的多少而定。当搜集的数据总数为 50～100 个时，可分成10～20组，一般取 10 组为宜。当搜集的数据总数为 20～50 个时，可分成 5～10 组。组距用字母 h 表示，组数用字母 k 表示。通常是先定组数，后定组距，其计算公式为

$$h=\frac{R}{k} \tag{7-13}$$

在本例中，取组数 $k=7$，则组距 $h=1.50/7\approx0.21$（kPa）。

（5）决定分组区间值。将全体数据进行分组后，每个分组区间的数值都应当是接续的，不能有间断的现象。也就是上一组区间的终点值，必须是下一组区间的起点值，使组与组之间数值不间断。假如产生间断现象，就会造成有些数据无法统计的问题。

还应指出，在确定分组区间值时，要防止数据恰好落在区间分界上的现象发生。比如，第一区间为 2～5，第二区间为 5～8，而数据中出现的 5，就会产生统计在第一区间和第二区间都可以的现象。因此，如何确定第一区间的下界值是关键问题，因为其他各个区间的上下界值都是随第一区间上下界值变化的。为了防止数据恰好落在区间分界上，一般可采用区间分界值比统计数据提高一级精度的办法。也可以按下列公式计算第一区间的上下界值：

$$第一区间下界值=X_{min}-h/2$$

$$第一区间上界值=X_{min}+h/2$$

在本例中，第一区间的下界值为：3.4−0.21/2=3.4−0.105=3.295（kPa）；第一区间的上界值为：3.4+0.21/2=3.4+ 0.105=3.505（kPa）。

（6）制表并统计频数。分组区间值确定之后，就可以绘制频数分布统计表，格式见表7-2。将分组区间上下界值填入后，按对号入座方法进行频数统计和有关计算工作。［例7-6］见表7-2。

表7-2　　频数分布统计表

序号	分组区间	频数统计	频数	相对频数
1	3.295～3.505	一	1	0.029
2	3.505～3715	下	3	0.086
3	3.715～3.925	正	5	0.143
4	3.925～4.135	正 正	9	0.256
5	4.135～4.345	正 丅	7	0.200
6	4.345～4.555	正	5	0.143
7	4.555～4.765	正	4	0.114
8	4.765～4.975	一	1	0.029
总计			35	1.000

（7）绘制频数分布直方图。从频数分布统计表上可以看出全体数据的分布状况。但是在质量管理中，为了进一步了解产品质量情况，还要绘制频数分布直方图。频数分布直方图是一张坐标图，横坐标表示分组区间的划分，纵坐标表示各分组区间值的发生频数。图7-3为混凝土强度频数分布直方图。

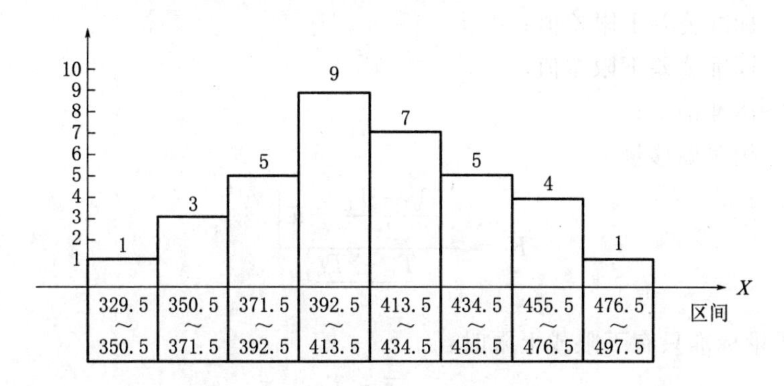

图7-3　混凝土强度频数分布直方图

2. 直方图的应用

做直方图的目的是通过观察图的形状来判断质量是否稳定，质量分布状态是否正常，以此来预测不合格率。直方图在质量控制中的用途主要包括估计可能出现的不合格率、考察工序能力、判断质量分布状态和判断施工能力。

（1）估算可能出现的不合格率。质量评定标准一般都有上下两个标准界限值，上限为 T_u，下限为 T_L，故不合格率有超上限不合格率 P_u 和超下限不合格率 P_L，总的不合格率则为

$$P = P_u + P_L \tag{7-14}$$

为了计算 P_u 与 P_L，引入相应的系数：

$$\begin{cases} K_u = \dfrac{|T_u - \overline{x}|}{s} \\ K_L = \dfrac{|T_l - \overline{x}|}{s} \end{cases} \tag{7-15}$$

根据 K_u、K_L 计算结果查“正态分布概率系数表”，即可确定相应的超上限不合格率 P_u 和超下限不合格率 P_L。

（2）考察工序能力。工序能力是指工序处于稳定状态下的实际生产合格产品的能力，通常用工序能力指数 C_P 表示。工序能力指数就是质量标准范围 T 与该工序生产精度的比值，其计算方法如下：

1）当质量标准中心与质量分布中心重合时：

$$C_P = \frac{T}{6S} = \frac{T_u - T_L}{6S} \tag{7-16}$$

式中　T——标准公差；

T_u——标准公差上限差值；

T_L——标准公差下限差值；

S——标准偏差。

2）当质量标准中心与质量分布中心不重合时：

$$C_{PK} = \frac{T_u - T_L}{6S}(1 - K) \tag{7-17}$$

式中　T——标准公差；

T_u——标准公差上限差值；

T_L——标准公差下限差值；

S——标准偏差；

K——相对偏移量。

且

$$K = \frac{\left|\dfrac{T_u - T_L}{2} - \overline{x}\right|}{\dfrac{T_u - T_L}{2}}$$

3）当质量标准只有下限或上限时：

下限控制　$$C_P = \frac{\overline{x} - T_L}{3S} \tag{7-18}$$

上限控制　$$C_P = \frac{T_L - \overline{x}}{3S}$$

若 $\overline{x} < T_L$ 或 $\overline{x} > T_u$，则认为 $C_P = 0$，即完全没有工序能力。

从式（7-16）～式（7-18）可以看出，C_P 值是工序所生产的产品质量分布范围能满足质量标准的程度。判断工序能力主要用 C_P 值来衡量，其判断标准见表 7-3。

表 7-3　　C_P 判断标准

C_P值	工序能力判断
$C_P>1.33$	工序能力充分满足要求，但 C_P 值越是大于 1.33，说明工序能力越有潜力，应考虑 C_P 值是否定得过大，工序是否经济
$C_P=1.33$	理想状态
$1\leqslant C_P<1.33$	较理想状态，但 C_P 值接近或等于 1 时，则有发生不合格的可能，应加强质量控制
$0.67\leqslant C_P<1$	工序能力不足，应采取措施改进工艺条件
$C_P<0.67$	工序能力非常不足

(3) 判断质量分布状态。当生产条件正常时，直方图应该是中间高，两侧低，左右接近对称的正常图形，如图 7-4 (a) 所示。当出现非正常型图形时，就要进一步分析原因，并采取措施加以纠正。常见的非正常型图形有图 7-4 (b) ～ (f) 5 种类型。

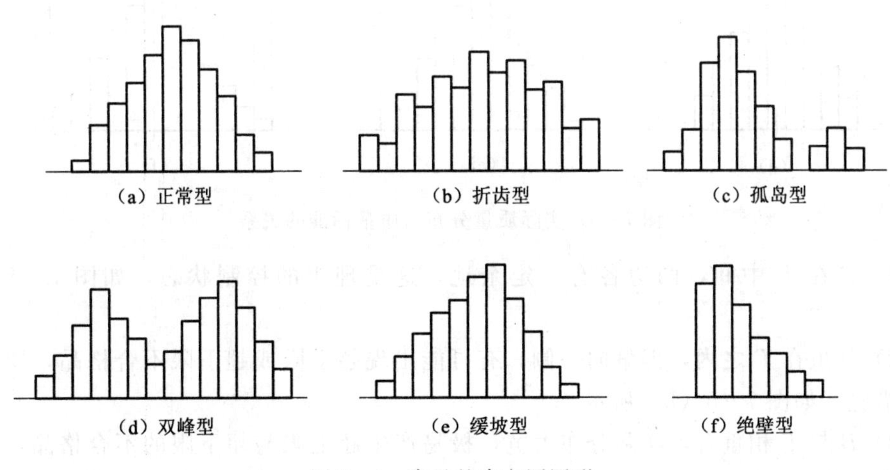

图 7-4　常见的直方图图形

1) 折齿型。图形出现凹凸状，如图 7-4 (b) 所示，这多数是由分组不当或组距确定不当所致。

2) 孤岛型。出现独立的小直方图，如图 7-4 (c) 所示，这是由于少量材料不合格或短时间内工人操作不熟练所致。

3) 双峰型。图形出现了两个峰值，如图 7-4 (d) 所示，一般由于两组生产条件不同的数据混淆在一起所造成的。

4) 缓坡型。图形向左或向右呈缓坡状，即平均值 $\bar{x}$ 过于偏左或偏右。如图 7-4 (e) 所示，这是由于工序施工过程中的上控制界限或下控制界限控制太严所造成的。

5) 绝壁型。直方图的分布中心偏向一侧，如图 7-4 (f) 所示，常是由操作者的主观因素造成的，即一般多是因数据收集不正常（如剔除了不合格品的数据），或是在工序检验中出现了人为的干扰现象，这时应重新进行数据统计或重新按规定检验。

(4) 判断施工能力。将正常型直方图与质量标准进行比较，即可判断实际生产施工能力。如图 7-5 所示，T 表示质量标准要求的界限，B 代表实际质量特性值分布范围。比较结果一般有以下几种情况：

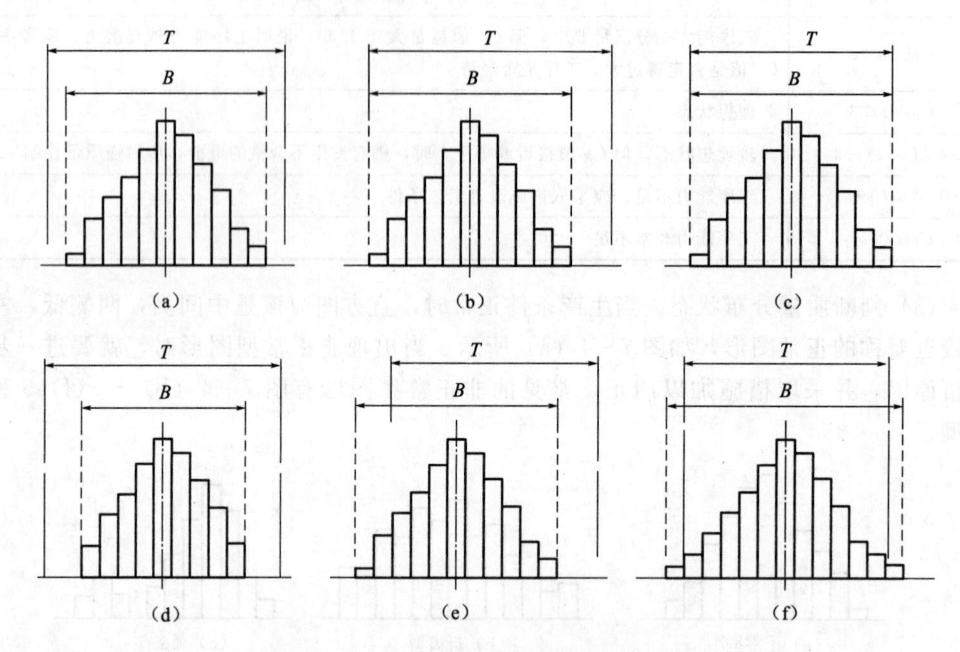

图 7-5 实际质量分布与质量标准的关系

1）B 在 T 中间，两边各有一定余地，这是理想的控制状态，如图 7-5（a）所示。

2）B 虽在 T 之内，但偏向一侧，有可能出现超上限或超下限不合格品，要采取纠偏措施，如图 7-5（b）所示。

3）B 与 T 相重合，实际分布太宽，极易产生超上限与超下限的不合格品，要采取措施提高工序能力，如图 7-5（c）所示。

4）B 过分小于 T，说明工序能力过大，不经济，如图 7-5（d）所示。

5）B 过分偏离 T 的中心，已经产生超上限或超下限的不合格品，需要调整，如图 7-5（e）所示。

6）B 大于 T，已经产生大量超上限与超下限不合格品，说明工作能力不满足技术要求，如图 7-5（f）所示。

二、控制图法

直方图是质量控制的静态分析法，反映的是质量在某一段时间里的静止状态。然而工程都是在动态的生产施工过程中形成的，因此，在质量控制中单用静态分析法是不够的，还须采用动态分析法。采用这种方法，可随时了解生产过程中质量的变化情况，及时采取措施，使生产处于稳定状态，控制图法就是典型的动态分析法。

控制图法就是利用生产过程处于稳定状态下的产品质量特性值的分布服从正态分布这一统计规律，来识别生产过程中的异常因素，控制生产过程由于系统性原因造成的质量波动，保证工序处于控制状态。

控制图又称管理图，是 1924 年美国贝尔研究所的休哈特博士首先提出的，目前已成为质量控制常用的统计分析工具。

1. 质量波动的原因

工程质量总是具有波动性，质量数据总是具有差异性。影响工程质量波动的原因很多，一般包括人（man）、机械（machine）、材料（material）、工艺方法（method）和环境（enviorment）5 个方面的因素（简称 4M1E）。这 5 个方面的原因又可归纳为两类，即偶然性原因和系统性原因。

（1）偶然性原因。是经常对产品质量起作用的因素，但其出现带有随机性质的特点。如原材料成分和性能发生微小变化、工人操作的微小变化、周围环境的微小变化等。这些因素在生产施工中大量存在，但就其个别因素来说，对产品质量影响程度很小，而且不容易识别和消除，甚至消除这些因素在经济上也不合算，所以又称这类因素为不可避免的原因。由这类原因造成的质量波动是正常的波动，不需加以控制，即认为生产过程处于稳定状态。在此状态下，当有大量的质量特征值时，其分布服从正态分布的规律。

（2）系统性原因。是对产品质量影响很大的异常性因素。如原材料质量规格的显著变化、工人不遵守操作规程、机械设备的调整不当、检测仪器的使用不合理、周围环境的显著变化等。这类原因一般比较容易识别，并且一经消除，其作用和影响就不复存在，所以这类因素是可以避免的。质量控制就是要防止、发现、排除这些异常因素，保证生产过程在正常稳定状态下进行。

2. 控制图的基本形式与分类

控制图是判断生产过程的质量状态和控制工序质量的一种有效的工具。控制图的基本形式如图 7-6 所示。

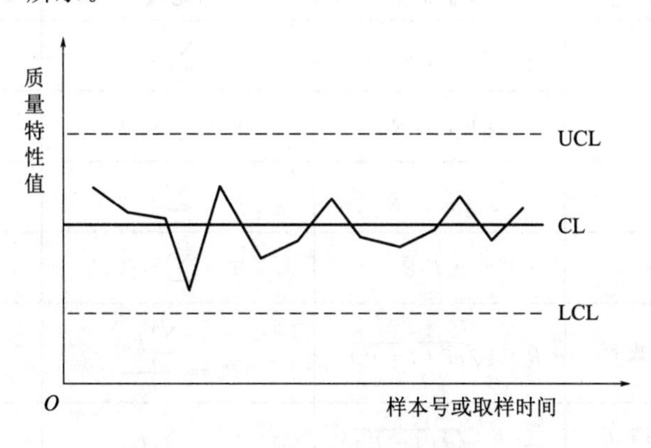

图 7-6　控制图基本形式

控制图一般有三条线：上面的一条线为控制上限，用符号 UCL 表示：中间的一条为中心线，用符号 CL 表示；下面一条为控制下限，用符号 LCL 表示。在生产过程中，按规定取样，测定其特征值。将其统计量作为一个点画在控制图上，然后连接各点成一条折线，即表示质量波动情况。

根据质量数据种类控制图分为两个大类、共 10 种类型；

(1) 计量值控制图。

1) X 图，即单值控制图。

2) X-R 图，即单值与极差控制图。

3) $\overline{X}$-R 图，平均值与极差双侧控制图。

4) $\tilde{X}$-R 图，中位数（中值）与极差控制图。

5) X_{max} 图，即最大极限值控制图。

6) X-RS 图，单值与移动极差双侧控制图。

(2) 计数值控制图。

1) P_n 图，不合格品数双侧控制图。

2) P 图，不合格品率双侧控制图。

3) C 图，缺陷数双侧控制图。

4) U 图，单位缺陷数双侧控制图。

这里只介绍平均值-极差双侧控制图（$\overline{X}$-R）。$\overline{X}$ 管理图是控制其平均值，极差 R 管理图是控制其均方差。通常这两张图一起用。

控制图中的控制界限是根据数理统计学原理，采取“3 倍标准偏差法”计算确定的。即将中心线定在被控制对象的平均值（包括单值、平均值、极差、中位数等的平均值）上面，以中心线为基准向上向下各量取 3 倍标准偏差即为控制上限和控制下限。因为控制图是以正态分布为理论依据。采用 3 倍标准偏差法可以在最经济的条件下，实现工序控制，达到保证产品质量的目的。

各类控制图的控制界限计算公式及公式中采用的系数见表 7－4 和表 7－5。

表 7－4　控制界限计算公式

数据	控制图种类	控制界限	中心线	备注
计量值	平均值 P_n	$\overline{\overline{x}} \pm A_2\overline{R}$	$\overline{\overline{x}} = \sum_{i=1}^{k} \overline{x_i}/k$	$A_2\overline{R} = 3S$
	极差	$D_4\overline{R}$，$D_3\overline{R}$，	$\overline{R} = \sum_{i=1}^{k} R_t/k$	$D_4\overline{R} = \overline{R} + 3S$ $D_3\overline{R} = \overline{R} - 3S$
	中位数 $\overline{\tilde{X}}$	$\overline{\tilde{x}} \pm m_3A_2\overline{R}$	$\overline{\tilde{x}} = \sum_{i=1}^{k} x_t/k$	$m_3A_2\overline{R} = 3S$
	单值	$\overline{x} \pm E_2\overline{R}$	$\overline{x} = \sum_{i=1}^{k} x_t/k$	$E_2\overline{R} = 3S$
计数值	不合格品数 P_n	$\overline{R} \pm 3\sqrt{n\overline{P}(1-\overline{P})}$	$\overline{P}_n = \frac{\sum_{i=1}^{k} p_m}{k}$	$\sqrt{\overline{P}_n(1-\overline{P})} = S$
	不合格品率 P	$\overline{P} \pm 3\sqrt{\frac{\overline{P}(1-\overline{P})}{n}}$	$\overline{P} = \frac{\sum_{i=1}^{k} p_t}{k}$	$\sqrt{\frac{\overline{P}_n(1-\overline{P})}{n}} = S$
	缺陷数 C	$\overline{C} \pm 3\sqrt{\overline{C}}$	$\overline{C} = \frac{\sum_{i=1}^{k} C_t}{k}$	$\sqrt{\overline{C}} = S$
	单位缺陷数	$\overline{U} \pm 3\sqrt{\frac{\overline{U}}{n}}$	$\overline{U} = \frac{\sum_{i=1}^{k} U_t}{k}$	$\sqrt{\frac{\overline{U}}{n}} = S$

注　k 为样本组数。

表 7-5　　控制图公式系数表

样本数 n	$\overline{X}$ 控制图	R 控制图		$\widetilde{X}$	X 控制图
	A_2	D_4	D_3	$m_1 A_1$	E_2
2	1.88	3.27	—	1.88	2.66
3	1.02	2.57	—	1.19	1.77
4	0.73	2.28	—	0.80	1.46
5	0.58	2.11	—	0.69	1.29
6	0.48	2.00	—	0.55	1.18
7	0.42	1.92	0.08	0.51	1.11
8	0.37	1.86	0.14	0.43	1.05
9	0.34	1.82	0.18	0.41	1.01
10	0.31	1.78	0.22	0.36	0.98

注　—表示不考虑下控制界限。

3. 控制图的绘制

以 $\overline{X}$-R 控制图为例来说明。这是将 $\overline{X}$ 控制图和 R 控制图联用的一种形式，一般把 $\overline{X}$ 控制图放在 R 图的上面，主要观察控制平均值和标准偏差的变动。$\overline{X}$-R 控制图的理论根据比较充分，检测生产过程不稳定的能力也强，因此是最常用的一组控制图。

［例 7-6］表 7-8 是路面基层厚度检测结果。该路面基层厚度的 $\overline{X}$-R 控制图绘制方法如下。

（1）收整数据并整理。原则上要求收集 50～100 个以上数据。本例收集了实测数据 50 个。

（2）把数据按时间和分批的顺序排列、分组。在本例中，$n=5$，$k=10$，见表 7-6。

表 7-6　　路面基层厚度检测数据表

日期	组号	实测偏差/cm					$\sum X_i$	平均值 $\bar{x}$	极差 R_i
		X_1	X_2	X_3	X_4	X_5			
5/3	1	2	−0.5	−1	−0.5	0.8	0.8	0.16	3.0
6/3	2	0	1.7	−1	1	−1	0.7	0.14	2.7
7/3	3	−1	1	1	−0.5	1	1.5	0.3	2.0
8/3	4	1	−1	0	0	0	0	0	2.0
9/3	5	1	1	0.5	1.5	−1	3.0	0.6	2.5
10/3	6	1	2	−1	0.5	2	4.5	0.9	3.0
11/3	7	2	0.5	2	1	0	5.5	1.1	2.0
12/3	8	2	2.5	0.5	1	1	7	1.4	2.0
13/3	9	2	−1	1.5	1	1.5	5	1	3.0
14/3	10	0	0.5	0	0	1.5	1	0.2	2.0
合　计							29	5.8	24.2

（3）计算各组的平均值 $\overline{x}_i$ 、极差 R_i，并列入表中。

（4）计算各组平均值的平均值、极差的平均值。

$$\overline{\overline{x}} = \frac{\overline{x_1} + \overline{x_2} + \cdots + \overline{x_k}}{k} = \frac{5.8}{10} = 0.58$$

$$\overline{R} = \frac{R_1 + R_2 + \cdots + R_k}{k} = \frac{24.2}{10} = 2.42$$

（5）计算控制界限。

$\overline{X}$ 控制图：$CL = \overline{\overline{x}} = 0.58$

$UCL = \overline{\overline{x}} + A_2\overline{R} = 0.58 + 0.58 \times 2.42 = 1.98$

$LCL = \overline{\overline{x}} - A_2\overline{R} = 0.58 - 0.58 \times 2.42 = -0.82$

R 控制图：　$CL = \overline{R} = 2.42$

$UCL = D_4\overline{R} = 2.11 \times 2.42 = 5.11$

$LCL = D_3\overline{R}$（$n \leqslant 6$ 不考虑）

其中，A_2、D_3、D_4 都是由 $n=5$ 决定的系数（表 7－5）。

（6）建立坐标，画出控制图。中心线用实线表示，控制界限用虚线表示，并将样本数据按抽样顺序描在图上。$\overline{X}$ 控制图用“·”表示，R 控制图用“×”表示，如图 7－7 所示。

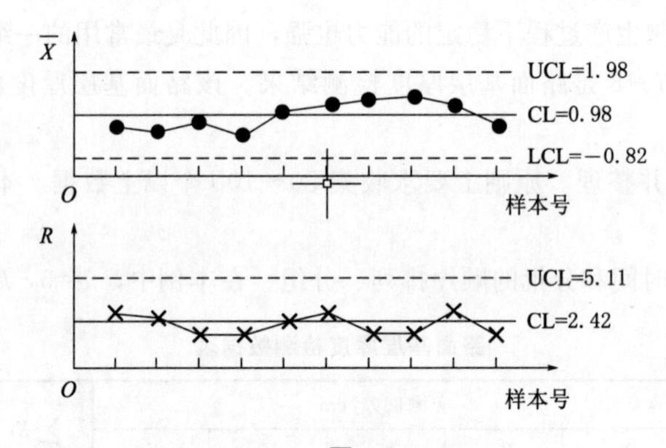

图 7－7　$\overline{X}$-R 控制图

4. 控制图的观察分析

应用控制图的主要目的是分析判断生产过程是否处于稳定状态，预防不合格品的发生。怎样用控制图来分析判断生产过程是正常还是异常呢？当控制图的点满足点子没有跳出控制界限和点子随机排列没有缺陷两个条件，就认为生产过程基本上处于控制状态，即生产正常。否则，就认为生产过程发生了异常变化，必须把引起这种变化的原因找出来并排除掉。这里所说的点子在控制界限内排列有缺陷，包括以下几种情况：

（1）点子连续在中心线一侧出现 7 个以上，如图 7－8（a）所示。

（2）连续 7 个以上点子上升或下降，如图 7－8（b）所示。

（3）点子在中心线一侧多次出现，如连续 11 个点中至少有 10 个点在同一侧，如图 7－8（c）所示；或连续 14 点中至少有 12 点，或连续 17 点中至少有 14 点，或连续 20 点中至少有 16 点出现在同一侧。

(4) 点子接近控制界限，如连续 3 个点中至少有 2 点在中心线上或下 2 倍标准偏差横线以外出现，如图 7-8 (d) 所示；或连续 7 点中至少有 3 点或连续 10 点中至少有 4 点在该横线外出现。

(5) 点子出现周期性波动，如图 7-8 (e) 所示。

三、相关图法

相关图又称散布图。这种图可用来分析研究两种数据之间是否存在相关关系。把两种数据列出之后，在坐标纸上打点，就可以得到一张相关图。从点子的散布情况可以判别两种数据之间关系特性。在质量控制中借助相关图进行相关分析，可研究质量结果和原因之间的关系，进一步弄清质量特性的主要因素。

1. 相关图的作图方法

(1) 数据收集。成对地收集两种特性的数据做成数据表，数据应在 30 组以上。

(2) 设计坐标。在坐标纸上以要因作 x 轴，结果（特性）作 y 轴。找出 x、y 的最大值和最小值，以最大值与最小值的差定坐标长度，并定出适当的坐标刻度。

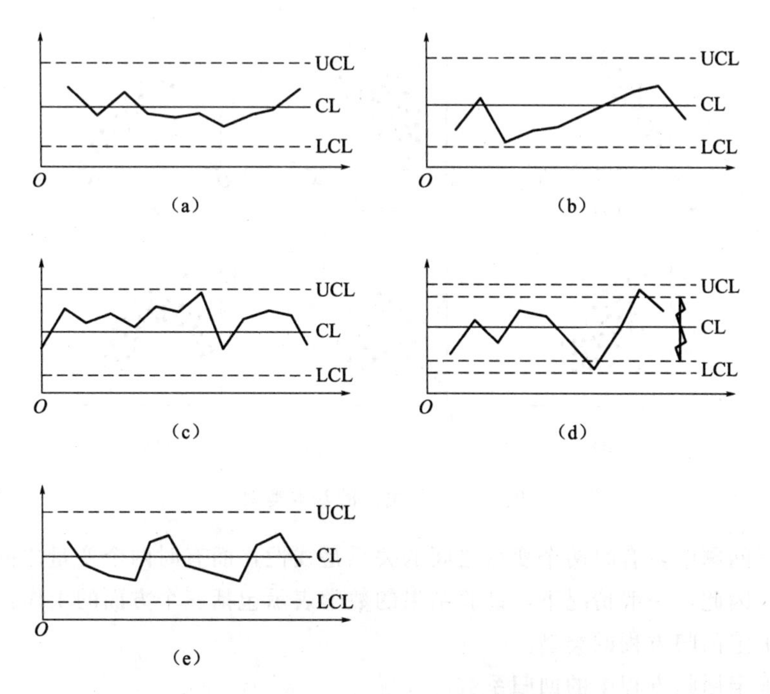

图 7-8 控制图的异常现象

(3) 数据打点入座。将集中整理后的数据依次相应用“.”标出纵横坐标交点，当两个同样数据的交点重合时用⊙表示。

(4) 标注说明。在图中适当位置写明数据个数、收集时间、工程部位名称、制图人和制图日期。

(5) 点子出现周期性波动［图 7-8 (e)］。

2. 相关图的观察分析

相关图的几种基本类型如图 7-9 所示。

在该图中，分别表示以下关系：

（1）正相关。x 增加，y 也明显增加，如图 7-9（a）所示。

（2）弱正相关。x 增加，y 大体上也增加，但点的分布不像正相关那样呈直线形状，如图 7-9（b）所示。

（3）负相关。x 增加，y 明显减小，如图 7-9（c）所示。

（4）弱负相关。x 增加，y 大体上减小，但点的分布不像负相关那样呈直线形状，如图 7-9（d）所示。

（5）不相关。x 增减对 y 无影响，即 x 与 y 没有关系，如图 7-9（e）所示。

（6）非线性相关。点的分布呈曲线形状，如图 7-9（f）所示。

3. 回归分析

作出相关图后，即可根据回归分析揭示两个变量（因素）之间的相关关系，并可确定它们之间的定量表达式——回归方程。因此，回归分析是研究各变量相关关系的一种数学工具。

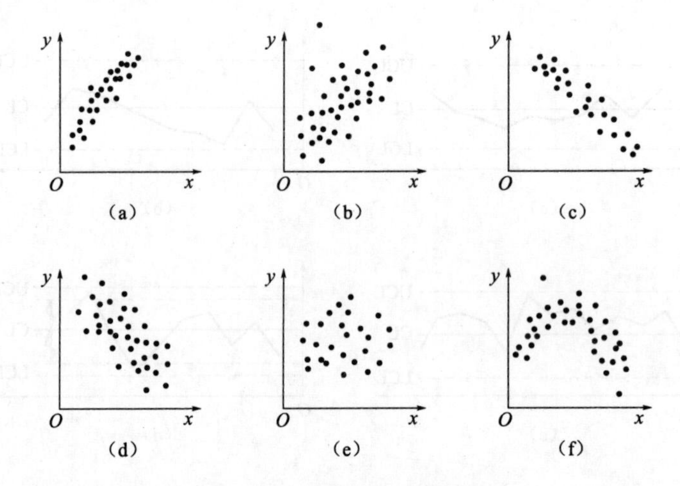

图 7-9　相关图的基本类型

在实际问题中，有时两个变量之间的关系是线性，而有时两个变量之间则存在非线性关系。因此，一般情况下，试验结果的数学表示包括三个方面的工作：

（1）确定回归方程的类型。

（2）确定回归方程中的回归系数。

（3）回归方程相关关系的判断。

由于篇幅限制，下面仅讨论线性回归分析，对于非线性问题，往往可以通过变量变换转化为线性回归问题进行处理。

一元线性回归是工程中经常遇到的配直线的问题。通过验证，可以得到若干组的对应数据，根据这些数据画出相关图，当点大致分布在一条直线附近时，说明两变量之间存在线性关系，即可以用一条适当的直线来表示这两变量的关系。此直线

方程为

$$y=a+bx \tag{7-19}$$

式中　x——自变量；

y——因变量；

a、b——回归系数。

平面上的直线很多，而 a、b 值构成的最优直线必须使 $y=a+bx$ 方程的函数值 Y_i 与实际观察值 y_i之差为最小。

为此，根据最小二乘法原则，当所有数据偏差的平方和最小时，所配的直线最优。根据这个条件可以求得

$$b=\frac{L_{xy}}{L_{xx}} \tag{7-20}$$

$$a=\overline{y}-b\overline{x} \tag{7-21}$$

其中，

$$L_{xy}=\sum_{i=0}^{n}(x_i-\overline{x})(y_i-\overline{y})=\sum_{i=0}^{n}x_iy_i-n\overline{x}\,\overline{y}$$

$$L_{xx}=\sum_{i=0}^{n}(x_i-\overline{x})^2=\sum_{i=0}^{n}x_i{}^2-n\overline{x}^2$$

[例 7-7]，不同灰水比（C/W）的混凝土 28d 强度（R_{28}）试验结果见表 7-7，试确定 R_{28}-C/W 之间的回归方程。

解：为计算方便，列表进行，有关计算列于表 7-7 中。

根据式（7-20）、式（7-21），求得：

$$b=\frac{L_{xy}}{L_{xx}}=15.98$$

$$a=\overline{y}-b\overline{x}=-5.56 \text{ 或 } R_{28}=15.98(C/W)-5.56$$

则回归方程为：　$y=15.98x-5.56$ 或 $R_{28}=15.98(C/W)-5.56$

说明：回归系数 b 的物理意义为灰水比（C/W）每增减 1，混凝土 28d 的抗压强度增减 15.98MPa。

表 7-7　R_{28}-C/W 试验结果及回归计算

序号	x(C/W)	y(R_{28}) /MPa	x^2	y^2	xy
1	1.25	14.3	1.5625	204.49	17.875
2	1.5	18.0	2.25	324.00	27.0
3	1.75	22.8	3.065	519.84	39.9
4	2.00	26.7	4.00	712.89	53.4
5	2.25	30.3	5.0625	918.09	68.175
6	2.50	34.1	6.25	1162.81	85.25
$\sum$	11.25	146.2	22.1875	3842.12	291.6

注　计算结果：$\overline{x}=1.875$，$\overline{y}=24.4$；$(\Sigma x)^2=126.5625$；$(\Sigma y)^2=21374.44$；$\Sigma x\Sigma y=1644.75$；$L_{xx}=1.09375$；$L_{yy}=1.09375$；$L_{xy}=17.475$。

任何两个边路 x、y 的若干组试验数据都可以按上述方法配置条回归直线，假如两变量 x、y 之间根本不存在线性关系，那么所建立的回归方程就毫无实际意义。因此，需要引入一个数量指标来衡量其相关程度，这个指标就是相关系数，即

$$r=\frac{L_{xy}}{\sqrt{L_{xx}L_{xy}}}$$

相关系数 r 是描述回归方程线性相关的密切程度的指标，其取值范围为 $-1\leqslant r\leqslant 1$，r 的绝对值越接近于1，x 和 y 之间的线性关系越好，当 $r=\pm 1$ 时，x 与 y 之间符合直线函数关系，称 x 与 y 完全相关，这时所有数据点均在一条直线上。如果 r 趋近于0，则 x 与 y 之间没有线性关系，这时 x 与 y 可能不相关，也可能是曲线相关。

对于一个具体问题，只有当相关系数 r 的绝对值大于临界值 r 时，才可用直线近似表示 x 与 y 之间的关系，也就是 x 与 y 之间存在线性相关关系，其中临界值 r_{α} 与测量数据的个数 n 和显著性水平 a 有关。

［例 7－8］　试验结果同［例 7－7］，试检验 R_{28}-C/W 的相关性（取显著性水平 $a=0.05$）。

解：相关系数：

$$r=\frac{L_{xy}}{\sqrt{L_{xx}L_{xy}}}=0.9991$$

由试验次数 $n=6$，显著性水平 $a=0.05$，查附表3，得相关系数临界值，$r_{0.05}=0.811$。

故 $r>r_{0.05}$，说明混凝土28d的抗压强度 R_{28} 与灰水比（C/W）是线性相关的，而且［例 7－10］中所确定的直回归方程是有意义的。

四、因果分析图

影响工程质量的原因很多，但从大的方面分析，有材料、机械设备、施工方法、工人本身和施工环境5个大原因。每一个大原因各有许多具体的小原因。在质量分析中，可以采用从大到小、从粗到细、“顺藤摸瓜”、追根到底的方法，把原因和结果的关系搞清楚，这种方法称为因果分析法。

1. 散差分解型因果分析

进行散差分解型因果分析，应当画出因果分析图——鱼刺图（图 7－10）。

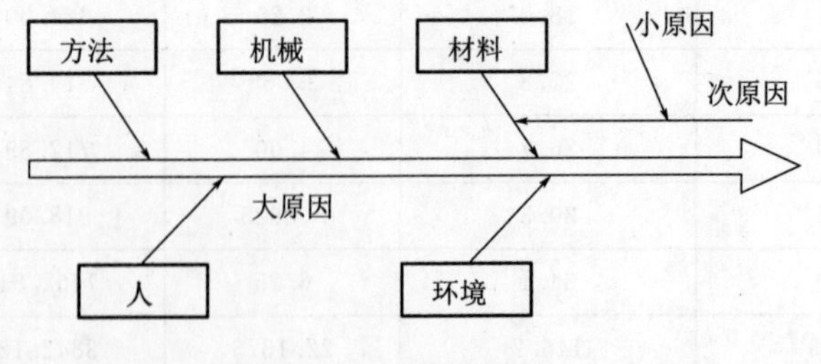

图 7－10　因果分析图一

在分析图中首先找出影响质量问题的大原因（主要原因）。就一个分部分项工程

而言，上述5个大原因并不一定同时存在，一定要具体分析。在分析每个大原因时，又有它产生的具体原因（次要原因），而这些次要原因则是由更小的原因形成的，把所能想到的原因分门别类的归纳起来，绘成图形，就能搞清楚各个原因之间的关系，如图7-11、图7-12所示。

这种散差分解型因果分析也有其不足之处，因为它是把各种影响因素集中归纳在一起，由于因素太多，很容易把一些小的因素漏掉。因此需要在制图过程中进行全面周密的思考，防止遗漏。这种类型的分析图，对全面了解和掌握各个工序之间的关系是十分有利的。在研究较大工程质量问题时，应用这种类型的因果分析是比较合适的。

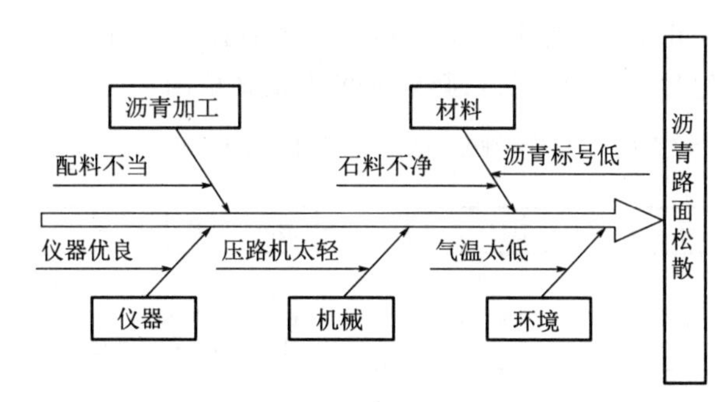

图7-11　因果分析图二

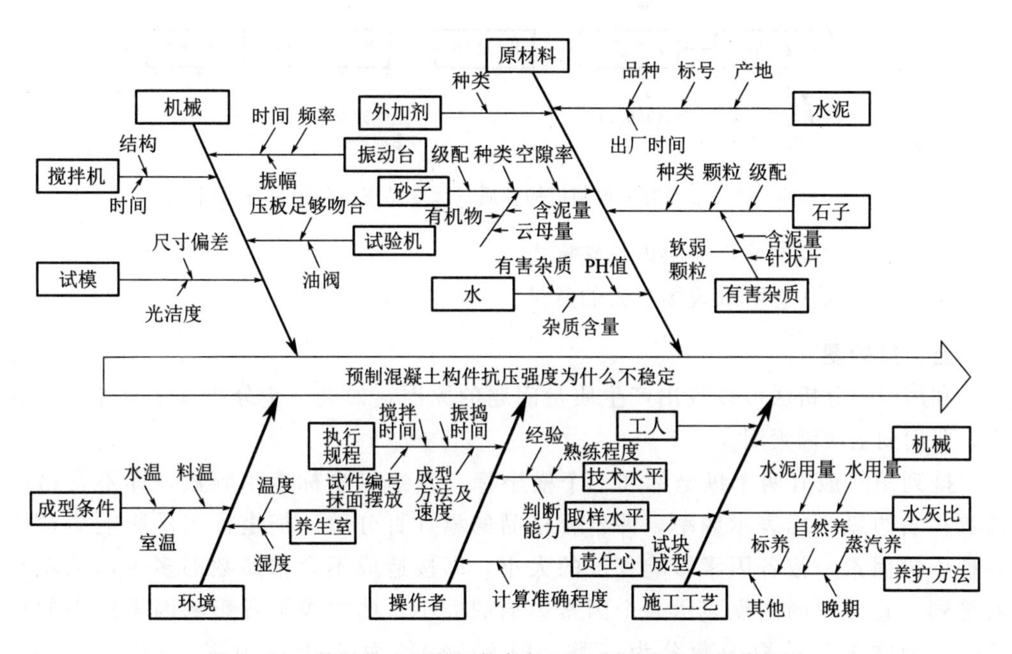

图7-12　某混凝土预制厂构件抗压强度不稳定因果分析图

2. 工序分类型因果分析

这种类型的因果分析是根据分部（分项）工程和各个工种的施工顺序依次寻找影响质量的因素。其优点是作图简便，容易理解。缺点是有些相同影响因素会出现多次。比如操作者的因素，在各道工序中都存在，所以，就会三番五次出现这个问题，如某混凝土预制厂构件质量优良品率低的因果分析，如图 7－13 所示。

3. 因果分析图的绘制和使用注意事项

在绘制因果分析图时，要广泛听取各方面的意见，同时在作图时应注意以下事项：

（1）质量特性（结果）要提得具体而简单明确。

（2）一个质量特性（结果）要做一张图。

（3）主干箭头方向要从左向右，以便看图方便。

（4）要因分析尽可能深入细致，要因的表达要具体、简练。

（5）一次讨论的时间不要太长，必要时可先试画草图。

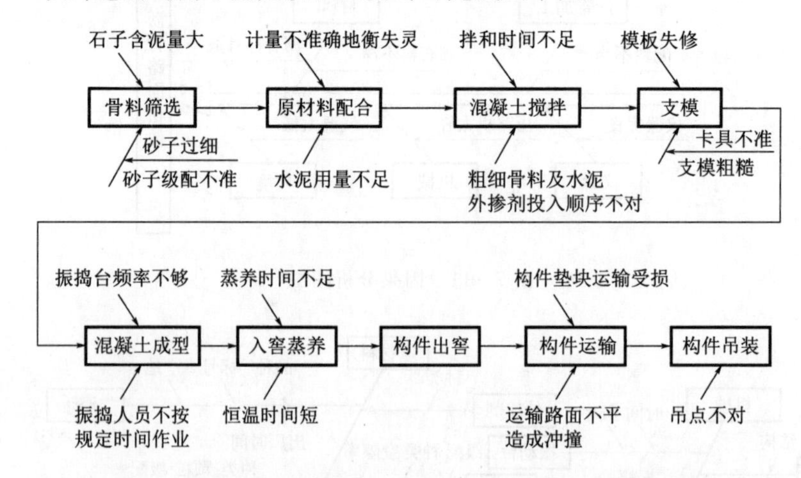

图 7－13　某混凝土预制厂构件质量优良品率低的因果分析图

（6）对于重要的原因应附以特殊标志。

（7）要特别注意听取现场工人的意见。

五、排列图

利用因果分析法可以找出产生质量问题的原因，如进一步分析其主要原因是什么，要用到主次因素图。

排列图一般有两个纵坐标和一个横坐标。左边纵坐标表示频数，即不合格品件数；右边纵坐标表示频率，即不合格品的累计百分数。横坐标表示影响质量的各种不同因素，按各因素影响程度的大小，即按造成不合格品数的多少，从左到右排列。直方图的高度表示某个因素影响的大小；曲线表示各影响因素大小的百分数。通常把累计百分数分为三类，即 0～80％为 A 类，80％～90％为 B 类，90％～100％为 C 类。A 类为影响质量的主要因素，B 类为次要因素，C 类为一般因素。

如某公路项目竣工后进行质量检验，发现路面存在若干质量问题，其数据见表 7－8，排列图如图 7－14 所示。

表 7-8　　　　　　　　　　　　路面存在质量问题频率表

序号	项目	频数	频率/%	累计百分比/%
1	压实度不够	389	58.0	58.0
2	厚度不够	204	30.4	88.4
3	小面积网裂	63	9.4	97.8
4	局部油包	8	1.2	99.0
5	平整度不够	7	1.0	100.0
合计		671	100.0	

根据图 7-14 得出如下结论：压实度不够是主要因素，厚度不够是次要因素；其他三项是一般因素，为了进一步分析主要因素形成的原因，还可对“压实度不够”进行因果分析，找出原因，再用排列图法找出主要原因。这种方法称为分层法。

制作排列图的方法与要点：

（1）作图的主要步骤。

1）确定调查对象、范围、内容等。

2）通过实测实量收集一批数据，并根据内容和原因分类。

3）按频数大小重新排列项目，计算频数总值．并算出各项目的频率累计和累计百分比。

4）绘制直方图，画出累计百分比曲线。

（2）通过对排列图的分析，弄清影响质量的主要因素与次要因素，一般认为影响质量的主要原因有 1～3 个，不太重要的因素可合并在“其他”项。以减少项目数。

（3）纵坐标除用质量问题的次数来表示外，也可用经济损失来表示。

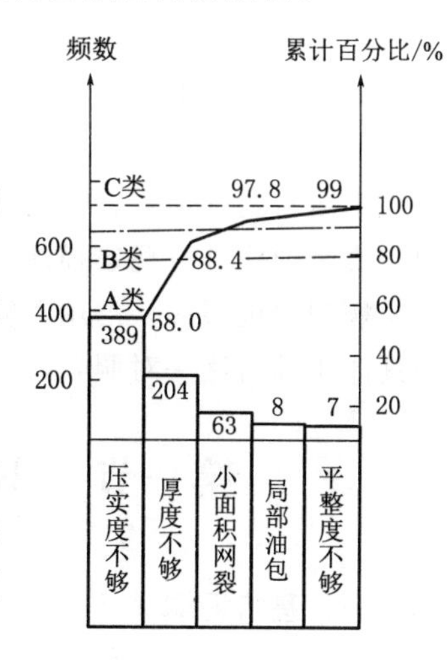

图 7-14　排列图

资源 7.3

资源 7.4

第八章

工程项目施工质量通病及其预防措施

工程项目质量管理可以分为事前控制、事中控制、事后控制，简单说就是事前计划、事中管理、事后处理，事后控制是无奈的、被动的，就是这些很多的被动或无奈的事故，为事前控制提供依据，为工程质量通病的防治提供途径，这些质量通病目前虽然还不能完全根除，但在施工时只要进行积极的防治，还是能够解决并提高工程质量的，只要遵循 PDCA 循环规律，有些质量通病通过修改完善设计，从根本上能够预防。

本章对基础工程、钢筋工程、混凝土工程、预应力工程、砌体工程、钢结构工程中的质量通病进行现象描述、原因分析并给出预防措施。由于涉及分部工程较多，质量通病现象也很多，占用篇幅较大，可以简易有针对性地进行学习，在实际工作中遇到具体工程再逐一对照，可以预防在施工过程中重复犯错。

第一节　基础工程的质量通病及其预防措施

一、基坑坍塌

现象：在挖方过程中或挖方后，边坡局部或大面积塌方。

原因分析：①基坑（槽）开挖较深，放坡不够；②在有地表水、地下水作用的土层开挖时，未采取有效的降排水措施，造成涌砂、涌泥、涌水，内聚力降低，引起塌方；③坡顶荷载过大；④建筑物距离较近，而且又无挡土墙；⑤坡顶堆料过大；⑥坡顶施工振动荷载过多；⑦土质松软，开挖次序、方法不当而造成塌方。

资源 8.1

预防措施：①对基坑（槽）塌方，应清除塌方后采取临时性支护措施。②对永久性边坡局部塌方，应清除塌方后用块石填砌或用 2∶8、3∶7 灰土回填嵌补，与土接触部位做成台阶搭接，防止滑动；同时应做好地面排水和降低地下水位的工作。

二、回填土密实度达不到要求

现象：在荷载作用下变形增大，强度和稳定性下降。

原因分析：①土的含水率过大或过小，因而达不到最优含水率下的密实度要求；②填方土料不符合要求；③碾压或夯实机具能量不够，达不到影响深度要求，使土的密实度降低。

预防措施：①将不符合要求的土料挖出换土，或掺入石灰、碎石等夯实加固；②因含水量过大而达不到密实度的土层，可采用翻松晾晒、风干，或均匀掺入干土等吸水材料，重新夯实；③含水量过小或碾压机具能量过小时，可采用增加夯实遍数，或使用大功率压实机碾压等措施。

资源 8.2

三、基坑存水

现象：基坑槽开挖后，地基土被水浸泡。

原因分析：①基坑开挖没有设置集水坑；②没有及时排水。

资源 8.3

预防措施：①被水淹泡的基坑，应采取措施，将水引走排净。②设置截水沟，防止水刷边坡。已被水浸泡扰动的土，采取排水晾晒后夯实；或抛填碎石、小块石夯实；或换填土夯实。

四、填方出现橡皮土

现象：当地基为黏性土且含水量很大趋于饱和时，夯拍后会使地基表面踩上去有颤动感，这种土称为橡皮土。(土的最佳含水率检验方法以手握成团，落地开花为宜。)

原因分析：①在含水量很大的黏土或粉质黏土、淤泥质土、腐殖土等原状土地基土进回填；②采用这种土作土料进行回填时，由于原状土被扰动，颗粒之间的毛细孔遭到破坏，水分不易渗透和散发；③当施工时气温较高，对其进行夯击或碾压，表面易形成一层硬壳，更加阻止了水分的渗透和散发，因而使土形成软塑状态的橡皮土。这种土埋藏越深，水分散发越慢，长时间内不易消失。

预防措施：① 夯（压）实填土时，应适当控制填土的含水量，土的最优含水量可通过击实试验确定。最优含水量在施工现场的简单检验方法一般以手握成团，落地开花为宜。②避免在含水量过大的黏土、粉质黏土、淤泥质土、腐殖土等原状土上进行回填。③填方区如有地表水时，应设排水沟排走；有地下水应降低至基底 0.5m 以下。④暂停一段时间回填，使橡皮土含水量逐渐降低。

五、场地积水

现象：场地范围内高洼不平，局部或大面积出现积水。

原因分析：①回填土未分层夯实，土的密实度不够，致使不均匀下沉；②场地周围无排水沟或场地没有排水坡度；③测量错误。

资源 8.4

预防措施：①土方回填时，应根据要求进行施工（如分层夯实等）；②场地面积较大时，应考虑排水的问题；③测量工作必须到位，复核数据。

六、边坡超挖

现象：边坡面界面不平，出现较大凹陷，造成积水，使边坡坡度加大，影响边坡稳定。

原因分析：①采用了机械开挖，控制不严，局部多挖；②边坡存在松软土层；③测量放线错误。

预防措施：①机械开挖应预留 0.3m 厚采用人工修坡；②对松软土层采取保护措施，避免外界车辆的振动；③加强测量复测，严格定位，在坡顶边脚设置明显标志和边线，并设专人检查。

七、回填土下沉

现象：回填土局部或大片下沉，造成地平垫层面层空鼓、开裂甚至塌陷破坏。

原因分析：①填土土料含有有机杂质或大土块等；②填土未按规定厚度分层夯实；③地基范围局部有软弱土层，或有各类地下坑穴；④冬期回填土含有冰块。

预防措施：①选用土质好的土料回填；②回填土前，应对地基范围原自然软弱土层进行处理；③根据回填高度，制订有效的回填方案。

八、基坑（槽）泡水

现象：基坑（槽）开挖后，地基土被水浸泡，造成地基松软，承载力降低，地基下沉。

原因分析：①开挖基坑未设排水沟或挡水堤，地表水流入基坑；②未采取降排水措施，未连续降水。

资源 8.5

预防措施：①合理设置排水沟或挡水堤；②地下水位以下开挖时，根据水位高度，确定降水方式及设置排水沟；③施工中保持连续性降水，直至基坑（槽）回填完毕。

九、桩身质量差

现象：桩几何尺寸偏差大，外观粗糙，施打中桩身破坏。

原因分析：①桩身混凝土设计强度偏低；②混凝土配合比不当和原材料不符合要求；③钢筋骨架制作不符合规范要求；④桩身模板差，不符合规范要求；⑤浇筑顺序不当和浇捣不密实；⑥混凝土养护措施不良或龄期不足。

预防措施：①预制桩混凝土强度等级不宜低于 C30；②原材料质量必须符合施工规范要求，严格按照混凝土配合比配制；③钢筋骨架尺寸、形状、位置应正确；④混凝土浇筑顺序必须从桩顶向桩尖方向连续浇筑，并用插入式振捣器捣实；⑤桩在制作时，必须保证桩顶平整度和桩间隔离层有效；⑥按规范要求养护，打桩时混凝土龄期不少于 28d。

十、混凝土预制桩桩身偏移过大

现象：桩身偏移过大。

原因分析：①场地松软和不平使桩机发生倾斜；②控制桩产生位移；③沉桩顺序不当，土体被挤密，邻桩受挤偏位或桩体被土抬起；④接桩时，相接的两节桩产生轴线偏移和轴线弯折；⑤桩入土后，遇到大块坚硬障碍物，使桩尖挤向一侧。

预防措施：①施工前进行场地平整，其不平整度控制在 1%以内。②插桩和开始沉桩时，控制桩身垂直度在 1/200（0.5%）桩长内，若发现不符合要求，要及时纠正。③桩基轴线控制点和水准点应设在不受施工影响处，开工前、复核后应妥善保护，施工中应经常复测。④在饱和软土中施工，要严格控制沉桩速率。采取必要的排水措施，以减少对邻桩的挤压偏位。⑤根据工程特点选用合理的沉桩顺序。⑥接桩时，要保证上下两节桩在同一轴线上，接头质量符合设计要求和施工规范规定。⑦沉桩前，桩位下的障碍物务必清理干净，发现桩倾斜，应及时调查分析和纠正。⑧发现桩位偏差超过规范要求时，应会同设计人员研究处理。

资源 8.6

十一、混凝土预制桩桩接头破坏

现象：沉桩时桩接头拉脱开裂或倾斜错位。

原因分析：①连接处的表面没有清理干净，留有杂物、雨水等；②焊接质量差，焊缝不连续、不饱满，焊缝薄弱处脱开；③采用硫黄胶泥接桩时，硫黄胶泥达不到设计强度，在锤击作用下产生开裂；④采用焊接或法兰螺栓连接时，连接铁件不平及法兰面不平，有较大间隙，造成焊接不牢或螺栓不紧。

预防措施：①接桩时，对连接部位上的杂质、油污等必须清理干净，保证连接部件清洁。②采用硫黄胶泥接桩时，胶泥配合比应由试验确定。严格按照操作规程进行操作，在夹箍内的胶泥要满浇，胶泥浇注后的停歇时间一般为15min左右，严禁浇水使温度下降，以确保硫黄胶泥达到设计强度。③采用焊接法接桩时，首先将上下节桩对齐保持垂直，保证在同一轴线上。两节桩之间的空隙应用铁片填实，确保表面平整垂直，焊缝应连续饱满，满足设计要求。④采用法兰螺栓接桩时，保持平整和垂直，拧紧螺母，锤击数次再重新拧紧。⑤当接桩完毕后应锤击几下，再检查一遍，看有无开焊、螺栓松脱、硫黄胶泥开裂等现象，如有发生应立即采取措施，补救后才能使用。如补焊，重新拧紧螺栓并用电焊焊死螺母或丝扣凿毛。

十二、混凝土预制桩桩头打碎

现象：预制桩在受到锤击时，桩头处混凝土碎裂、脱落，桩顶钢筋外露。

原因分析：①混凝土强度偏低或龄期太短。②桩顶混凝土保护层厚薄不均，网片位置不准。③桩顶面不平，处于偏心冲击状态，产生局部受压。④桩锤选择不当，锤小时，锤击次数太多；锤大时，桩顶混凝土承受锤击力过大而破碎。⑤桩帽过大，桩帽与桩顶接触不平。

预防措施：①混凝土强度等级不宜低于C30，桩制作时要振捣密实，养护期不宜少于28d。②桩顶处主筋应平齐（整），确保混凝土振捣密实，保护层厚度一致。③桩制作时，桩顶混凝土保护层不能过大，以3cm为宜，沉桩前对桩进行全面检查，用三角尺检查桩顶的平整度，不符合规范要求的桩不能使用或经处理（修补）后才能使用。④按地质条件和断面尺寸形状选用桩锤，严格控制桩锤的落距，遵照“重锤低击”，严禁“轻锤高击”。⑤施工前，认真检查桩帽与桩顶的尺寸，桩帽一般大于桩截面周边2cm；如桩帽尺寸过大和翘曲变形不平整，应进行处理后方能施工。⑥发现桩头被打碎，应立即停止沉桩，更换或加厚桩垫。如桩头破裂较严重，将桩顶补强后重新沉桩。

十三、混凝土预制桩断桩

现象：桩在沉入过程中，桩身突然倾斜错位，桩尖处土质条件没有特殊变化，而贯入度逐渐增加或突然增大；同时，当桩锤跳起后，桩身随之出现回弹现象。

原因分析：①桩身混凝土强度低于设计要求，或原材料不符合要求，使桩身局部强度不够。②桩在堆放（搁置）、起吊、运输过程中，不符合规定要求，产生裂缝，再经锤击而出现断桩。③接桩时，上下节相接的两节桩不在同一轴线而产生弯曲，或焊缝不足，在焊接质量差的部位脱开。④桩制作时，桩身弯曲超过规定值，沉桩时桩身发生倾斜。桩尖偏离桩的纵轴线较大，沉入过程中桩身发生倾斜或弯曲。⑤桩的细长比过大。沉桩遇到障碍物，垂直度不符合要求，采用桩架校正桩垂直度，使桩身产生弯曲。

预防措施：①桩的混凝土强度不宜低于C30，制桩时各分项工程应符合有关验评标准的规定，同时，必须要有足够的养护期和正确的养护方法。②堆放、起吊、运输中，应按照有关规定或操作规程，当发现桩开裂超过有关验收规定时，严禁使用。③在稳桩过程中及时纠正不垂直，接桩时要保证上下桩在同一纵轴线上，接头处要严格按照操作规程施工。④沉桩前，应对桩构件进行全面检查，发现桩身弯曲超标或桩尖不在纵轴线上的不宜使用。⑤沉桩前，应将桩位下的障碍物清理干净，必要时对每个桩位用钎探了解。在初步沉桩过程中，若桩发生倾斜、偏位，应将桩拔出重新沉桩；若桩打入一定深度，发生倾斜、偏位，不得采用移动桩架的方法来纠正，以免造成桩身弯曲；一节桩的细长比一般不超过40，软土中可适当放宽。⑥在施工中出现断桩时，应会同设计人员共同处理。根据工程地质条件，上部荷载及桩所处的结构部位，可以采取补桩的方法。可在轴线两侧分别补一根或两根桩。

资源 8.7

十四、吊脚桩

现象：桩的下部没有混凝土或混凝土不密实。

原因分析：①造成的原因是预制桩靴被打坏泥沙挤入桩管内；②拔桩时桩靴未及时被混凝土压出或桩靴活瓣未及时张开。

预防措施：将桩管拔出，填砂重打。

十五、静压桩桩位偏移

现象：静压桩桩位偏移。

原因分析：①桩机定位不准，在桩机移动时，由于施工场地松软，致使原定桩位受到挤压而产生位移；②地下障碍物未清除，使沉桩时产生位移；③桩机不平，压桩力不垂直。

预防措施：①施工前对施工场地进行适当处理，增强地耐力；在压桩前，对每个桩位进行复验，保证桩位正确。②在施工前，应将地下障碍物，如旧墙基、混凝土基础等清理干净，如果在沉桩过程中出现明显偏移，应立即拔出（一般在桩入土3m内是可以拔出的），待重新清理后再沉桩。③在施工过程中，应保持桩机平整，不能桩机未校平，就开始施工作业。④当施工中出现严重偏位时，应会同设计人员研究处理，如采用补桩措施，按预制桩的补桩方法即可。

十六、泥浆护壁钻孔灌注桩成孔质量不合格造成坍孔

现象：在钻孔过程中或成孔后井壁坍塌。孔内水位突然下降；孔口水面冒细密的水泡；出土量显著增加，没有进尺或进尺量很小；孔口突然变浅，钻头达不到原来的孔深；钻机负荷显著增加等。

原因分析：①护筒制作不符合要求，埋置护筒的方法不当，缺乏因地制宜、灵活的埋置方法；②冲击成孔中使用的泥浆不符合要求，黏土质量不符合标准或泥浆比重不足，起不到护壁的作用；③冲击成孔，孔内的水头高度不够，低于地下水位，致使

孔内水位压强降低，造成坍孔；④在冲击成孔时，通有松散的砂层或黏性土的地质层，冲击速度快，忽视泥浆的密度，孔壁护壁不好，致使坍孔；⑤在开始冲击钻进时，冲程过大，由于机械的震动力，使护筒的底部或砂层坍塌；⑥掏渣时，忽视向孔内注入泥浆或水掺黏土，掏渣后，水位低于正常水头高度，地下水高于护筒水位，使护壁被水位压强破坏，造成坍孔；⑦冲击成孔的钻具，掏渣时，经常撞击孔壁，破坏了护壁层，使局部坍陷；⑧在混凝土理入前，吊入钢筋骨架时，骨架偏位摆动碰坏孔壁造成坍孔；⑨清孔后放置时间过长，没及时浇入混凝土，而且没有采取预防措施，造成坍孔。

预防措施：①严格控制泥浆的比重、黏度、胶体率等各项指标，确保泥浆指标合格后，再进行钻进进尺。②根据地质、机械、钻进方法和泥浆指标等实际因素，确定一个合理的钻进进度，进行钻进，以保证井孔的稳定性。一般来说，用反循环的方法钻进：在硬黏土中，宜用低速钻进、自由进尺；在普通泥土中，宜用中高速钻进自由进尺；在砂土以及含少量卵石的碎石土中，宜用中低速钻进、控制进尺，防止泥浆护壁护不上。切忌一味地追求工期，盲目地加快钻进速度的做法。③严格控制孔内水头标高，确保孔壁处于一种负压状态。这一种情况，在水上施工的尤为量要，一般情况下，在砂层中钻孔，要使孔内的水头高出外面的水面 2.5～ 3.0m 为宜。④保证护筒有足够的埋深，尽量使护筒埋置在稳定的土层中。⑤ 严禁将钻机与护筒相联结，以防止由于振动引起孔口坍塌，造成大的塌孔事故。⑥ 应根据地质情况合理地安排同一墩位处各钻孔桩的施工顺序，以防止邻近孔壁被扰动引起塌孔。

十七、泥浆护壁钻孔灌注桩斜孔弯孔

现象：桩孔垂直度偏差大于1%。孔道弯曲，钻具升降困难，钻进时机架或钻杆晃动，成孔后安放钢筋定位或导管困难。

原因分析：①钻杆垂直度偏差大；②钻头结构偏心；③开孔时，进尺太快，孔形不直；④孔内障碍物或地层软硬不均，钻进时产生偏斜；⑤缩孔：成孔后钢筋笼安放不下去。

预防措施：①机具安装或钻机移位时，都要进行水平、垂直度校正；②潜水钻的钻头上应配有一定长度的导向扶正装置，成孔钻具（导向器、扶正器、钻杆、钻头）组合后对中垂直度偏差应小；③利用钻杆加压的正循环回转钻机，在钻具中应加设扶正器，在钻架上增设导向装置，以控制提引水龙头不产生大的晃动；④钻杆本身垂直度偏差应控制在0.2%以内；⑤选用合适型式的钻头，检查钻头是否偏心。

十八、泥浆护壁钻孔灌注桩缩孔

现象：产生孔径小于设计孔径，孔规不能正常下落通过，缩孔产生钢筋笼的砼保护层过小及降低桩承载力的质量问题。

原因分析：①地质构造中含有软弱层，在钻孔通过该层中，软弱层在土压力的作用下，向孔内挤压形成缩孔；②地质构造中塑性土层，遇水膨胀，形成缩孔；③钻头磨损过快，未及时补焊，钻头直径偏小，从而形成缩孔。

预防措施：①根据地质钻探资料及钻井中的土质变化，若发现含有软弱层或塑性

土时，要注意经常扫孔；②经常检查钻头，当出现磨损时要及时补焊，把磨损较多的钻头补焊后，再进行扩孔至设计桩径。

资源 8.8

十九、泥浆护壁钻孔灌注桩孔底沉渣厚度超标

现象：沉渣厚度超标的特征：孔底沉渣厚度超过《公路工程基桩检测技术规程》（JTG/T 3512—2020）或《建筑桩基技术规范》（JGJ 94—2008）。造成桩长少于设计长度或者承载力不足。

原因分析：①孔内泥浆的比重、黏度不够，携带钻渣的能力差；②清孔方法不当，孔底有流沙或孔壁坍塌；③停歇时间太长。

预防措施：①根据地质条件，对土质松散或加有松散砂层的土、砂层较厚的部位，宜采用黏性土人工造浆护壁、控制好成孔速度和钻孔钻至砂层较厚部位时，应注意缓慢提升钻具，不宜操之过急，并严防空钻，避免因孔壁塌陷造成沉渣厚度超标和避免因泥浆比例不合格造成孔内泥浆悬浮砂砾沉淀引起的沉渣厚度超标；②混凝土灌注前必须重新清孔后量孔深，确保合格后方可灌注混凝土。

二十、钢筋笼的制作、安装质量差

现象：①安装钢筋笼困难；②灌注混凝土时钢筋笼上浮；③下放导管困难。

原因分析：①孔形呈现斜孔、弯孔、缩孔或孔内地下障碍物清理不彻底。②钢筋笼制作偏差大；运输堆放时变形大；孔内分段钢筋笼对接不直；下孔速度过快使下端插到孔壁上。③钢筋笼上浮的主要原因是导管挂碰钢筋笼或孔内混凝土上托钢筋笼。

预防措施：①抓好从钢筋笼制作到孔内拼装焊接全过程的工作质量；②提高成孔质量，出现斜孔、弯孔时不要强行进行下钢筋笼和下导管作业；③安放不通长配筋的钢筋笼时，应在孔口设置钢筋笼的吊扶设施；④在不通长配筋的孔内浇混凝土时，当水下混凝土接近钢筋笼下口时，要适当加大导管在混凝土中的埋置深度，减小提升导管的幅度且不宜用导管下冲孔内混凝土，以便钢筋笼顺利埋入混凝土之中；⑤在施工桩径 800mm 以内，孔深大于 40m 的桩时，应设置导管扶正装置；⑥合理安排现场作业，减少成桩作业时间。

资源 8.9

二十一、灌注桩缩颈（瓶颈桩）

现象：成形后桩身局部直径小于设计要求。

原因分析：在淤泥或软土中沉管时，土体受到强烈扰动和挤压，产生很高的孔隙水压力，拔管后便挤向新灌的混凝土，造成缩颈，另外，当拔管过快，管内混凝土量过少或和易性差，混凝土出管扩散性差时，也会造成缩颈。

预防措施：①施工中控制拔管速度，采取“慢拔密击（振）”；②管内混凝土保持略高出地面，使其具有足够扩散压力；③采用复打法或反插法。

反插法：在桩管内灌满混凝土后，先振动再开始拔管，每次拔管提升 0.5～1.0m 再下沉 0.3～0.5m，如此反复进行，直到全部拔出为止。主要是扩大桩的断面，从而提高承载力。

二十二、水下浇筑混凝土发生断桩

现象：一般为混凝土浇筑不连续等形成夹层影响混凝土质量。

原因分析：①混凝土坍落度小、离析或石料粒径较小，在混凝土灌注过程中堵塞导管，且在混凝土初凝前未能疏通好，不得不提起导管时，从而形成断桩；②由于计算错误致使导管底口距孔底距离较大，致使首批灌注的混凝土不能埋住导管，从而形成断桩；③在导管提拔时，由于测量或计算错误，或盲目提拔导管使导管提拔过量，从而使导管底口拔出混凝土面，或使导管口处于泥浆层或泥浆与混凝土的混合层中，形成断桩；④在提拔导管时，钢筋笼卡住导管，在混凝土初凝前无法提起，造成混凝土灌注中断，形成断桩；⑤导管接口渗漏致使泥浆进入导管内，在混凝土内形成夹层，造成断桩；⑥导管埋置深度过深，无法提起导管或将导管拔断，造成断桩；⑦由于其他意外原因造成混凝土不能连续灌注，中断时间超过混凝土初凝时间，致使导管无法提升，形成断桩。

预防措施：①导管使用前，要对导管进行检漏和抗拉力试验，以防导管渗漏。每节导管组装编号，导管安装完毕后要建立复核和检验制度。导管的直径应根据桩径和石料的最大粒径确定，尽量采用大直径导管。②下导管时，其底口距孔底的距离不大于40～50cm，同时要能保证首批砼灌注后能埋住导管至少1m。在随后的灌注过程中，导管的埋置深度一般控制在2～4m范围内。③混凝土的坍落度要控制在18～22cm、要求和易性好。若灌注时间较长时，可在混凝土中加入缓凝剂，以防止先期灌注混凝土初凝，堵塞导管。④在钢筋笼制作时，一般要采用对焊，以保证焊口平顺。当采用搭接焊时，要保证焊缝不要在钢筋内形成错台，以防钢筋笼卡住导管。⑤关键设备要有备用，材料要准备充足，以保证混凝土能够连续灌注。⑥当混凝土堵塞导管时，可采用拔插抖动导管，当所堵塞的导管长度较短时，也可用型钢插入导管内进行冲击来疏通导管，也可在导管上固定附着式振捣器进行振动来疏通导管内的混凝土。⑦当钢筋笼卡住导管后，可设法转动导管，使之脱离钢筋笼。

资源 8.10

二十三、钢筋笼上浮

现象：浇筑混凝土时，钢筋笼上浮，高出设计标高。

原因分析：①水准控制点错误，致使桩顶标高不准。②受相邻桩施工振动影响，使钢筋笼沉入混凝土中。③当灌注的砼接近钢筋笼底部时灌注速度过快，砼将钢筋笼托起；或提升导管速度过快，带动混凝土上升，导致钢筋笼上浮。④在提升导管时，导管挂在钢筋笼上，钢筋笼随同导管一同上升。

预防措施：①施工中经常复测水准控制点并加以妥善保护；②钢筋笼放入混凝土后，在上部将钢筋笼固定；③当已成桩的钢筋笼顶标高不符合设计要求时，应将主筋或钢筋笼截去或接至设计标高；④当所灌注的混凝土接近钢筋笼时，要适当放慢混凝土的灌注速度，待导管底口提高至钢筋笼内至少2m以上时方可恢复正常的灌注速度；⑤在安放导管时，应使导管的中心与钻孔中心尽量重合，导管接头处应做好防挂措施，以防止提升导管时挂住钢筋笼，造成钢筋笼上浮。

资源 8.11

二十四、凿桩头质量通病

现象：①破桩头时间过早，混凝土受到扰动后影响强度的形成或使桩头混凝土产生裂缝；②把桩头凿除，接柱前不易清除污染物，影响接柱质量；③擅自采用爆破法破桩头，且剂量控制不准，造成对桩头爆破过度，致使桩身上部出现碎裂。

原因分析：①在混凝土强度未形成或未达到一定强度（70%）就进行凿除时，会对混凝土产生扰动，破坏混凝土强度形成，或使混凝土内部产生细小裂纹；②对设计桩顶的标高计算或测量不准，导致灌注混凝土提前结束，致使桩头标高低于设计标高；③在灌注水下混凝土时，未按《公路工程基桩检测技术规程》（JTG/T 3512—2020）或《建筑桩基技术规范》（JGJ 94—2008）要求进行超灌、超灌高度不足或无法进行超灌；④泥浆稠度大且回淤厚度大，造成混凝土与泥浆的混合层较厚；⑤灌注混凝土完成后，立即掏浆至桩顶设计标高，可能使泥浆掺入混凝土内，致使混凝土的强度有所下降。

预防措施：①当混凝土灌至距桩头较近时，要提高漏斗口至少高出桩顶4m，也可搭一3m高的平台，在平台上进行灌注混凝土，以便混凝土在压力的作用下能够将泥浆顶起。②灌注混凝土时应比桩顶设计标高至少超灌80cm，以保证桩顶处混凝土在超灌部分自重作用下的密实，同时保证桩头处的混凝土中不含泥浆。③在混凝土灌注后必须达到一定强度时才能破除桩头。严禁混凝土灌注完毕后随即进行掏浆。④凿桩头时当凿至距设计位置10cm左右时，应注意先对设计桩头标高处的四周进行凿除，然后再凿除中间部分，桩头破除后形状应呈平面或桩中略有凸起，以利接柱或浇筑系梁混凝土前冲洗桩头。⑤严禁使用爆破法进行破桩头。

二十五、锤击沉管夯扩灌注桩钢筋笼位置偏差大

现象：标高超过设计要求和规范规定。

原因分析：①受邻桩施工振动影响，造成钢筋笼下滑；②局部土层松软，桩身混凝土充盈量大，使成桩桩顶偏低。

预防措施：①成孔后在孔口将钢筋笼顶端用铁丝吊住，以防下滑；②控制钢筋笼安装高度，在投放钢筋笼以前用内夯管下冲压实管内混凝土；③外管内混凝土的最后投料要高于钢筋笼顶端一定高度，一是预留一定余量，二是避免桩锤压弯钢筋笼。

二十六、锤击沉管夯扩灌注桩成桩桩顶位置偏差大

现象：桩顶标高不符合设计要求和规范规定。

原因分析：①受群桩施工影响，将已成桩桩身上部挤动移位；②受地下障碍物影响或机架垂直度偏移较大，造成沉管偏移或斜桩。

预防措施：①在沉管作业时，应先复测桩位，在沉管作业时发现桩位偏移要及时调整；②机架垫木要稳，注意经常调整机架的垂直度；③用桩位钎探的方法，清除浅层地下障碍物。

二十七、锤击沉管夯扩灌注桩成桩桩头直径偏小

现象：桩头直径小于设计值。

原因分析：①受群桩施工振动、挤压影响，桩孔缩小，桩顶混凝土上升；②成桩作业拔起外管时，速度偏快。

预防措施：①成桩作业后，桩顶混凝土以上须及时用干土回填压实，避免受挤压和振动；②成桩作业时，将内夯管始终轻压在外管内的混凝土面层上，控制拔管速度不宜过快。

二十八、振动沉管灌注桩桩身缩颈

现象：成桩直径局部小于设计要求。

原因分析：①在淤泥质软土层中施工，由于沉管时土体受振动影响，局部套管四周的土层产生反压力，当拔管后，这种压力反过来挤向新灌注的混凝土，使桩身局部断面缩小，造成缩颈；②设计桩距过小，施工邻近桩时，挤压已成桩，使其缩颈；③拔管速度过快，管内混凝土的存量过少，拔管时，混凝土还未流出套管外，桩孔周围的土迅速回缩；④混凝土坍落度过小，和易性差，使混凝土不能顺利灌入，被淤泥或淤泥质土填充，造成桩在该层缩颈。

预防措施：①施工前根据地质报告和试桩情况，在易缩颈的软土层中，严格控制拔管速度，采取“慢拔密击”方法；②对于设计桩距较小者，采取跳打法施工；③在拔管过程中，桩管内应保持 2.0m 以上高度的混凝土，或不低于地面，以防混凝土中断形成缩颈；④严格控制拔管速度，当套管内灌入混凝土后，须在原位振动 5～10s，再开始拔管，应边振边拔，如此反复至桩管全部拔出，当穿过易缩颈的软土层时必须采用反插法施工；⑤按配合比配制混凝土，混凝土需具有良好的和易性；⑥在流塑状淤泥质土中出现缩颈，采用复打法处理。

二十九、振动沉管灌注桩断桩

现象：桩身成形不连续、不完整。

原因分析：①拔管时，混凝土还未流出套管外，桩孔周围的土迅速回缩；②地下水位较高时，桩尖与桩管的封闭性能差，地下水进入桩管，造成混凝土严重离析；③桩距较小时，成形不久的桩身混凝土在邻桩施工产生的挤压和振动影响下，造成桩身横向或斜向断裂；④混凝土未及时补灌，桩管拔离混凝土面时，混凝土面被泥土覆盖而致断桩。

预防措施：①控制拔管速度，桩管内确保 2.0m 以上高度的混凝土，对怀疑有断桩和缩颈的桩，可采取局部复打或反插法施工，其深度应超过有可能断桩或缩颈区 1.0m 以上；②在地下水位较高的地区施工时，应事先在管内灌入 1.5m 左右的封闭混凝土，防止地下水渗入；③选用与桩管内径匹配、密封性能好的混凝土桩尖；④桩距小于 3.0～3.5 倍桩径时，采用跳打或对角线打的施工措施来扩大桩距，减少振动和挤压影响；⑤合理安排打桩顺序和桩架行走路线；⑥桩身混凝土强度较低时，尽量避免振动和外力干扰，当采用跳打法仍不能防止断桩时，可采用控制停歇时间的办法来避免断桩；⑦沉管达到设计深度，桩管内未灌足混凝土时不得提拔套管；⑧对于断桩、缩颈（严重）的部位较浅时，可在开挖后将断的桩段清除，采用接桩的方法将桩身接至设计标高，如断桩的部位较深时，一般按设计要求进行补桩。

三十、振动沉管灌注桩桩身混凝土质量差

现象：桩身混凝土强度没有达到设计要求。桩身混凝土局部缺陷。

原因分析：①混凝土配合比不当，搅拌不均匀；②拔管速度快，留振时间短，振捣不密实；③采用反插法时，反插深度大，反插时活瓣向外张开，将孔壁四周的泥挤进桩身，致使桩身夹泥；④采用复打法时，套管上的泥未清理干净，管壁上的泥带入

桩身混凝土中。

预防措施：①对于混凝土的原材料必须经试验合格后方可使用，混凝土和易性良好，坍落度控制在 6～10cm 之间；②严格控制拔管速度，保持适当留振时间，拔管时，用吊锤测量，随时观察桩身混凝土灌入量，发现混凝土充盈系数小于 1 时，应立即采取措施；③当采用反插法时，反插深度不宜超过活瓣长度的 2/3，当穿过淤泥夹层时，应适当放慢拔管速度，并减少拔管高度和反插深度；④当采用复打法施工时，拔管过程中应及时清除桩管外壁、活瓣桩尖和地面上的污泥，前后两次沉管的轴线必须重合；⑤对于桩身混凝土质量较差、较浅部位，清理干净后，按接桩方法接长桩身，对于较严重、较深部位，应会同设计人员研究处理。

三十一、支护结构失效

现象：基坑开挖或地下室施工时，支护结构出现位移、裂缝，严重时支护结构发生倒塌现象。

原因分析：①设计方案不合理，或过分考虑节约费用，造成支护不足；②支护结构施工质量低劣，发生断裂、位移和失稳；③埋入坑下的支护结构锚固深度不足引起管涌；④止水帷幕质量差，地下水带动砂、土渗入基坑；⑤开挖方法不当；⑥基坑边附加荷载过大。

预防措施：①深基坑支护方案必须考虑基坑施工全过程可能出现的各种工况条件，综合运用各种支撑支护结构及止水降水方法，确保安全、经济合理，并经专家组审核评定；②制订合理的开挖施工方案，严格按方案进行开挖施工；③加强施工质量管理和信息化，各道工序严格把关，加强实时监控，确保符合规范规定的设计要求；④基坑开挖边线外，1 倍开挖深度范围内，禁止堆放大的施工荷载和建造临时用房。

第二节　土方工程的质量通病及其预防措施

一、挖方边坡塌方

现象：在场地平整过程中或平整后，挖方边坡土方局部或大面积发生塌方或滑塌现象。

原因分析：①采用机械整平，未遵循由上而下分层开挖的顺序，坡度过陡或将坡脚破坏，使边坡失稳，造成塌方或溜坡；②在有地表水、地下水作用的地段开挖边坡，未采取有效的降排水措施，地表滞水或地下水侵入坡体内，使图的黏聚力降低，坡脚被冲蚀掏空，边坡在重力作用下失去稳定而引起塌方；③软土地段，在边坡顶部大量堆土或堆建筑材料，或行驶施工机械设备、运输车辆。

预防措施：①在斜坡地段开挖边坡时应遵循由上而下、分层开挖的顺序，合理放坡，不使过陡，同时避免切割坡脚，以防导致边坡失稳而造成塌方。②在有地表滞水或地下水作用的地段，应做好排、降水措施，以拦截地表滞水和地下水，避免冲刷坡面和掏空坡脚，防止坡体失稳。特别在软土地段开挖边坡，应降低地下水位，防止边坡产生侧移。③施工中避免在坡顶堆土和存放建筑材料，并避免行驶施工机械设备和车辆振动，以减轻坡体负担，防止塌方。

二、填方边坡塌方

现象：造成坡脚处土方堆积，坡顶上部土体裂缝。

原因分析：①边坡坡度过陡，坡体因自重或地表滞水作用使边坡土体失稳而导致塌陷或滑塌；②边坡基底的草皮、淤泥、松土未清理干净，与原陡坡结合未挖成阶梯形搭接，填方土料采用了淤泥质土等不符合要求的土料；③边坡填土未按要求分层回填压（夯）实，密实度差，黏聚力低，自身稳定性不够；④坡顶、坡脚未做好排水措施，由于水的渗入，土的黏聚力降低，或坡脚被冲刷掏空而造成塌方。

预防措施：①永久性填方的边坡坡度应根据填方高度、土的种类和工程重要性按设计规定放坡。当填土边坡用不同土料进行回填时，应根据分层回填土料类别，将边坡做成折线形式。②使用时间较长的临时填方边坡坡度，当填方高度在10m以内，可采用1∶1.5；高度超过10m，可做成折线形，上部为1∶1.5，下部采用1∶1.75。③填方应选用符合要求的土料，避免采用繁殖土和未经破碎的大块土作边坡填料。边坡施工应按填土压实标准进行水平分层回填、碾压或夯实。当采用机械碾压时，应注意保证边缘部位的压实质量；对不要求边坡修整的填方，边坡宜宽填0.5m，对要求边坡整平拍实的填方，宽填可为0.2m。机械压实不到的部位，配以小型机具和人工夯实。填方场地起伏之处，应修筑1∶2阶梯形边坡。分段填筑时，每层接缝处应作1∶1.5斜坡形，以保证结合质量。④在气候、水文和地质条件不良的情况下，对黏土、粉砂、细砂易风化岩石边坡以及黄土类缓边坡，应于施工完毕后，随即进行防护。填方铺砌表面应预先整平，充分夯压密实，沉陷处填平捣实。边坡防护法根据边坡土的种类和使用要求选用浆砌或干砌片（卵）石及铺草皮、喷浆、抹面等措施。其中以铺草皮较为经济易行，不受边坡高度限制，边坡坡度亦可稍陡。

三、填方出现橡皮土

现象：填方出现橡皮土填土受夯打（碾压）后，基土发生颤动，受夯击（碾压）处下陷，四周鼓起，形成软塑状态，而体积并没有压缩，人踩上去有一种颤动感觉。在人工填土地基内，成片出现这种橡皮土（又称弹簧土），将使地基的承载力降低，变形加大，地基长时间不能得到稳定。

原因分析：①在含水量很大的黏土或粉质黏土、淤泥质土、腐殖土等原状地基土进行回填，或采用这种土作土料进行回填时。②由于原装土被扰动，颗粒之间的毛细孔遭到破坏，水分不易渗透和散发。当施工时气温较高，对其进行夯击或碾压，表面形成一层硬壳，更加阻止了水分的渗透和散发，因而使土形成软塑状态的橡皮土。这种土埋藏越深，水分散发越慢，长时间内不易消失。

预防措施：①夯（压）实填土时，应适当控制填土的含水量，土的最优含水量可通过击实试验定，也可采用Wp±2作为土的施工控制含水量（Wp为土的塑限）。工地简单检验，一般以手握成团，落地开花为宜。②避免在含水量过大的黏土、粉质黏土、淤泥质土、腐殖土等原状土上进行回填。③填方区如有地表水时，应设排水沟排走；有地下水应降低至基底0.5m以下。④暂停一段时间回填，使橡皮土含水量逐渐降低。

资源8.12

四、填土密实度达不到要求

现象：回填土经过碾压或夯实后，达不到设计要求的密实度，将使填土场地的承载力和稳定性降低，或导致不均匀下沉。

原因分析：①填方土料不符合要求，采用了碎块草皮、有机质含量大于8%的土及淤泥、淤泥质土和杂志土作填料；②土的含水率过大或过小，因而达不到最优含水率下的密实度要求；③填土厚度过大或压（夯）实遍数不够，或机械碾压行驶速度过快；④碾压或夯实机具能量不够，达不到影响深度要求，使密实度降低。

预防措施：①选择符合填土要求的土料回填；②填土的密实度应根据工程性质来确定，一般用土的压实系数换算为干密度来控制。

五、路基压实度不够

现象：经检测后压实度不满足设计要求。

原因分析：①压实遍数不够；压路机选型不准，吨位偏小。②填土虚铺厚度过大；碾压不均匀，有局部漏压部位；含水率偏离最佳含水率值过大。③填料不符合要求或存在颗粒过大填料等。

预防措施：①选择合适型号的压路机械，确保压路机的质量及压实遍数符合规范要求；②压路机之间相互配合，和其他机械组合恰当，保证碾压均匀；③压路机应进退有序，碾压轨迹搭接宽度不小于半个轮宽；④填筑土含水率控制在最佳含水率的±2% 范围内；⑤不同类别的土质应分别填筑，不得混填，填筑前测填料 CBR、液限、塑性指数等指标，需符合设计要求；⑥填土应水平分层填筑，分层压实，压实厚度适宜。

六、填挖交界处出现的质量问题

现象：半填半挖路基不稳定，出现纵向裂缝，或路基沉降。

原因分析：①没有制订填挖交界处专项处治方案或处置方案不恰当；②填挖交界结合处的填方工作面难以使用机械进行作业，基底处理相对较差，承载力不均匀，加之高填方施工后沉降量大于挖方导致路基发生差异沉降。

资源 8.13

预防措施：①注意原地面处理，横坡坡度较陡时应将斜坡挖成稍向内倾斜的台阶，宽度大于1m，还可以采取其他措施，如设渗沟、加土工格栅等进行处理；②高填方路基倾填前边坡应用较大的石块进行码砌，码砌高度大于 2m，厚度大于 1m，填料粒径不要过大，大小颗粒填料分布均匀；③填方前，连接处挖好横向连接台阶，分层填筑压实；④做好挖方段的地表及地下排水工作，避免水对新填路基的危害。

七、路基表面松散、起皮

现象：路基表面碾压后松散、经过车辆碾压起皮。

原因分析：①填筑过程中水分损失过多；②采用薄层贴补法调整高程；③压路机配备不足，碾压不及时；④填料黏结性差，不易碾压成型。

预防措施：①适当洒水弥补水分损失；②不得采用薄层贴补法调整高程，局部低洼处可与上层结构填筑时一起处理；③配备足量的压实机具，及时碾压成型；④采用黏结性差填料进行填筑时，适当洒水或加入黏土。

八、地基沉陷

现象：地基的沉陷。

原因分析：原地面为软弱地质如水稻田及沼泽地质、黄土地质，泥沼、流沙或垃圾堆积场地等上填筑路堤，填筑前未经换土或压实，发生地基下沉，侧面剪裂凸起，引起路堤下陷。

预防措施：①施工场地的清理与掘除工程施工的第一步是对施工现场的勘察与测设，测设过程中要严格按照设计图纸及相关的规范进行施工测量，放样好以后则要对原地表以上的树根、草皮等杂物予以清除。在施工用地范围内的杂物及垃圾要进行及时的清除与运离施工现场。②坡面基底的处理。采用科学可行的基底处理方法。软土基底处理方法：换填土层、挤密法、化学固结法、排水固结法。常见措施有换填、强夯法、水泥粉喷桩、土工织物、塑料排水板、CFG 桩、砂井法、石灰桩、抛石挤淤、高压注浆法、灌浆法、预压等。

资源 8.14

九、骨料集窝

现象：摊铺过程中，大颗粒骨料容易集中到一起，难以碾压合格。

原因分析：由于大骨料质量大，摊铺过程中滚到坡脚，集中到一起，没有细小骨料填充空隙，很难碾压合格。

预防措施：①摊铺过程中人工配合机械翻拌，大面积集窝现象要用小型挖掘机进行挖除；②卸料时采用二次卸料（先卸 1/3，移动 1m 左右，再卸剩余 2/3），摊铺时采用“一堆三推”（从料堆的两个坡脚先推出，后推出中间部分）的方法；③骨料集窝部位用细料重新翻拌后重型压路机碾压。

资源 8.15

第三节 钢筋工程的质量通病及其预防措施

一、原材料质量通病

现象：①钢筋表面出现黄色浮锈，严重的转为红色，日久后变成暗褐色，锈蚀严重的钢筋甚至发生鱼鳞片状剥落现象；②钢筋品种、强度等级混杂不清；③钢筋表面裂纹、截面扁圆；④钢筋堆放混乱，未分区，无标识牌。

原因分析：①钢筋保管不良，现场存放时无铺垫，雨雪天气不采取措施，或存放时间过长，仓库环境潮湿；②一个工程同时用Ⅱ、Ⅲ级两种强度钢筋，在存放加工过程中未分别堆放；③钢筋的轧制工艺有缺陷。

资源 8.16

预防措施：①钢筋原料存放在混凝土地梁上，离地面 200mm，钢筋存放时间不能过长，阴雨天现场存放的钢筋采取彩条布进行遮盖。必要时加盖雨布；场地四周要有排水措施。②对于工程中同时使用Ⅱ、Ⅲ级两种强度钢筋时，分别挂牌标识，并对加工好的半成品进行明确的标示，以免乱用。③对进场的钢筋应严格检查，取样试验，当发现有质量缺陷时，应及时通知供货商将钢筋做退场处理。④钢筋加工好后应及时用于工程，否则应对钢筋半成品进行覆盖，当钢筋有片状老锈时，应用钢丝刷或除锈机进行除锈。

资源 8.17

二、钢筋加工质量通病

现象：①冷拉钢筋强度不足。②伸长率不合格。③剪断尺寸不准或被剪断的钢筋断端头不平。滚轧直螺纹接头丝扣过长或过短，导致连接时外露有效丝扣不一，端头有毛刺。④箍筋不方正、成型尺寸不准或两对角线长度不相等。

原因分析：①钢筋原材性能不佳，控制冷拉率过小或控制应力过小；②钢筋原材含碳量或表现在强度上过高，控制冷拉率过大或控制应力过大；③切断机定尺卡活动或刀片缝隙过大，切割时用力过大，钢筋放置倾斜，没有按照规定要求加工套丝；④箍筋边长成型尺寸与图纸误差过大，没有严格控制弯曲角度，一次弯曲多个箍筋时没有逐一对齐。

预防措施：①检验钢筋的材料强度情况，由试验结果确定钢筋的控制应力和冷拉率。当强度指标小于技术标准规定值的冷拉钢筋属于不合格品，必须降级使用或用于非受力部位。②切断机应紧定尺卡板的紧固螺栓，并调整固定刀片与冲切刀片的水平间隙。对于剪断尺寸不准的钢筋所在部位和剪断误差，确定钢筋是否可用或返工。切割后用砂轮片打磨端头，按照标准要求丝扣数加工，并对加工工人进行培训学习。③应重新校核箍筋的下料单，并重新做好箍筋样品，定好箍筋各边的弯曲长度。当箍筋外形误差超过质量标准允许值时，对于Ⅰ级钢筋可以重新将弯折处直开，再行弯曲；对于其他品种的钢筋，不得直开后再弯曲。

资源 8.18

三、拉筋直径瘦身

现象：人为将钢筋冷拉变细，偷工减料。

原因分析：①钢筋在冷处理（冷拉、冷拔）时，提高强度但是会造成延性下降，冷处理超过其限度，拉得太过分，而“瘦身钢筋”其“瘦身”的程度通常远远超过常规的冷处理法；②施工单位为了偷工减料，人为将钢筋拉长变细。

预防措施：①各建设、监理、施工单位要严把钢筋进场关，严禁使用产品质量不符合国家强制性标准的钢筋，按规定对进入施工现场的钢筋依照程序进行检测和验收；②严格钢筋加工关，施工单位应在施工现场对钢筋进行加工，并在对钢筋冷拉调直时控制其冷拉率，严禁将钢筋运出施工现场外加工或委托其他加工厂加工；③严控质量监督关，从技术角度和制度层面严格控制；④技术层面可以采用联网形式，钢筋试样贴条形码，扫描，采用钢筋负公差测量仪检测。

资源 8.19

四、钢筋骨架外形尺寸不准

现象：骨架尺寸过大或者过小，导致不能合模或合模后保护层偏大或偏小。

原因分析：①多根钢筋端部未对齐；②绑扎时某根钢筋偏离规定位置。

预防措施：①绑扎时将多根钢筋端部对齐；②防止钢筋绑扎偏斜或骨架扭曲；③将导致骨架外形尺寸不准的个别钢筋松绑，重新整理安装绑扎；④切忌用锤子敲击，以免骨架其他部位变形或松扣。

资源 8.20

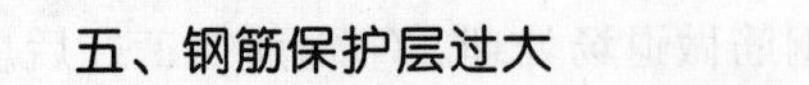

五、钢筋保护层过大

现象：钢筋保护层用仪器探测时，保护层的厚度超过设计规定的大小甚至超出规范规定的允许偏差。

原因分析：①梁底垫块漏垫或垫块被压碎。柱钢筋绑扎时垫块太少或在模板支设时混凝土垫块被取掉。板钢筋绑扎时马凳高度不够，马凳数量过少，刚度不够。②钢筋绑扎完后，梁板钢筋未采取保护措施，在浇筑混凝土时钢筋被踩下。

预防措施：①严格控制混凝土中钢筋的保护层厚度，梁、柱侧面钢筋采用专门的塑料保护卡做钢筋保护层，板负筋采用 ϕ16Ⅱ级钢筋制成的通长马凳（特别是在梁两侧及负筋端部加通长马凳）；②柱主筋在楼板处一定要控制好柱筋的轴线和保护层厚度以及柱筋的间距，因此在高出板混凝土面的 20cm 和 50cm 处的柱筋上各绑扎一道焊好的定位箍筋，主筋与箍筋扎牢，以免混凝土浇筑后主筋偏移；③钢筋绑扎、验收完毕，应立即沿输送泵管的两侧用板铺好走道，并严禁踩踏板负筋，混凝土浇筑时在负筋上用宽约为 500cm 的木胶板铺设走道，以便混凝土工人走动，避免直接踩在钢筋上，同时也方便了工人的操作；④混凝土浇筑时安排好钢筋看护人员，发现钢筋有踩踏坏的及时修复。

资源 8.21

六、柱子外露钢筋错位

现象：下柱外露钢筋从柱顶甩出，由于位置偏离与设计要求过大，与上柱钢筋对接不上。

原因分析：①钢筋安装后虽已检查合格，但由于固定钢筋措施不可靠，发生变位；②浇筑混凝土时被振动器或其他操作机具碰歪撞斜，没有及时校正。

预防措施：①在外露部分板上 50mm 加一道临时箍筋，按要求位置安设好，然后定位卡固定；浇筑混凝土前再复查一遍，如发生移位，则应校正后再浇筑混凝土。②注意浇筑操作时，尽量不碰撞钢筋；浇筑过程中有专人随时检查，及时校核改正。

七、同一连接区段内接头过多

现象：①钢筋采用短钢筋搭；②接梁钢筋未锚入支座内。

原因分析：①钢筋配料时疏忽大意，没有认真安排原材料下料长度的合理搭配。②操作者在摆放钢筋时没有将钢筋隔排颠倒。在端部未进行弯钩，用短钢筋钩接长。

预防措施：下料前根据现场原材料长度规划钢筋下料长度及弯钩位置长度，编制钢筋技术交底规定下料长度，不能直接交图纸。钢筋下料时按下料单操作，对下料单认真审核。钢筋摆放时由技术人员指导颠倒绑扎或焊接。

资源 8.22

八、露筋

现象：①混凝土结构拆模时发现其表面有钢筋露出；②钢筋混凝土保护层厚度过小；③楼板板底露筋。混凝土柱箍筋外露。

原因分析：①浇筑混凝土时，钢筋保护层垫块位移，或垫块太少或漏放，致使钢筋紧贴模板外露。②结构构件截面小，钢筋过密，石子卡在钢筋上，使水泥砂浆不能充满钢筋周围，造成露筋。③混凝土配合比不当，产生离析，靠模板部位缺浆或模板漏浆。④混凝土保护层太小或保护层处混凝土漏振或振捣不实；或振捣棒撞击钢筋或踩踏钢筋，使钢筋位移，造成露筋。⑤木模板未浇水湿润，吸水黏结或脱模过早，拆模时缺棱、掉角导致露筋。

预防措施：①浇筑混凝土应保证钢筋位置和保护层厚度正确，并加强检查，如发现偏差，及时纠正。②钢筋密集时，应选用适当粒径的石子。石子最大颗粒尺寸不得超过结构截面最小尺寸的1/4，同时不得大于钢筋净距的3/4。截面较小钢筋较密的部位，利用细石混凝土浇筑。③混凝土应保证配合比准确和良好的和易性。④浇筑高度超过2m，利用串筒或溜槽下料，以防止离析。⑤模板应充分湿润并认真用海绵、胶带堵好缝隙。⑥混凝土振捣严禁撞击钢筋，在钢筋密集处，利用HZ6－30振动棒进行振捣；保护层处混凝土要仔细振捣密实；避免踩踏钢筋，如有踩踏或脱扣等应及时调直纠正。⑦拆模时间要根据试块试压结果正确掌握，防止过早拆模，损坏棱角。

资源 8.23

九、钢筋间距不一致

现象：最后一个间距与其他间距不一致，或实际所用箍筋数量与钢筋材料表上的数量不符。

原因分析：图纸上所注间距为钢筋中心到中心，实际按钢筋外边缘到外边缘测量间距，由于钢筋直径问题导致钢筋间距或根数有出入。构件尺寸不能被箍筋间距等分，是个近似值。

资源 8.24

预防措施：根据构件配筋情况，预先算好箍筋实际分布间距，供绑扎钢筋骨架时作为依据。

十、柱梁箍筋接头位置同向

现象：箍筋接头位置方向相同，重复交搭于一根或两根纵筋上。钢筋锚固方向错误。

原因分析：绑扎柱钢筋骨架时操作工未按技术交底操作或者技术交底不详。

预防措施：安装操作时随时互相提醒，将接头位置错开绑扎，保证符合规范要求。

十一、箍筋绑扎不牢固

现象：绑扎点松脱，箍筋滑移歪斜。箍筋未有效套住纵筋，绑扎不到位。

原因分析：①用于绑扎的铁丝太硬或粗细不适当；②绑扣形式为同一方向；③或将钢筋笼骨架沉入模板槽内过程中骨架变形。

预防措施：①一般采用20～22号铁丝作为绑线。绑扎$\phi12$以下钢筋宜用22号铁丝；②绑扎$\phi12$～16mm钢筋宜用20号铁丝；③绑扎梁、柱等直径较大的钢筋用双根22号铁丝充当绑线；④绑扎时要相邻两个箍筋采用反向绑扣形式。例如绑平板钢筋网时，除了用一面顺扣外，还应加一些十字花扣；钢筋转角处要采用兜扣并加缠；对纵向的钢筋网，除了十字花扣外，也要适当加缠。重新调整钢筋笼骨架，并将松扣处重新绑牢。

资源 8.25

十二、钢架没有满绑

现象：梁端、柱端节点钢架绑扎孔缺扣、松扣，二排钢筋脱落下沉。

原因分析：节点下配筋层次多，使箍筋不能紧贴主筋。

预防措施：梁端、柱端节点钢架绑扎孔缺扣、松扣，二排钢筋脱落下沉。

资源 8.26

十三、钢筋弯制不满足规范

现象：箍筋弯钩头平直段长度不足$10d$。构造柱箍筋弯钩不足135°。

原因分析：下料不准确；画线方法不对或误差大；用手工弯曲时，扳距选择不当；角度控制没有采取保证措施。

预防措施：①加强钢筋配料管理工作，根据本单位设备情况和传统操作经验，预先确定各形状钢筋下料长度调整值，配料时考虑周到；为了画线简单和操作可靠，要根据实际成型条件。②对于开头比较复杂的钢筋，如进行大批成型，最好试加工出一个样品，并根据样品情况进行调整，以作为示范。

十四、钢筋漏绑

现象：构造柱钢筋搭接未绑扎，且在箍筋外。

原因分析：事先没有考虑施工条件，忽略了钢筋安装顺序，致使下道工序钢筋绑扎困难。

资源 8.27

预防措施：绑扎钢筋骨架之前要熟悉图纸，并按钢筋材料表核对配料单和料牌，检查钢筋规格是否齐全、准确，形状、数量是否与图纸相符；在熟悉图纸的基础上，仔细研究各号钢筋绑扎安装顺序和步骤。

十五、钢筋间距过大

现象：负筋间距过大。

原因分析：绑扎操作不严格，不按图纸尺寸绑扎。

预防措施：对操作人员专门交底，或在钢筋骨架上挂牌，提醒安装人员注意。

十六、负筋弯钩方向未向下

现象：负筋弯钩方向未向下。

原因分析：绑扎疏忽，未将弯钩方向朝下。

预防措施：绑扎时使负筋弯钩朝向下；负筋进行满绑。

十七、负筋绑扎混乱

现象：钢筋绑扎歪斜，间距不一。

原因分析：①管理人员管理不到位，绑扎工人操作马虎，不按图纸尺寸绑扎；②工序安排不当。

预防措施：加强现场管理，对操作人员专门认真交底；钢筋必须满绑；合理安排工序，做好保护措施，预防绑扎后踩踏。

十八、箍筋宽度尺寸不准

现象：钢筋绑扎后有大于设计值的，也有小于设计值的。

原因分析：①在骨架绑扎前未按应有的规定宽度定位，或定位不准；②已考虑到将箍筋宽度定位问题，但在操作时不注意，使两个箍筋往里或往外串动。

资源 8.28

预防措施：①绑扎骨架时，先扎牢（或用电弧焊焊接）几对箍筋，使四肢箍筋宽度保持符合规定的尺寸，再穿纵向钢筋并绑扎其他箍筋；②按梁的截面宽度确定一种双肢箍筋（即截面宽度减去两侧保护层厚度），绑扎时沿骨架长度放几个这种双肢箍筋定位；③在骨架绑扎过程中，要随时检查四肢箍筋宽度的准确度，发生偏差及时纠正。

十九、钢筋偏位

现象：预埋钢筋位移。

原因分析：①放线错误，施工员粗心大意，没有认真复核设计图纸；②模板固定不牢，在施工过程中时有碰撞柱模的情况，致使柱子钢筋与模板相对位置发生错动；③因箍筋制作误差比较大，内包尺寸不符合要求，造成柱纵筋偏位，甚至整个柱子钢筋骨架发生扭曲现象；④不重视混凝土保护层的作用，如垫块强度低被挤碎、垫块设置不均匀、数量少、垫块厚度不一致及与纵筋绑扎不牢等问题影响纵筋偏位；⑤施工人员随意摇动、踩踏、攀登已绑扎成型的钢筋骨架，使绑扎点松弛，纵筋偏位；⑥浇筑混凝土时，振动棒极易触动箍筋与纵筋，使钢筋受振错位；⑦梁柱节点内钢筋较密，柱筋往往被梁筋挤歪而偏位；⑧施工中，有时将基础柱插筋连同底层柱筋一并绑扎安装，结果因钢筋过长，上部又缺少箍筋约束，整个骨架刚度差而晃动，造成偏位。

预防措施：①在进行柱子定位放线时，严格按照《工程测量规范》（GB 50026—2007）精确放线，严格复测，从而保证定位轴线的准确性。②设计时，应合理协调梁、柱、墙间相互尺寸关系。如柱墙比梁边宽 50～100mm，即以大包小，避免上下等宽情况的发生。③按设计图要求将柱墙断面尺寸线标在各层楼面上，然后把柱墙从下层伸上来的纵筋用两个箍筋或定位水平筋分别在本层楼面标高及以上 500mm 处用柱箍点焊固定。④基础部分插筋应为短筋插接，逐层接筋，并应用使其插筋骨架不变形的定位箍筋点焊固定。⑤按设计要求正确制作箍筋，与柱子纵筋绑扎必须牢固，绑点不得遗漏。⑥柱墙钢筋骨架侧面与模板间必须用埋于混凝土垫块中铁丝与纵筋绑扎牢固，所有垫块厚度应一致，并为纵向钢筋的保护层厚度。⑦在梁柱交接处应用两个箍筋与柱纵向钢筋点焊固定，同时绑扎上部钢筋。在靠紧搭接不可能时，仍应使上柱钢筋保持设计位置，并采取垫筋焊接联系。

资源 8.29

二十、钢筋骨架歪斜变形

现象：梁呈拱形状；钢筋网片呈波浪状。

原因分析：钢筋骨架外形不准，这和各号钢筋加工外形是否准确有关，如成型工序能确保各部尺寸合格，就应从安装质量上找原因。安装质量影响因素有两点：多根钢筋端部未对齐；绑扎时某号钢筋偏离规定位置。施工过程中梁底标高有误。

资源 8.30

预防措施：绑扎时将多根钢筋端部对齐；防止钢筋绑扎偏斜或骨架扭曲。

二十一、钢筋绑扎不到位引起的钢筋混凝土保护层

现象：楼板负筋混凝土保护层厚度过大。

原因分析：①施工操作不规范，钢筋工安装时，钢筋骨架绑扎不牢固，无钢筋支撑措施（马凳、悬挂法等），或支撑过少、分散，在浇筑混凝土时，震动使钢筋偏位；②施工管理不到位：各工种交叉作业，施工人员行走频繁，无处落脚大量踩踏而护筋又不到位，车压人踩，使受力钢筋移位、变形。

预防措施：①在施工过程中，一定要做到规范操作，责任明确，钢筋制作、绑扎、支模、浇筑时严格按照施工技术交底操作。受力筋或箍筋的加工尺寸准确，绑

扎牢固，支模尺寸符合要求。混凝土保证良好的和易性，选用合适的振捣器和正确的操作方法，以保证钢筋保护层的质量。②加强教育和管理，使全体操作人员重视保护板面上层负筋的正确位置；必须行走时应自觉沿钢筋支撑点通行，不得随意踩踏中间架空部位钢筋。③安排足够数量的钢筋工（一般应不少于3～4人），在混凝土浇筑前及浇筑中及时进行整修。④推广使用悬挂法施工工艺方管加支撑悬挂法控制混凝土板厚度及钢筋保护层厚度。

资源8.31

二十二、梁柱节点箍筋的制作与安装

现象：①框架梁柱节点核心部位柱箍筋遗漏；②框架梁柱节点核心部位柱箍筋数量不足；③框架梁柱节点核心部位柱箍筋堆匝；④梁顶钢筋弯折错位，间距过密。

原因分析：由于节点处梁柱钢筋纵横竖交叉，钢筋分布密集，特别是当中间柱子有四根或更多根梁相连的情况下，采用整体沉梁入模时，箍筋绑扎困难，导致节点区下部箍筋无法绑扎，因此存在遗漏柱箍筋现象，或箍筋绑扎不到位造成箍筋堆匝现象。

预防措施：①施工时在节点处四角增加若干根 $\phi6$ 或 $\phi8$ 的附加纵向短筋（长度与节点高度相同）；②先将柱节点处箍筋按设计图纸间距焊接在纵向短筋上形成整体骨架（俗称猪笼），再将整体骨架套入柱纵筋并搁置在楼板模板面上，然后穿梁钢筋并绑扎或将整体骨架焊在节点处截面高度最大的梁上，最后整体沉梁入模；③为防止附加纵向短筋位置与柱纵筋冲突而造成套箍困难，附加纵向短筋应偏离箍筋角部约5cm；④采用该法可很好地保证节点处柱箍筋的间距与数量，实施效果较好。需要说明的是，焊接时焊点要适可而止，绝不能焊伤箍筋和梁柱钢筋。

资源8.32

二十三、梁筋倾斜

现象：梁钢筋笼绑扎后与轴线不一致。

原因分析：①梁筋入模后，未进行统一放正；②梁筋开料不准，端头未对齐；③未采取固定措施，受施工人员踩踏而倾斜。

资源8.33

预防措施：①钢筋绑扎完毕，统一校正，垫上垫块；②梁筋下料应准确，端头应对齐，可采用断钢筋将弯折点构筑对齐；③梁筋绑扎完毕注意成品保护，防止踩踏测斜。

二十四、板筋绑扎错误

现象：板筋顺序排反，负弯矩筋下陷变形。

原因分析：①多跨连续板布通长筋时，未考虑单、双向板的受力点；②上层盘用小直径一级钢筋，被踩踏易变形；③马凳过稀或支座负筋根部过远；④板上层盘上预埋管时，用锤砸低。

预防措施：①布置多跨连续板时，通长筋应该根据单向板或双向板的特点，分别调制上层或下层布置；②征得设计同意，板面筋代换成二级钢筋；③马登不可过稀，距支座负面筋根部不宜超过300mm。

资源8.34

二十五、板钢筋支撑的马凳错落

现象：板筋马凳落于模板上，马凳错落。

原因分析：①为图省事，将马凳直接落于模板上；②不认真看图，不同板厚的马凳用错；③马凳本身尺寸不准，间距不合理。

资源 8.35

预防措施：①马凳落于下层面筋或垫块上，并三点绑扎固定；②马凳分不同型号分类存放，防止工人拿错；③马凳制作尺寸应准确，排放间距应按施工方案。

二十六、钢筋混用

现象：钢筋级别和直径混用，不符合设计要求。

原因分析：①Ⅲ级钢筋混用Ⅱ级钢筋。认为Ⅲ级钢筋强度高，而任意代换。进场钢筋与资料不符。②工人对钢筋型号分不清。

预防措施：①钢材验收应认真，验收的制度和责任要健全；②先验后用，施工员、班长两级核验；③施工员、班长应向工人进行交底，做好钢筋标识。

二十七、钢筋机械连接原材料下料缺陷

现象：钢筋下料时，钢筋端面不垂直于钢筋轴线，端头出现挠曲或马蹄形，有毛刺现象。

原因分析：①操作工钢筋下料前未认真挑选钢筋；②钢筋切断机或砂轮机保养不善，导致下料时钢筋端部出现挠曲及钢筋端面不垂直于钢筋轴线。

预防措施：采用无齿锯切掉，若端头微有翘曲，应进行调直处理。

二十八、钢筋套丝缺陷

现象：钢筋的牙形与牙形规不吻合，其小端直径在卡规的允许误差范围之外；套丝扣有损坏。

原因分析：①操作工人未经培训或操作不当；②操作工人未按机床操作规程操作；③套丝机牙口磨损过大。

预防措施：①套丝必须用水溶性切削冷却润滑液，不得用机油润滑或不加润滑油套丝。②钢筋套丝质量必须用牙形规与卡规检查，钢筋的牙形必须与牙形规相吻合，其小端直径必须在卡规上标出的允许误差之内。③应用砂轮片切割机下料以保证钢筋断面与钢筋轴线垂直，不宜用气割切断钢筋。④钢筋套丝质量必须逐个用牙形规与卡规检查。经检查合格后，应立即将其一端拧上塑料保护帽，另一端按规定的力矩数值，用扳手拧紧连接套。⑤对丝扣有损坏的，应将其切除一部分或全部重新套丝。⑥对操作工人进行培训，取得合格证后再上岗，操作时加强其责任心。

二十九、套筒接头露丝

现象：拧紧后外露丝扣超过一个完整丝扣。个别机械连接接头外露丝扣数超标。

原因分析：接头的拧紧力矩值没有达到标准或漏拧。两侧钢筋丝扣偏于套筒一侧。

预防措施：①同径或异径接头连接时，应采用二次拧紧连接方法；连接水平钢筋时，必须先将钢筋托平对正，用手拧紧，再按规定的力矩值，用力矩扳手拧紧接头。②连接完的接头必须立即用油漆做上标记，防止漏拧。③对外露丝扣超过一个完整扣的接头，应重新拧紧接头。已不能拧紧或不能调换钢筋时进行加固处理，采用电弧焊

贴角焊缝加以补强。补焊的焊缝高度不小于 5mm，对连接钢筋为Ⅲ级钢时，必须先做可焊性试验，经试验合格后，方可采用焊接补强方法。

三十、接头质量不合格

现象：①连接套规格与钢筋不一致或套丝误差大；②接头强度达不到要求，造成漏拧。接头未打磨。

原因分析：①操作工人未经培训，或责任心不强；②水泥浆等杂物进入套筒影响接头质量；③力矩扳手未进行定期检测。

预防措施：①在连接前，检查套筒表面中部标记，是否与连接钢筋同规格，并用扭力扳手按下表中规定的力矩值把钢筋接头拧紧，直到扭力在调定的力矩值发出响声，并随手画上油漆标记，以防止有的钢筋接头漏拧。②力矩扳手出厂时应有产品合格证，考虑到力矩扳手的使用次数多少，应根据需要将使用频繁的力矩扳手提前检定。③连接钢筋时，应先将钢筋对正轴线后拧入直螺纹连接套筒，再用力矩扳手拧到规定的力矩值。决不允许在钢筋直螺纹未拧入连接套筒，即用力矩扳手连接钢筋，致使接头丝扣损坏，造成强度达不到要求。④防止钢筋堆放、吊装、搬运过程中弄脏或碰坏钢筋丝头，要求检验合格的丝头必须一端套上保护帽，另一端拧紧连接套。

三十一、钢筋闪光对焊的强度不合格

现象：对焊钢筋不同心，焊接断面歪斜。

原因分析：①焊接工艺方法应用不当，焊接参数选择不当，致使焊口局部区域未能相互结晶，焊合不良；②钢筋焊接操作时，由于钢筋端头歪斜、电极变形太大或安装不正确以及焊机夹具晃动太大等原因使得接头处产生弯折，折角超过规定，或接头处偏心，致使轴线偏移超标。

预防措施：①对断面较大的钢筋应采取预热闪光焊工艺，不应用连续闪光焊工艺。②在焊接或热处理时，应夹紧钢筋；焊前应仔细清除锈斑、污物，电极表面应经常保持干净，确保导电良好。③在钢筋端头弯曲时，焊前应予以矫直或切除；经常保持电极的正常外形，变形较大时应及时修理或更新，安装时应力求位置准确。④夹具如因磨损晃动较大，应及时维修，接头焊接完毕，稍冷却后再小心地移动钢筋。

资源 8.36

三十二、钢筋电渣压力焊

现象：常出现接头的轴线偏移 0.1d（d 为钢筋直径）或超过 2mm 及接头弯折角度大于 4°，以及咬边和焊包不均匀的现象。

原因分析：①钢筋端部歪扭不直，在夹具中夹持不正或倾斜；夹具长期使用磨损，造成上下不同心。②预压时用力过大，使上部钢筋晃动和移位，焊后夹具过早放松，接头未来得及冷却造成上钢筋倾斜。③焊接时电流太大，钢筋熔化过快。④上钢筋端头没有压入熔池中，或压入深度不够；停机太晚，通电时间过长。⑤钢筋端头倾斜过大而熔化量又不足，加压时熔化金属在接头四周分布不均。

预防措施：①钢筋端部歪扭和不直部分在焊前应采用气割切除或矫正，端部歪扭的钢筋不得焊接。②两夹具夹持于夹具内，上下应同心，焊接过程中钢筋应保持垂直和稳定。③钢筋下送加压时，顶压力应适当，不得过大；焊接完成后，不能立即卸下

夹具，应在停焊后约2min再卸夹具，以免造成钢筋倾斜。④适当选择焊接电流的大小及焊接通电时间的长短，可根据有关的焊接规范进行选择，然后按要求严格执行。⑤焊接时，应适当加大熔化量，保证钢筋端部均匀熔化。

三十三、钢筋埋弧压力焊

现象：预埋件钢筋埋弧压力焊常出现未焊合、咬边、夹渣、气孔等质量问题。

原因分析：①焊接电流小，时间短，母材加热不足，熔池金属少，因而冷却速度快，顶压时不易完全焊合；引弧提升高度偏大，或下送不稳定使熔化过程发生中断现象都会引起未熔合的现象发生。②焊接电流过大，焊接时间过长，钢筋熔化量超过预定留量值；熔池温度高，熔池金属很多等现象都会引起咬边。③压入深度过小，顶压过程中断电，或焊接电流小，熔池金属温度低，未能将熔渣完全排除；或回收焊剂重复使用时，未能将杂物清理干净引起夹渣。④焊剂受潮，或钢筋、钢板锈蚀严重，焊接时分解发出的氢气混入熔池金属中，未完全逸出，或焊剂粒径太大，覆盖厚度不足，对熔池金属保护太差造成气孔。

预防措施：①根据钢筋直径的大小，选择合适的焊接电流及相应的焊接时间。②选择合适的引弧提升高度，采取合适的下送速度，确保焊接过程顺利进行。③选择合适的压入留量，保证顶压过程中有足够的压入深度；焊剂重复利用时应认真清除夹杂物。④焊前应将焊剂按要求烘干，并保持清洁，钢筋和钢板的焊接处需清除锈污。⑤焊剂粒径要适中，特别是使用回收焊剂时，应认真清除熔渣；焊剂的覆盖厚度，至少应能保证焊接过程的顺利进行而不泄露火光。

第四节　模板工程的质量通病及其预防措施

一、轴线位移

现象：浇筑后发现混凝土结构物实际位置与建筑物轴线位置有偏移。

原因分析：①翻样不认真或技术交底不清，模板拼装时组合件未能按规定到位；②轴线放样产生误差；③墙、柱模板根部和顶部无限位措施或限位不牢，发生偏位后又未及时纠正，造成累积误差；④支模时，未拉水平、竖向通线，且无竖向垂直度控制措施；⑤模板刚度差，未设水平拉杆或水平拉杆间距过大；⑥混凝土浇筑时未均匀对称下料，或一次浇筑高度过高造成侧压力过大挤偏模板；⑦对拉螺栓、顶撑、木楔使用不当或松动造成轴线偏位。

预防措施：①严格翻样制度。注明各部位编号、轴线位置、几何尺寸、剖面形状、预留孔洞、预埋件等，经复核无误后认真对生产班组及操作工人进行技术交底，作为模板制作、安装的依据。②模板轴线测放后，组织专人进行技术复核验收，确认无误后才能支模。③墙、柱模板根部和顶部必须设可靠的限位措施，如采用现浇楼板混凝土上预埋短钢筋固定钢支撑，以保证底部位置准确。④支模时要拉水平、竖向通线，并设竖向垂直度控制线，以保证模板水平、竖向位置准确。⑤根据混凝土结构特点，对模板进行专门设计，以保证模板及其支架具有足够强度、刚度及稳定性。⑥混凝土浇筑前，对模板轴线、支架、顶撑、螺栓进行认真检查、复核，发现问题及时进行处理。⑦混凝土浇筑时，要均匀对称下料，浇筑高度应严格控制在施工规范允许的范围内。

资源 8.37

二、标高偏差

现象：混凝土结构层标高及预埋件、预留孔洞的标高与施工图设计标高之间有偏差。

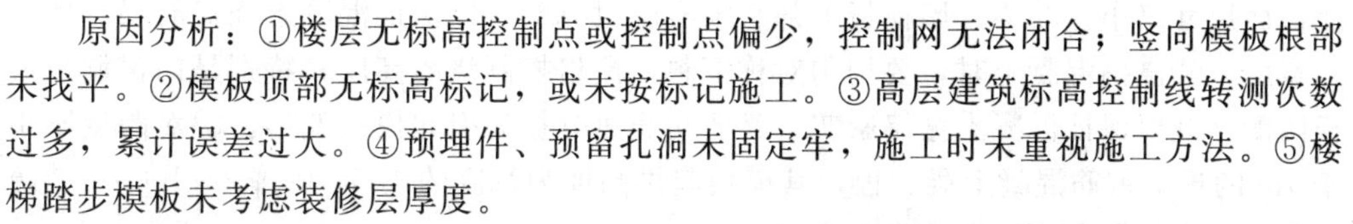

原因分析：①楼层无标高控制点或控制点偏少，控制网无法闭合；竖向模板根部未找平。②模板顶部无标高标记，或未按标记施工。③高层建筑标高控制线转测次数过多，累计误差过大。④预埋件、预留孔洞未固定牢，施工时未重视施工方法。⑤楼梯踏步模板未考虑装修层厚度。

预防措施：①每层楼设足够的标高控制点，竖向模板根部需做找平层；②模板顶部设标高标记，严格按标记施工；③建筑楼层标高由首层±0.000标高控制，严禁逐层向上引测，以防止累计误差，当建筑高度超过30m时，应另设标高控制线，每层标高引测点应不少于2个，以便复核；④预埋件及预留孔洞，在安装前应与图纸对照，确认无误后准确固定在设计位置上，必要时用电焊或套框等方法将其固定，在浇筑混凝土时，应沿其周围分层均匀浇筑，严禁碰击和振动预埋件与模板；⑤楼梯踏步模板安装时应考虑装修层厚度。

三、接缝不严

现象：由于模板间接缝不严有间隙，混凝土浇筑时产生漏浆，混凝土表面出现蜂窝，严重的出现孔洞、露筋。底部鼓模、接茬不平。

原因分析：①翻样不认真或有误，模板制作马虎，拼装时接缝过大；②模板安装周期过长，木模干缩造成裂缝；③模板制作粗糙，拼缝不严；④浇筑混凝土时，模板未提前浇水湿润，使其胀开；⑤钢模板变形未及时修整；⑥钢模板接缝措施不当；⑦梁、柱交接部位的接头尺寸不准、错位。

预防措施：①翻样要认真，认真向操作工人交底，强化工人质量意识，认真制作定型模板和拼装；②严格控制木模板含水率，制作时拼缝要严密；③木模板安装周期不宜过长，浇筑混凝土时，木模板要提前浇水湿润，使其胀开密缝；④钢模板变形，特别是边框外变形，要及时修整平直；⑤钢模板间嵌缝措施要控制，用海绵胶条嵌缝堵漏；⑥梁、柱交接部位支撑要牢靠，拼缝要严密（必要时缝间加双面胶纸），发生错位要校正好。

资源 8.38

四、结构变形

现象：拆模后发现混凝土柱、梁、墙出现鼓凸、缩颈或翘曲现象。

原因分析：①模板支撑间距过大，模板刚度差。②钢模连接件未按规定设置，造成模板整体性差。③墙模板无对拉螺栓或螺栓间距过大，螺栓规格过小。④门窗洞口内模间对撑不牢固，易在混凝土振捣时挤偏模板。⑤梁、柱模板卡具间距过大，或未夹紧模板，或对拉螺栓配备数量不足，以致局部模板无法承受混凝土振捣时产生的侧向压力，导致局部爆模。⑥浇筑墙、柱混凝土速度过快，一次浇灌高度过高，混凝土过振。⑦木模板长期日晒雨淋导致变形。

预防措施：①模板及支撑系统设计时，应充分考虑其本身自重、施工荷载、混凝土的自重及浇捣时产生的侧向压力，以保证模板及支架有足够的承载能力、刚度和稳定性。②梁底支撑间距应能够保证在混凝土重量和施工荷载作用下模板不产生变形，并铺放通长垫木。③钢模拼装时，连接件应按规定放置，对拉螺栓间距、规格应按设计要求设置。④对梁、柱模板的卡具，其间距要按规定设置，并要卡紧模板，其宽度比截面尺寸略小。⑤梁、墙模板上部必须有临时撑头，以保证混凝土浇捣时梁、墙上口宽度。⑥浇捣混凝土时，要均匀对称下料，严格控制浇灌高度，特别是门窗洞口模板两侧，既要保证混凝土振捣密实，又要防止过分振捣引起模板变形。⑦对跨度不小于 4m 的现浇钢筋混凝土梁、板，其模板起拱高度为跨度的 1.5/1000～2/1000。⑧防止木模板在长期暴晒雨淋下发生变形。

资源 8.39

五、脱模剂使用不当

现象：模板表面用废机油涂刷造成混凝土污染，或混凝土残浆不清除即刷脱模剂，造成混凝土表面出现麻面等缺陷。

原因分析：①拆模后不清理混凝土残浆即刷脱模剂。②脱模剂涂刷不匀或漏涂，或涂层过厚。③使用了废机油脱模剂，既污染了钢筋及混凝土，又影响了混凝土表面装饰质量。

预防措施：①拆模后，必须先清除模板上遗留的混凝土残浆，再刷脱模剂。②严禁用废机油作脱模剂，脱模剂材料选用水乳型脱模剂。③脱模剂材料宜拌成稠状，应涂刷均匀，不得流淌，一般刷两遍为宜，以防漏刷，也不宜涂刷过厚。④脱模剂涂刷后，应在短期内及时浇筑混凝土，以防隔离层遭受破坏。

资源 8.40

六、模板未清理干净

现象：模板内残留木块、浮浆残渣、碎石等建筑垃圾，拆模后发现混凝土中有缝隙，且有垃圾夹杂物。

原因分析：①钢筋绑扎完毕，模板位置未用压缩空气或压力水清扫。②封模前未进行清扫。③梁柱接头最低处未留清扫孔，或所留位置不当无法进行清扫。

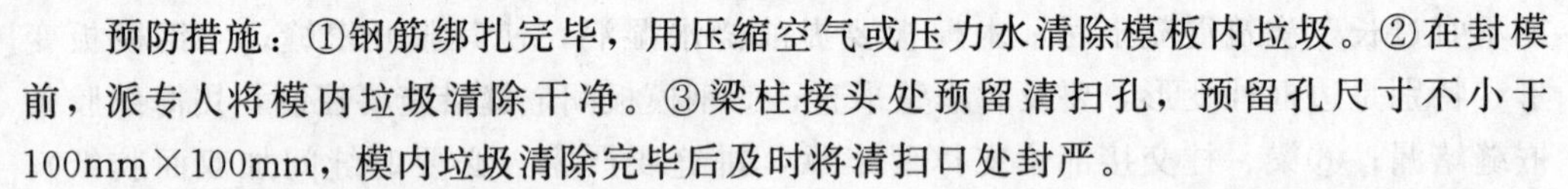

预防措施：①钢筋绑扎完毕，用压缩空气或压力水清除模板内垃圾。②在封模前，派专人将模内垃圾清除干净。③梁柱接头处预留清扫孔，预留孔尺寸不小于 100mm×100mm，模内垃圾清除完毕后及时将清扫口处封严。

资源 8.41

七、模板支撑系统不当

现象：由于模板支撑体系选配和支撑方法不当，结构混凝土浇筑时产生变形。

原因分析：①支撑选配马虎，未经过安全验算，无足够的承载能力及刚度，混凝土浇筑后模板变形。②支撑稳定性差，无保证措施，混凝土浇筑后支撑自身失稳，使模板变形。

预防措施：①模板支撑系统根据不同的结构类型和模板类型来选配，以便相互协调配套。使用时，应对支撑系统进行必要的验算和复核，确保模板支撑系统具有足够的承载能力、刚度和稳定性。②钢质支撑体系应满足模板设计要求，并能保证安全承受施工荷载。③支撑体系的基底必须坚实可靠，竖向支撑基底铺设脚手板等硬质材料。④在混凝土中预埋短钢筋头做撑脚。

资源 8.42

八、模板坍塌

现象：支撑失稳、模板坍塌。

原因分析：①模板支撑选配马虎，未经过安全验算。②梁板下立杆仅设一个方向的水平拉杆，致使立杆稳定性不够。③大梁底未采用双扣件抗滑；立杆接长时采用旋转扣件导致失稳。④混凝土浇筑方法不对，混凝土泵管与模板支撑架相连，产生冲击荷载而失稳。

预防措施：①模板支撑应进行安全验算，对于高支模、转换层模板还需编制专项方案，组织各方会审。②高支模在梁板下300mm以内必须设有双向水平拉杆，间距6m应设纵横向剪刀撑。钢管支撑在上节设置纵横拉杆。③大梁底必须双扣件抗滑，立杆接长应用对接扣件。④混凝土泵管不得与支撑架相连，混凝土应从中间向两边对称浇灌，避免荷载集中，而整体失稳。

九、模板嵌入柱梁间，拆除困难

现象：梁侧胀膜，局部模板嵌入柱梁间，拆除困难。

原因分析：①梁侧模未固定，压脚条未钉牢固，未设45°斜支撑。②梁截面较高，未设置对拉螺杆。③柱头模板支设不牢，造成外凸，将梁模卡住。

资源 8.43

预防措施：①梁侧模必须设置压脚条，合理设置45°斜支撑。②梁侧模应根据梁高配置，若梁高大于等于700mm，应在梁中设对拉螺杆。③遵守边模包底模原则，考虑模板吸湿后长向膨胀的影响，下料尺寸应略为缩短。

第五节　混凝土工程的质量通病及其预防措施

一、混凝土标号弄错

现象：混凝土标号搞错。

原因分析：①未先编制混凝土标号分布图，现场未挂标示牌。②进场混凝土调度不力，标号搞错。

预防措施：①根据不同混凝土标识绘制分布图，现场挂混凝土等级标示牌。②专人协调各等级混凝土的到场顺序，混凝土运输车要挂牌。

二、混凝土工程蜂窝

现象：混凝土结构局部出现酥松，砂浆少，石子多，石子之间形成类似蜂窝的空隙。

原因分析：①混凝土配合比不当或砂、石子、水泥材料加水量计量不准，造成砂浆少、石子多。②混凝土搅拌时间不够，未拌合均匀，和易性差，振捣不密实。③下料不当或下料过高，未设串筒使石子集中，造成石子砂浆离析。④混凝土未分层下料，振捣不实，或漏振，或振捣时间不够。⑤模板缝隙未堵严，水泥浆流失。⑥钢筋较密，使用的石子粒径过大或坍落度过小。⑦基础、柱、墙根部未稍加间歇就继续浇灌上层混凝土。

预防措施：①认真设计并严格控制混凝土配合比，加强检查，保证材料计量准确。②混凝土应拌合均匀，其搅拌延续时间应符合要求（一般不少于120s），坍落度应适宜。③混凝土下料高度如超过2m，应设串筒或溜槽。④浇筑应分层下料，分层捣固，防止漏振。⑤混凝土浇筑宜采用带浆下料法或赶浆捣固法。捣实混凝土拌合物时，插入式振捣器移动间距不应大于其作用半径的1.5倍；振捣器至模板的距离不应大于振捣器有效作用半径的1/2。为保证上下层混凝土良好结合，振捣棒应插入下层混凝土5cm。⑥混凝土振捣时当振捣到混凝土不再显著下沉和出现气泡，混凝土表面出浆呈水平状态，并将模板边角填满密实即可。⑦模板缝应堵塞严密。浇筑混凝土过程中，要经常检查模板、支架、拼缝等情况，发现模板变形、走动或漏浆，应及时修复。

资源8.44

三、混凝土麻面

现象：混凝土局部表面出现缺浆和许多小凹坑、麻点，形成粗糙面，但无钢筋外露。

原因分析：①模板表面粗糙或黏附的水泥浆渣等杂物未清理干净，拆模时混凝土表面被粘坏。②模板未浇水湿润或湿润不够，构件表面混凝土的水分被吸去，使混凝土失水过多出现麻面。③模板拼缝不严，局部漏浆，使混凝土表面沿模板接缝位置出现麻面。④模板隔离剂涂刷不匀，或局部漏刷或失效，混凝土表面与模板黏结造成麻面。⑤混凝土振捣不实，气泡未排出，停在模板表面形成麻点。⑥拆模过早，使混凝土表面的水泥浆粘在模板上，产生麻面。

预防措施：①模板表面应清理干净，不得粘有干硬水泥砂浆等杂物。②浇筑混凝土前，模板应浇水充分湿润，并清扫干净。③模板拼缝应严密，如有缝隙，应用油毡纸、塑料条、纤维板或腻子堵严。④模板隔离剂涂刷要均匀，并防止漏刷。⑤混凝土应分层均匀振捣密实，严防漏振，每层混凝土均应振捣至排除气泡为止。拆模不应过早。

资源8.45

四、混凝土孔洞

现象：混凝土结构内部有尺寸较大的空隙，局部没有混凝土或蜂窝特别大，钢筋局部或全部裸露。

原因分析：①在钢筋密集处或预埋件处，混凝土灌注不畅通，不能充满模板间隙。②未按顺序振捣混凝土，产生漏振。③混凝土离析，砂浆分离，石子成堆，或严重跑浆。④混凝土工程的施工组织不好，未按施工顺序和施工工艺认真操作。⑤混凝土中有硬块和杂物掺入，或木块等大件料具掉入混凝土中。⑥不按规定下料，吊斗直接将混凝土卸入模板内，一次下料过多，下部因振捣器振动作用半径达不到，形成松散状态。

预防措施：①在钢筋密集处及复杂部位，采用细石混凝土浇筑，使混凝土易于充满模板，并仔细振捣密实，必要时，辅以人工捣实。②预留孔洞、预埋铁件处应在两侧同时下料，预留孔洞、预埋铁件下部浇筑混凝土前，应在模板侧面加开下料口下料振捣密实后再封好模板下料口，继续往上浇筑，防止出现孔洞。③采用正确的振捣方法，防止漏振。插入式振捣棒应采用垂直振捣方法，即振捣棒与混凝土表面垂直。插点应均匀排列。每次移动距离不应大于振捣棒作用半径 R 的1.5倍。一般手持振捣棒的作用半径为30～40cm。振捣器操作时应快插慢拔。④控制好下料，混凝土自由倾落高度不应大于2m（浇筑板时为1.0m），大于2m时采用串筒或溜槽下料，以保证混凝土浇筑时不产生离析。

资源8.46

五、混凝土内缝隙、夹层

现象：混凝土内成层存在水平或垂直的松散混凝土。

原因分析：①施工缝或变形缝未经接缝处理，未清除表面水泥薄膜和松动石子或未除去软弱混凝土层并充分湿润就浇筑混凝土；②施工缝处锯屑、泥土、砖块等杂物未清除或未清除干净；③混凝土浇灌高度过大，未设串筒、溜槽，造成混凝土离析；④底层交接处未灌接缝砂浆层，接缝处混凝土未很好振捣。

预防措施：①认真按施工验收规范要求处理施工缝及变形缝表面；②接缝处锯屑、泥土砖块等杂物应清理干净并洗净；③混凝土浇灌高度大于2m应设串筒或溜槽；④接缝处浇灌前应先浇5～10cm厚，同原混凝土配合比的无石子砂浆，或10～15cm厚减半石子混凝土，以利接合良好，并加强接缝处混凝土的振捣密实；⑤缝隙夹层不深时，可将松散混凝土凿去，洗刷干净后，用1∶2或1∶2.5水泥砂浆强力填嵌密实；⑥缝隙夹层较深时，应清除松散部分和内部夹杂物，用压力水冲洗干净后支模，强力灌细石混凝土或将表面封闭后进行压浆处理。

资源8.47

六、混凝土缺棱掉角

现象：混凝土边角破坏，结构或构件边角处混凝土局部掉落，不规则，棱角有缺陷。

原因分析：①木模板未充分浇水湿润或湿润不够；混凝土浇筑后养护不好，造成脱水，强度低，或模板吸水膨胀将边角拉裂，拆模时，棱角被粘掉。②低温施工过早拆除侧面非承重模板。③拆模时，边角受外力或重物撞击，或保护不好，棱角被碰掉。④模板未涂刷隔离剂，或涂刷不匀。

预防措施：①木模板浇筑混凝土前浇水湿润，混凝土浇筑后加强养护；②混凝土强度大于1.2MPa后再拆模；③拆模后，边角防止用撬棍等利器撬模板或大锤敲击模板；④模板浇筑混凝土前均匀涂刷脱模剂。

资源8.48

七、混凝土表面不平整

现象：混凝土表面凹凸不平。

原因分析：①混凝土浇筑后，表面仅用铁锹拍平，未用抹子找平压光，造成表面粗糙不平。②模板未支承在坚硬土层上，或支承面不足，或支撑松动、泡水，致使新浇灌混凝土早期养护时发生不均匀下沉。③混凝土未达到一定强度时，上人操作或运料，使表面出现凹凸不平或印痕。④板面抹压不到位，上人过早。

预防措施：①严格按施工技术规程操作，浇筑混凝土后，应根据水平控制标志或弹线用抹子找平、压光，终凝后浇水养护。②模板应有足够的承载力、刚度和稳定性，支柱和支撑必须支承在坚实的土层上，应有足够的支承面积，并防止浸水，以保证结构不发生过量下沉。③在浇筑混凝土过程中，应经常检查模板和支撑情况，如有

资源 8.49

松动变形，应立即停止浇筑，并在混凝土凝结前修整加固好，再继续浇筑。④混凝土强度达到 1.2MPa 以上，方可在已浇结构上走动。

八、混凝土交角不方正

现象：混凝土阴阳角不方正、不垂直。

原因分析：下料尺寸不准，角部模板不成 90°。

预防措施：下料尺寸应精确，采用重复压缝做法。

九、混凝土松顶

现象：混凝土浇筑后，在距顶面 50～100mm 高度内出现粗糙、松散的现象，有明显的颜色变化，内部呈多孔性，基本上是砂浆，无石子分布其中，强度较下部低，影响结构的受力性能和耐久性，经不起外力冲击和磨损。

原因分析：①混凝土配合比不当砂率不合适，水灰比过大，混凝土浇捣后石子下沉，造成上部松顶；②振捣时间过长，造成离析，并使气体浮于顶部；③混凝土的泌水没有排除，使顶部形成一层含水量大的砂浆层。

预防措施：①设计的混凝土配合比水灰比不要过大，以减少泌水性，同时应使混凝土拌合物有良好的保水性。②在混凝土中掺加气剂或减水剂，减少用水量，提高和易性。③混凝土振捣时间不宜过长，应控制在 20s 以内，防止产生离析。混凝土浇至顶层时应排除泌水，并进行二次振捣和二次抹面。④连续浇筑高度较大的混凝土结构时，随着浇筑高度的上升，分层减水。⑤采用真空吸水工艺，将多余游离水分吸去，提高顶部混凝土的密实性。

资源 8.50

十、混凝土强度不够，均质性差

现象：同批混凝土试块的抗压强度平均值低于设计要求强度等级。

原因分析：①水泥过期或受潮，活性降低；砂、石集料级配不好，空隙大，含泥量大，杂物多；外加剂使用不当，掺量不准确。②混凝土配合比不当，计量不准，施工中随意加水，使水灰比增大。③混凝土加料顺序颠倒，搅拌时间不够，拌合不匀。④冬期施工，拆模过早或早期受冻。⑤混凝土试块制作未振捣密实，养护管理不善，或养护条件不符合要求，在同条件养护时，早期脱水或受外力砸坏。

预防措施：①水泥应有出厂质量合格证，并应加强水泥保管工作，要求新鲜无结块，过期水泥经试验合格后才能使用。对水泥质量有疑问时，应进行复查试验，并按试验结果的强度等级使用。②砂、石子粒径、级配、含泥量等应符合要求。③严格控制混凝土配合比，保证计量准确，及时测量砂、石含水率并扣除用水量。④混凝土应按顺序加料、拌制，保证搅拌时间和拌匀。⑤冬季施工：应根据环境大气温度，保持一定的浇灌温度，认真做好混凝土结构保温和测温工作，防止混凝土早期受冻。在冬期条件下养护的混凝土，在遭受冻结前，硅酸盐或普通硅酸盐水泥配制的混凝土应达到设计强度等级的 30%以上，矿渣硅酸盐水泥配置的混凝土应达到 40%以上。⑥按施工验收规范要求认真制作混凝土试块，并加强对试块的管理和养护。

十一、混凝土烂根、烂脖子

现象：混凝土浇筑后，与先浇筑混凝土交接处出现蜂窝状空隙，台阶或底板混凝土被挤隆起。高低差处现浇板成型质量差，混凝土不密实。

原因分析：基础、柱或墙根部混凝土浇筑后，接着往上浇筑，由于此时台阶或底板部分混凝土尚未沉实凝固，在重力作用下被挤隆起，而根部混凝土向下脱落形成蜂窝和空隙。

预防措施：①基础、柱、墙根部应在下部台阶（板或底板）混凝土浇筑完间歇1.0～1.5h（底板导墙要求沉实3h），沉实后，再浇上部混凝土，以阻止根部混凝土向下滑动。②基础台阶或柱、墙、底板浇筑完后，在浇筑上部柱、墙前，应先在基础底板或楼面，在柱、墙模板底部用混凝土维护，待上部混凝土浇筑完毕再将下部台阶或底板混凝土铲平。

资源8.51

十二、混凝土表面酥松脱落

现象：混凝土结构构件浇筑脱模后，表面出现酥松、脱落等现象，表面强度比内部要低很多。顶板混凝土不密实。

原因分析：①木模板未浇水湿透，或湿润不够，混凝土表层水泥水化的水分被吸去，造成混凝土脱水酥松、脱落。②炎热刮风天浇筑混凝土，脱模后未适当护盖浇水养护，造成混凝土表层快速脱水产生酥松。③冬期低温浇筑混凝土，浇灌温度低，未采取保温措施，结构混凝土表面受冻，造成酥松、脱落。

预防措施：①木模板要浇水湿透，充分湿润。②混凝土脱模后必须覆盖塑料薄膜并设专人浇水养护。③冬期低温浇筑混凝土，按冬季施工方案采取保温措施，防止结构混凝土表面受冻，造成酥松、脱落。

十三、混凝土温度裂缝

现象：表面温度裂缝走向无一定规律性，梁板式或长度尺寸较大的结构，裂缝多平行于短边，大面积结构裂缝常纵横交错。深进的和贯穿的温度裂缝，一般与短边方向平行或接近于平行，裂缝沿全长分段出现，中间较密。裂缝宽度大小不一，一般在0.5mm以下，沿全长无大变化。表面裂缝多发生在施工期间，深进的或贯穿的裂缝多发生在浇灌完2～3个月或更长时间。缝宽受温度变化影响较明显，冬季较宽，夏季较细。

原因分析：①表面温度裂缝多由温差较大引起，如冬期施工过早拆除模板、保温层，或受到寒潮袭击，导致混凝土表面急剧的温度变化而产生较大的降温收缩，受到内部混凝土的约束，产生较大的拉应力，而使表面出现裂缝。②深进和贯穿的温度裂缝，多由结构温差较大，受到外界约束引起，如大体积混凝土基础、墙体浇筑在坚硬地基或厚大混凝土垫层上，如混凝土浇灌时温度较高，当混凝土冷却收缩，受到地基、混凝土垫层或其他外部结构的约束，将使混凝土内部出现很大拉应力，产生降温收缩裂缝。裂缝较深的，有时是贯穿性的，常破坏结构整体性。③基础长期不回填，受风吹日晒或寒潮袭击作用；框架结构的梁、墙板、基础等，由于与刚度较大的柱、基础连接，或预制构件浇筑在台座伸缩缝处，因温度收缩变形受到约束，降温时也常出现深进的或贯穿的温度裂缝。④采用蒸汽养护的预制构件，混凝土降温速度控制不严，降温过速，或养生窑坑急速揭盖，使混凝土表面剧烈降温，而受到肋部或胎模的约束，常导致构件表面或肋部出现裂缝。

预防措施：①预防表面温度裂缝，可控制构件内外不出现过大温差；浇灌混凝土后，应及时用草帘或草袋覆盖，并洒水养护。②在冬期混凝土表面应采取保温措施，不过早拆除模板或保温层；对薄壁构件，适当延长拆模时间，使之缓慢降温；拆模时，块体中部和表面温差不宜大于25℃，以防急剧冷却造成表面裂缝。③地下结构混凝土拆模后要及时回填。预防深进或贯穿温度裂缝，应尽量选用矿渣水泥或粉煤灰水泥配制混凝土；或混凝土中掺适量粉煤灰、减水剂，以节省水泥，减少水化热量。④选用良好级配的集料，控制砂、石子含泥量，降低水灰比（0.6以下），加强振捣，提高混凝土密实性和抗拉强度。⑤避开炎热天气浇筑大体积混凝土，必要时，可采用冰水拌制混凝土，或对集料进行喷水预冷却，以降低浇灌温度，分层浇灌混凝土，每层厚度不大于30cm。⑥大体积基础采取分块分层间隔浇筑（间隔时间为5～7天），分块厚度为1.0～1.5m，以利水化热散发和减少约束作用；或每隔20～30m留一条0.5～1.0m宽间断缝，40天后再填筑，以减少温度收缩应力。⑦加强洒水养护，夏季应适当延长养护时间，冬季适当延缓保温和脱模时间，缓慢降温，拆模时内外温差控制不大于20℃。⑧在岩石及厚混凝土垫层上浇筑大体积混凝土时，可浇一层沥青胶或铺二层沥青、油毡作隔离层，预制构件与台座或台模间应涂刷隔离剂，以防黏结，长线台座生产构件应及时放松预应力筋，以减少约束作用。⑨蒸汽养护构件时，控制升温速度不大于25℃/h，降温不大于20℃/h，并缓慢揭盖，及时脱模，避免引起过大的温差应力。

资源8.52

十四、混凝土凹凸、鼓胀，偏差超过允许值

现象：构件鼓模，修补后露筋。

原因分析：①模板支架支撑不牢固或刚度不够，混凝土浇筑后局部产生侧向变形，造成凹凸或鼓胀。②模板支撑不够或穿墙螺栓未锁紧，致使结构膨胀。③混凝土浇筑未按操作规程分层进行，一次下料过多或用吊斗直接往模板内面倾倒混凝土，或振捣混凝土时长时间振动钢筋、模板，造成跑模或较大变形。④钢木模板结合处，木模侧向刚度差，使结合处木模容易发生鼓胀。

预防措施：①模板支架及墙模板斜撑必须通过木方安装在坚实支护桩上，并应有足够的支承面积。②柱模板应设置足够数量的柱箍，底部混凝土水平侧压力较大，柱箍还应适当加密。③混凝土浇筑前应仔细检查模板尺寸和位置是否正确，支撑是否牢固，穿墙螺栓是否锁紧，发现松动，应及时处理。④墙浇筑混凝土应分层进行，第一层混凝土浇筑厚度为50cm，然后均匀振捣；上部墙体混凝土分层浇筑。每层厚度不得大于50cm，防止混凝土一次下料过多。

十五、混凝土轴线偏移

现象：混凝土浇筑后拆除模板时，发现柱、墙实际位置与建筑物轴线位置有偏移。

原因分析：①模板拼装时组合件未能按规定到位；②轴线测放产生误差；③模板支撑不牢固，加固不到位；④模板刚度差；⑤混凝土浇筑时未均匀对称下料。

预防措施：①认真翻样配板；②轴线确认无误后再支模；③模板根部和顶部必须设可靠的限位措施；④根据混凝土结构的特点，专门设计模板，确保其强度刚度及稳定性；⑤混凝土浇筑前，认真检查。

十六、混凝土出现撞击裂缝

现象：裂缝有水平的、垂直的和斜向的，裂缝的部位和走向随受到撞击荷载的作用点、大小和方向而异；裂缝宽度、深度和长度不一，无一定规律性。

原因分析：①拆模时受外力撞击；②拆模过早或拆模方法不当。

预防措施：①现浇结构成型和拆模应防止受到各种施工荷载的撞击和振动；②达到拆模强度后，方可进行拆模；③拆模应按规定的方法及程序进行；④在混凝土结构未达到设计强度前，其上避免堆放大量的堆重。

十七、混凝土出现冻胀裂缝

现象：结构构件表面沿主筋、箍筋方向出现宽窄不一的裂缝，深度一般到主筋，周围混凝土酥松、剥落。

原因分析：冬期施工混凝土结构构件未保温，混凝土早期遭受冻结，表层混凝土冻胀，解冻后钢筋部位变形仍不能恢复，而出现裂缝、剥落。

预防措施：①冬期施工时，配置混凝土应采用普通水泥和低水灰比，并掺适量早强抗冻剂；②对混凝土进行蓄热保温或加热养护。

十八、混凝土结构尺寸偏差

现象：板厚度不足。

原因分析：①混凝土浇筑后没有找平压光；②混凝土没有达到强度就上人操作或运料；③模板支设不牢固，支撑结构差；④放线误差较大；⑤混凝土浇筑顺序不对，致使模板发生偏移等。

预防措施：①依据施工措施进行施工；②支设的模板要有足够的刚度及强度；③复核施工放线；④混凝土浇筑时，要有一定的顺序。

资源 8.53

十九、混凝土试块强度不足设计值

现象：混凝土同条件试件搁置错误，混凝土养护不到位。

原因分析：①同条件养护试件未随主体结构上升搁置在楼层上，只养护试件不养护混凝土构件；②施工用水管未随主体上升安装在楼层上；③标养室无门。

预防措施：①同条件养护试件应放置在自制的钢筋盒，设二把锁（监理见证取样人员，施工单位技术人员、试件工人各一把），随主体上升搁置在楼层上；养护构件时养护试件，等效养护龄期按日平均温度逐日累计达到600℃·d送检(等效养护龄期不应小于14d，也不宜大于60d)。②施工用水管采用*DN*50水管随结构上升各层设置二个取水点。③混凝土构件养护不得少于7d，对掺用缓凝剂或抗掺要求的混凝土，养护不得少于14d，混凝土表面应保持湿润。现场检查到位。

资源 8.54

二十、混凝土施工缝留置不合理

现象：混凝土施工缝留置不直。

原因分析：①施工方案编制时未针对工程特点明确施工缝位置。②因施工问题留设施工缝的方案未经设计同意。③施工时因突发情况未能按设计和施工方案要求留设施工缝。

预防措施：①在施工方案中应明确施工缝留设的位置。确定施工缝位置的原则为：尽可能留置在受剪力较小的部位；留置部位应便于施工。承受动力作用的设备基础，原则上不应留置施工缝；当必须留置时，应符合设计要求并按施工技术方案执行。②当因施工需留设施工缝时，其留设位置应经设计同意。③在施工前编制施工技术方案考虑突发情况施工缝留设处理的措施，施工时做好相关交底和准备工作。

第六节　预应力钢筋混凝土的质量通病及其预防措施

一、钢丝滑动

现象：在预应力筋张拉过程中或已张拉到控制力或已达到超张拉力持荷后，千斤顶在进油或回油过程中产生异响，压力油表大幅度跳动，或继续进油压力表读数反而减小，此时千斤顶的工具夹片可能产生滑丝，出现上述情况后，可使有效预应力降低，影响结构安全；严重滑丝时，锚塞或千斤顶可能会突然弹出，造成重大人身事故。放松预应力钢丝时，钢丝与混凝土之间的黏结力遭到破坏，钢丝向构件内回缩、滑动。

原因分析：①钢丝表面不洁净，被油污或隔离剂沾染。②混凝土强度低，密实性差，黏结强度低。③钢丝放松时混凝土强度不够，钢丝放松速度过快。④锚环、夹片硬度不够或夹片齿过浅。安装夹片顶面不齐。⑤锚环孔坡度过小或过大。⑥踩踏、敲击刚浇好的混凝土构件的外露钢丝。锥形锚受到动力作用时，有可能松动，造成滑丝，滑丝严重时造成失锚。⑦张拉值过大。⑧模板端头混凝土渣未清除干净，使钢丝不能下到槽底，使端部的混凝土与钢丝分离造成活筋。⑨钢丝本身强度偏高，张拉应力过高。⑩直径不均的钢丝（钢绞线）组装在一起。

预防措施：①保持钢丝表面洁净，严防油污，隔离剂宜用皂角类。②混凝土必须振捣密实，24h内应防止踩踏或敲击构件两端外漏的钢丝。③钢丝放松应在混凝土强度达到75%以上时进行，且尽量保持平衡对称，以防止产生裂缝和薄壁构件的翘曲。④光面碳素钢丝一般在使用前应进行刻痕加工，以提高钢丝抗滑能力。⑤张拉前对钢束锚固部分、锚环 、夹片进行彻底清理，安装夹片时要保证外露部分相同，顶面平齐。⑥张拉过程中若发生异响和不正常现象时，应停止张拉，缓慢回油，再对工作锚、工具锚、夹片、预应力筋进行仔细检查，必要时予以更换。⑦应严格对锚具和预应力筋材料供应商的资质进行审查，并按规定数量进行复验。必要时应对钢丝（或钢绞线）极限强度上限值予以规定，并对钢丝表面硬度进行检查。⑧根据预应力筋直径在允许误差范围内的浮动量清理端头混凝土，保证钢丝下到槽底。⑨张拉操作应小心，避免对已张拉束的扰动。⑩浇灌封顶混凝土振捣时，避免插入式振捣棒直接振动锚具。

资源 8.55

二、断丝

现象：预应力筋张拉后断丝。

原因分析：①预应力筋力学性能不合格或表面锈蚀。②锚具夹片硬度太高，齿高过大，稍有偏控就造成刻痕过深，发生断丝。③锚垫板喇叭筒、锚垫板、锚环及千斤顶不同心，造成偏拉，受力不均。④张拉过程控制不严，张拉力过大导致断丝。⑤顶楔力的影响。锥形锚的顶楔力为张拉力的50%～60%时，其锚固效果较好，顶楔力过大，会造成锚具外钢丝断裂。⑥预应力筋和锚具锈蚀的影响。轻度的浮锈会增大摩阻值，严重时会造成预应力筋截面减少，降低抗拉强度，张拉时易断裂，且影响压浆后预应力筋与水泥的黏结。更严重时会造成锚具失锚。⑦锚具几何尺寸的影响。锚环内圆锥两端出口处倒角不够（$R<2$mm），使钢丝在张拉过程中形成死角。⑧锚具安装的影响。在安装锚具中未保证锚环孔中心、预留孔中心和千斤顶轴线三者同心，张拉时压伤钢丝所致。⑨预应力筋编束的影响。钢丝（或钢绞线）在孔道内互相扭结、缠绕，导致长短不一，造成张拉时每根钢丝或钢绞线受力不均匀。

预防措施：①严格对预应力筋进行材料力学性能试验。强度相同、延伸率差异较大的两批材料不能同束使用。必要时应逐片检查夹片的硬度。②应按规定要求进行锚具外观尺寸检验和锚固性能试验不合格，不配套的锚固系统不得使用。③对张拉人员进行技术培训，提高质量意识，增强责任心，施工中严格按要求进行操作。④在施工中须使锚垫板与孔道轴线垂直，千斤顶与锚垫板垂直。⑤千斤顶油表定期校核，防止千斤顶拆卸、修理后，油表不能回零，受到碰撞或失灵后，应更换油表。⑥千斤顶和油压表要进行配套更换、校核。

资源 8.56

三、构件翘曲

现象：板式（空心板、薄板）和棒式（小梁、芯棒）构件，当预应力筋放松后，发生严重翘曲。

原因分析：①台面不平，预应力筋位置不准确；②混凝土质量低劣；③放张次序不当，使构件受到偏心荷载作用；④构件本身刚度差，受徐变作用。

预防措施：①保证台面平整和一定的强度，以防变形；控制保护层一致。②混凝土应保证密实，达到75%以上的强度才可以放张。③注意放张次序，采取缓慢、对称、间隔方式进行。④构件设计时要考虑徐变因素，适当提高刚度。

四、构件刚度差

现象：构件在使用荷载作用下的实际挠度超过设计规定值，或构件过早开裂。

原因分析：由于混凝土强度低，台座变形、摩擦阻力损失、夹具回缩量及温差过大，造成预应力损失过大而引起的。

预防措施：①放张预应力筋时，混凝土强度必须达到设计要求；②保证台座有足够强度、刚度和稳定性；③减小摩擦阻力损失值，测力装置要经常维护和校验。

五、孔道塌陷、堵塞

现象：预留孔道塌陷、堵塞，预应力筋不能顺利穿入。

原因分析：①抽芯过早，混凝土尚未凝固；②孔壁受外力和振动影响，如抽管时因方向不正而产生的挤压力和附加振动等；③波纹管在浇筑混凝土过程中移位，造成孔道不圆顺，甚至弯折；④波纹管运输安装过程中破损，水泥浆流入管内，阻塞孔道；⑤钢束头部松散，穿束时戳伤波纹管内壁，导致波纹管翻卷堵塞孔道；⑥金属波纹管安装时两侧波纹管未拧到位，特别是目前大都使用双波波纹管，螺纹高度较低，当接头本身较松时两侧波纹管未拧到位时接头处更易漏浆；⑦焊接波纹管固定用支架时波纹管烧穿。

预防措施：①根据预应力筋的配筋情况，浇筑混凝土前在孔道中穿入较集中钢绞线外直径大1cm的PVC管或钢管，待混凝土浇筑结束初凝后取出PVC管或钢管。钢管抽芯宜在混凝土初凝后、终凝前进行。②浇筑混凝土后，钢管要每隔10～15min转动一次，且沿同一方向；夏季高温下浇筑混凝土应考虑合理的浇筑程序，避免构件尚未全部浇筑完毕就急需抽管；抽管后应及时检查孔道成型质量。③抽管程序宜先上后下，先曲后直；抽管速度要均匀，其方向要与孔道走向一致。④单根钢管长度不大于15m，胶管长度不得大于30m。⑤ 加强波纹管质量控制，加工过程中控制好各项技术参数，使用前按规范进行抗折及抗渗漏试验；小心搬运，不得抛掷，防止变形或破损；接头波纹管安装时，保证每端掺入量不小于25cm，并用胶带缠紧，以防水泥浆侵入。⑥波纹管采用固定网片固定，将孔道定位钢筋与主钢筋骨架点焊；检查波纹管是否破损，发现后及时修补。⑦浇筑混凝土时，振捣棒不得碰触钢筋及管道，混凝土振捣时选择30mm小直径振动棒或插片式振动棒，防止孔道移位或破损；安排专人用“橄榄球”清孔，保证管道通畅。⑧金属波纹管接头处尽量拧紧，同时接头两侧以胶带封裹。⑨焊接波纹管固定支架时防止波纹管烧串，可事先焊好井架，当波纹管穿好后以扎丝将井架绑扎在箍筋上。

资源8.57

六、孔道歪斜

现象：孔道位置不正。

原因分析：芯管固定不牢，“井”字架间距大。

预防措施：①芯管应用钢筋“井”字架支垫；②孔道之间净距、孔壁至构件边缘的距离不应小于25mm，且不小于孔道直径的一半；③浇筑混凝土时，切勿用振动棒振动芯管，以防芯管偏移。

七、张拉力低于设计值

现象：电热法拉张预应力钢筋时，预加应力值不准确 。

原因分析：由钢材性能不稳定及电热拉张引起的各项附加工艺损失不易计算准确。

预防措施：①加强对钢材质量的检验，保证热轧钢筋冷拉后的强度；②绘制应力-应变曲线，确定钢筋冷拉时效后的弹性模量；③做好绝缘措施；④计算总伸长值后，应先试拉并进行校核，再成批张拉；⑤冷拉钢筋电热张拉反复次数不能超过三次，电热温度不得大于350℃。

八、锚固区产生裂缝

现象：锚固区裂缝拉张后，端部锚固区产生裂缝，裂缝与预应力筋轴线基本重合。

原因分析：①预应力吊车梁、桁架、托架等端头锚固区沿预应力方向的纵向水平或垂直裂缝，主要是构件端部节点尺寸不够和未配置足够的横向钢筋网片或钢箍，当拉张时，垂直预应力筋方向的劈裂拉应力引起裂缝出现；②混凝土振捣不密实，张拉时其强度偏低，以及张拉力超过规定等，都会出现这类裂缝。

资源 8.58

预防措施：①严格控制混凝土配合比，加强混凝土振捣，保证其密实性和强度；②预应力筋张拉和放松时，混凝土必须达到规定强度，操作时控制应力要准确，并应缓慢放松预应力钢筋。

九、预应力纵向水平裂缝

现象：张拉端混凝土开裂，在中轴区域内出现纵向水平裂缝，这种裂缝有可能扩展，甚至全梁贯通而导致构件丧失承载力。

原因分析：①混凝土强度不够，由于张拉时锚垫板处对混凝土作用产生很大的压力，而直接承压面积不大，应力非常集中，当张拉时间过早或混凝土强度本身达不到设计要求以及施工中未振实时，会导致张拉端局部应力大于张拉端承载力，出现开裂；如网片未按图集要求设置，也会削弱局部承载力致使混凝土开裂。②屋架端部埋件未按图集要求加工。如钢板材质达不到设计要求或钢板厚度达不到设计要求均可能削弱屋架张拉端局部承载力而使用屋架端部开裂。

预防措施：①张拉端网用钢筋规格尺寸应符合图集要求，安装的间距和数量应和图集一致，一般为 8 片，距离为 5cm；②埋件铁板厚度及材质、规格尺寸应和相应型号的屋架一致；③商品混凝土强度应满足设计要求，且施工中应振实，养护应符合要求。

十、安装时锚具无法就位

现象：锚具安装时发现锚板无法和承压板紧密联结；洞口处钢绞线卡住锚板。

原因分析：①张拉端承压板未按要求扩孔或扩孔的尺寸太小；②扩孔加工精度不够，孔洞不规则；③混凝土浇筑时洞口漏浆堵塞孔道，或金属波纹管未清理干净，影响扩孔端孔道直径。

预防措施：①详细计算扩孔直径，扩孔直径应为所用锚具外截圆直径加深0.5～0.8cm；②增加承压板扩孔的加工精度。

十一、理论伸长值计算不准

现象：理论值计算时参数取值不合理。

原因分析：①弹性模量 E_s、预应力筋面积 A_p 计算时的取值与钢束的实际值有差异 k、u 取值可能与实际情况有差异。②管道实际位置偏离设计位置：因为施工中定位不准 、固定不牢等。③管道弯折变形或波纹管破损漏浆，造成钢束与混凝土握裹，导致实际摩阻力大于计算摩阻力，使实测值变小。④张拉千斤顶、油表等张拉设备未经校正或已过有效期，或在有效期内发生异常情况而没有重新校正，或计算数据有误。⑤操作不当。如测量伸长值画线太粗而读数不准；因操作失误使实际施加应力不足或超过规定值。⑥实测伸长值计算错误。

预防措施：①计算理论伸长值时，弹性模量及预应力筋截面积应采用该批材料样本的实测值，有条件时进行现场摩阻试验，按实测摩阻损失计算伸长值。②张拉前应认真检查张拉机具、油压表等是否在有效期；是否发生漏油、不保压等异常情况；千斤顶校正数据是否准确，由此建立的关系曲线和计算公式是否正确，油压表读数计算是否准确，计算数据须实行技术复核制。③采取措施防止管道变形和跑位，并加强各工序的施工质量检查验收。

第七节　砌体工程质量通病及其预防措施

一、砌块堆放

现象：混凝土砌块堆放未架空，无防潮、防雨淋措施，砌块含水量不均匀。

原因分析：现场管理混乱，混凝土砌块进厂后对方未按照下垫上盖要求执行。

预防措施：严格执行混凝土砌块进厂后上盖下垫规定，砌块下设置方木或混凝土墩等隔潮材料，砌块上覆盖帆布等措施防止雨水淋湿。

二、砌体强度低

现象：砖砌体出现水平裂缝、竖向裂缝和斜向裂缝。

原因分析：①砖强度等级达不到设计要求（进场的烧结砖强度低，酥散）；②砂浆强度不符合要求（水泥质量不合格、砂的含泥量大、砂浆配合比计量不准、砂浆搅拌不均匀）。

预防措施：①进场水泥、砖等要有合格证明，并取样复检查符合要求；②砂子应满足材质要求，如使用含量超过规定的砂，必须增加机拌时间，以除去砂子表面的凝土；③砂浆的配合比应根据设计要求种类、强度等级及所用的材质情况进行试配，在满足砂浆和易性的条件下控制砂浆的强度等级；砂浆应采用机械拌合，时间不得少于1.5min；④白灰应使用经过熟化的白石灰膏。

三、砌体几何尺寸不符合设计图纸要求

现象：①墙身的厚度尺寸达不到设计要求；②砌体水平灰缝厚度、皮砖的累计数不符合验评标准的规定；③混凝土结构圈梁、构造柱、墙柱胀模。

原因分析：①砖的几何尺寸不规格；②对砖砌水平灰缝不进行控制；③砌筑过程中挂线不准；④混凝土模具强度低，导致浇筑后的混凝土结构胀模。

预防措施：①同一单位工程宜使用同一厂家生产的砖；②正确设置皮数杆，皮数杆间距一般为15～20m，转角处均控制在10mm左右；③水平与竖向灰缝的砂浆均应饱满，其厚（宽）度应控制在10mm左右；④浇筑混凝土前，必须将模具支撑牢固；混凝土要分层浇筑，振动棒不可直接接触。

四、砖砌体组砌混乱

现象：①混水墙组砌混乱，出现直缝和“二层皮”，砖柱采用包心砌法，里外皮砖互不相咬，形成周圈通天缝，降低了砌体强度和整体性；②清水砖的规格尺寸误差对墙面影响较大，如组砌形式不当，形成竖缝宽窄不均，影响美观。

原因分析：①混水墙面要抹面，操作工作容易忽视组砌形式，因此，出现多层砖

的直缝和“二层皮”现象；②为了少用七分头砖，对三七砖柱习惯用包心砌法。

预防措施：①提高操作工对砌砖组形式的重视，使其认识到不单纯为了清水墙美观，同时也为了满足传递荷载的需要；因此，不论清、混水墙，墙体中砖缝搭接不得少于 1/4 砖长；内外皮砖层砖最多隔五层就应有一丁砖拉结（五顺一丁），为了充分利用半砖头，但也应满足 1/4 砖长的搭接要求，半砖头应分散砌于混水墙中；②砖柱的组砌方法应根据砖柱断面和实际情况统一考虑；但不得采用包心砌法；③砖柱横、竖向灰缝的砂浆都必须饱满，每砌完一层砖，都要进行一次竖缝刮浆塞缝工作，以提高砌体强度；④砖体组砌形式的选用应根据所砌部位的受力性质和砖的规格尺寸误差而定。

资源 8.59

五、水平或竖向灰缝砂浆饱满度不合格

现象：砌体砂浆不密实饱满，水平灰缝饱满度低于《砌体结构工程施工质量验收规范》(GB 50203—2011) 规定的 80%。

原因分析：①砌筑砂浆的和易性差，直接影响砌体灰缝的密实和饱满度；②干砖上墙和砌筑操作方法错误，不按“三一”（即一块砖、一铲灰、一揉挤）砌砖法砌；③水平灰缝缩口太大。

预防措施：①改善砂浆和易性，如果砂浆出现泌水现象，应及时调整砂浆的稠度，确保灰缝的砂浆饱满度和提高砌体的黏结强度；②砌筑用的烧结普通砖必须提前 1～2 天浇水湿润，含水率宜在 10%～15%，严防干砖上墙使砌筑砂浆早期脱水而降低强度；③砌筑时要采用“三一”砌砖法，严禁铺长灰而使低灰产生空穴和摆砖砌筑，造成灰浆不饱满；④砌筑过程中要求铺满口灰，然后进行刮缝。

六、砌体结构裂缝

现象：①砖砌体填充与混凝土框架柱接触处产生竖向裂缝；②底层窗台产生竖向裂缝；③在错层砖砌体墙上出现水平或竖向裂缝；④顶层墙体产生水平或斜向裂缝。

原因分析：①砌体材料膨胀系数不同并受温度影响产生结构裂缝；②由于窗间墙与窗台墙荷载差异、窗间墙沉降、灰缝压缩不一，而在窗口边产生剪力，在窗台墙中间产生拉力；③房屋两楼层标高不一时，由于屋面或楼板膨缩或其他因素而推挤，在楼层错层处出现竖向裂缝；④顶层墙体因温度差产生变形，或屋面、楼板设置伸缩缝而墙身未相应设置，以致墙体被拉裂产生斜向裂缝，或女儿墙根部产生水平方向裂缝。

预防措施：①对不同材料组成的墙应采取技术措施，混凝土框架与砖填充墙应采用钢丝网片连接加固防止产生裂缝；②防止窗台竖向裂缝，在窗台下砌体配筋；③屋面应严格控制檐头处的保温层厚度，顶层砌体砌完后应及时做好隔热层，防止顶层梁板受日光照射变化因温差引起结构的膨胀和收缩；④女儿墙因结构层或保温层差变化或冻融产生变形将女儿墙根推开而产生裂缝；在铺设结构层、保温层材料时，必须在结构或保温层与女儿墙之间留设温度缝。

资源 8.60

七、墙体渗水

现象：①住宅围护渗水；②窗台与墙节点处渗水；③外墙透水。

原因分析：①砌体的砌筑砂浆不饱满、灰缝空缝，出现毛细通道，形成虹吸作用；室内装饰面的材质质地松散易将毛细孔中的水分散开；饰面抹灰厚度不均匀，导致收水快慢不均；抹灰易发生裂缝和脱壳，分格条底灰不密实有砂眼，造成墙身渗水；②门窗口与墙连接密封不严，窗口天盘未设鹰嘴和滴水线，室外窗台板未做顺水坡，而导致倒水现象；③后塞口窗框与墙体之间没有认真填塞和嵌磨密封膏，导致渗水；④脚手眼及其他孔洞堵塞不严。

预防措施：①组砌方法要正确，砂浆强度应符合设计要求，坚持“三一”砌砖法；②对组砌中形成的空缝，应采用勾缝方法修整；③饰面层应分层抹灰，分格条应初凝后取出，注意压灰要密实，严防有砂眼或龟裂；④门窗口与墙体的缝体的缝隙，应采用加有麻力的砂浆自下而上塞灰压紧（在寒冷地区应先填保温材料）；勾灰缝时要压实，防止有砂眼和毛细孔而导致虹吸作用；铝合金和塑料窗应填保温材料；⑤门窗的天盘应设置鹰嘴和滴水线；⑥脚手眼及其他孔洞应用原设计的砌体材料按砌筑要求堵实。

八、清水墙面游丁走缝

现象：大面积的清水墙面常出现丁砖竖缝歪斜、宽窄不匀，丁不压中（丁砖在下层顺砖上不居中），清水墙窗台部位与窗间墙部位的上下竖缝发生错位、搬家等，直接影响到清水墙面的美观。

资源 8.61

原因分析：①砖的尺寸不合格；②开始砌墙时摆砖错误；③砌筑时未经常校核。

预防措施：①选用优质砖；②根据摆砖，确定合理的组砌方法；③砌筑时，必须强调丁砖的中线与下层顺转的中线重合；④校核。

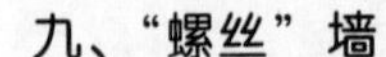

九、“螺丝”墙

现象：砌完一个层高的墙体时，同一砖层的标高差一皮砖的厚度，不能交圈。

原因分析：砌筑时没有按皮数杆控制砖的层数，在砌同一层砖时，误将负偏差标高当作正偏差，砌砖时反而压薄灰缝，在砌至层高赶上皮数杆时，与相邻墙正好差一皮砖，形成“螺丝”墙。

预防措施：①严格按照皮数杆控制砖的层数；②在墙体一步架砌完前，应进行抄平弹半米线；③调整同一墙面标高误差时，可采用提（压）缝的办法；④根据标高误差，调整灰缝厚度等。

十、缝砂浆不饱满

现象：①砖层水平灰缝砂浆饱满度低于 80%（规范规定）；②竖缝内无砂浆；③砌筑清水墙采取大缩口铺灰，缩口缝深度大于 2cm 以上，影响砂浆饱满度。

原因分析：①砖层水平灰缝和易性差，砌筑时挤浆费劲，使底灰产生孔穴，砂浆层不饱满；②铺灰过长，砌筑速度跟不上，砂浆中水分被底砖吸收，使砌上的砖层与砂浆失去黏结；③用干砖上墙，使砂浆早期脱水而降低标号。

资源 8.62

预防措施：①改善砂浆的和易性是确保灰缝砂浆饱满和提高黏结强度的关键。②改进砌筑方法，应推广“三一”砌砖法（又称挤揉法）即“一刀灰、一块砖、一挤揉”。③严禁用于砖砌墙。对于按设计烈度 9 度设防的地震区，在严冬无法浇砖的情况下，不宜进行砌筑。

十一、砌块墙体裂缝

现象：①圈梁底墙体有水平裂缝；②内墙横、纵墙尽端有阶梯形裂缝；③竖缝和窗台底下有竖向裂缝。

原因分析：①砂浆强度低，黏结力差；②砌块表面有浮灰等污物没有处理干净，影响砂浆与砌体之间的黏结；③砌块未到养护期，砌块体积收缩没有停止就砌筑，产生收缩裂缝；④砌块就位校正后，又被撬动使周边产生裂缝；⑤砌筑时铺灰过长，砂浆失水后黏结差；⑥砌块排列不合理，上下两皮竖缝搭砌小于砌块高的1/3或150mm，也没在水平灰缝中按规定设置拉结筋或钢筋网片；⑦墙体、圈梁、楼板之间纵横相交处无可靠连接，砌块墙与砖墙接槎连接不好；⑧砌块体积大、灰缝小，对地基不均匀沉降敏感，易在砌体中出现阶梯形裂缝。

预防措施：①配置砂浆的原材料必须符合要求，设计配合比有良好的和易性和保水性，砂浆稠度应控制在5～7cm，施工配合比必须准确，保证砂浆强度达到设计要求；②砌筑用砌块必须存放30d以上，待砌块收缩基本稳定再使用；③砌筑前应清除砌筑面污物，保持砌块湿润；④纵横墙相交处，应设置水平拉结筋或网片，其间距按砌块皮数确定，一般每隔两皮加一道2ϕ6水平拉结筋或网片（间距控制在800mm左右）；⑤设计上应考虑采取一些增强房屋整体刚度的措施，如窗洞口处加设水平钢筋，在房屋四周大角楼梯间等处，沿房屋全高设置钢筋混凝土构造柱，将基础、各层圈梁连接成整体，对于五层及五层以上的小砌块、空心砌块建筑，应沿墙每隔两皮砌块在水平砂缝内设置与构造柱连接的拉结钢筋等；⑥按规定设置伸缩缝，伸缩缝内不得留有砖、木、垃圾等硬物。

资源8.63

十二、石材材质差、形状不良、污染

现象：石材的岩种和强度等级不符合设计要求；料石表面色差大，色泽不均匀；癖斑较多；石材外表有风化层，内部有隐裂纹。

原因分析：①未按设计要求采购石料；②不按规定检查材质证明；③采石场石材等级分类不清，优劣大小混杂；④外观质量检验马虎。

预防措施：①按施工图规定的石材质量要求采购；②认真按规定查验材质证明或试验报告，必要时抽样复验；③加强石材外观质量的检查验收，风化石等不合格品不准进场。

十三、石砌体与砂浆黏结不牢

现象：砌体中的石块和砂浆不黏结，掀开石块查看常发现铺灰不足，石块与石块之间还是干缝，有的石块还有松动，由于砌体黏结不良，毛石砌体的承载能力降低。

原因分析：①毛石之间缝隙过大，砂浆干缩沉降产生缝隙，和石块不黏结。②高温干燥季节施工，石材粘有泥灰，与砂浆不能黏结。③违章作业，如铺砌干石块后再灌砂浆，造成灌浆不足。

预防措施：①控制材料的质量，砌筑用的石块应洁净湿润。砂浆强度、稠度、分层度都应满足设计与施工的要求。砂浆的稠度，干燥天气为30～50mm，阴冷天气为20～30mm。②毛石砌体的灰缝厚度以20～30mm为宜，砂浆应饱满，石块间较大的空隙应先填塞砂浆后用碎石块嵌实，不得先摆碎石块后塞砂浆或干填碎石块。

十四、毛石护坡不密实

现象：毛石铺砌方法错误，造成护坡开裂、变形。

原因分析：①毛石形状不良，铺砌前又未再修凿；②铺砌操作不认真。

预防措施：毛石护坡必须砌筑严密，在砌筑时必须依照有关规程规范严格认真地进行施工。

十五、盲目使用掺盐砂浆

现象：采用掺盐砂浆具有施工方法简单、造价低、货源易于解决等优点，因而在冬期施工中被广泛应用。由于该砂浆吸湿性大，保温性能下降，并有析盐现象等，所以不是全部工程都能使用。盲目使用到配筋砌体、变电所、发电站以及热工要求高或湿度大于60%的建筑工程中，会有后遗症而影响使用功能。

原因分析：①施工管理不善，误认为冬期施工采用掺盐砂浆就可砌筑一切工程的墙体。②技术交底不清，没有明确掺盐砂浆的配制要求和适用范围。

预防措施：①在砂浆中掺入一定量的盐类，能使砂浆抗冻早强，而且强度还能继续增长，并与砖石有一定黏结力，不但砌体在受冻前能获得一定的强度，而且解冻后砌体不需做解冻验算和维护。除禁止使用的工程范围，一般工程均可采用掺盐砂浆砌筑。②应按不同负温界限控制砂浆中的掺盐量。当砂浆中氯盐掺量过少时，砂浆的溶液会出现大量的冰结晶体，使水泥的水化反应极其缓慢，甚至停止，降低早期强度，达不到预期效果；如氯盐掺量过多，砂浆后期强度会显著下降，同时导致砌体析盐量过多，增大吸湿性，降低保温性能，影响室外装饰的质量和效果。

十六、填充墙与混凝土柱、梁、墙连接不良

现象：填充墙与混凝土柱、梁、墙连接处出现裂缝，严重时受撞击倒塌。

原因分析：①混凝土柱、梁、墙未按规定预埋拉接筋或偏位规格不符；②砌填充墙时，未将拉接筋调直或未放入灰缝中，影响钢筋的拉接力；③钢筋混凝土梁、板与填充墙之间未楔紧，或未填实。

资源 8.64

预防措施：①混凝土结构中按规定要求合理留置墙体拉接筋，并在墙体砌筑时将其凿出调直砌在墙体内。②砌筑砂浆要饱满，将墙体与混凝土结构根据有关规定楔紧。

十七、墙体整体性差

现象：墙体沿灰缝产生裂缝或在外力作用下墙片损坏，影响墙体的整体性。

原因分析：①砌块含水率大；②砌块砌筑排列混乱，砌块强度低，承受剧烈碰撞能力差；③砌块体大，竖缝砂浆不易饱满；④随意凿墙，破坏墙体整体性；⑤大载荷处未用混凝土填实，造成压碎。

预防措施：①砌筑前绘制砌块排列图；提前湿润砌块；②砌筑时采用同样干密度及强度的砌块；③灰缝横平竖直；④不得随意凿墙。

第八节　钢结构工程的质量通病及其预防措施

一、构件运输、堆放变形

现象：构件在运输或堆放时发生变形，出现死弯或缓弯。

原因分析：①构件制作时因焊接产生变形，一般呈现缓弯；②运输过程中碰撞产生死弯；③堆放时，垫点不合理。

预防措施：①制作时，注意焊接工艺及焊接顺序等；②尽量避免对构件的机械碰撞；③合理设置垫点；④构件发生死弯变形，一般采用机械矫正法治理；⑤结构发生缓弯变形时，可采用氧气乙炔火焰加热矫正。

二、构件拼装后扭曲

现象：构件拼装后扭曲主要表现为构件拼装后全长扭曲超过允许值。

原因分析：节点角钢或钢管不吻合，缝隙过大，拼接工艺不合理。

预防措施：①节点处型钢不吻合，应用氧乙炔火焰烘烤或用杠杆加压方法调直，达到标准后，再进行拼装。拼装节点的附加型钢（也叫拼装连接型钢或型钢）与母材之间缝隙大于3mm时，应用加紧器或卡口卡紧，点焊固定，再进行拼装，以免节点尺寸不符，造成构件扭曲。②拼装构件一般应设拼装工作台，如在现场拼装，则应放在较坚硬的场地上用水平仪抄平。拼装时构件全长应拉通线，并在构件有代表性的点上用水平尺找平，符合设计尺寸后电焊点固焊牢。③刚性较差的构件，翻身前要进行加固。构件翻身后也应进行找平，否则构件焊接后无法矫正。

三、拼装焊接变形

现象：拼装焊接变形主要表现为拼装构件焊接后翘曲变形。

原因分析：①焊接时焊件受到不均匀的局部加热和冷却，是产生焊接变形和焊接应力的主要原因；②焊缝金属在凝固和冷却过程中，体积要发生收缩，这种收缩使焊件产生变形和应力；③焊缝金属在焊接时，加热到很高的温度，随后冷却下来达到熔点，从熔点到常温，即从液态凝固成固态的过程中，焊缝金属内部的组织要发生变化；④焊接的刚性限制了焊件材料在焊接过程中的变形，所以刚性不同的焊接结构，焊后变形的大小就不同；⑤除上述的情况外，焊接方法、接头形式、坡口形式、坡口角度、焊件的装配间隙、对口质量、焊接速度、焊件的自重等都会对焊接变形和焊接应力产生影响，特别是装配顺序和焊接顺序影响最大。

预防措施：①为了抵消焊接变形，可在焊前进行装配时，将工件向与焊接变形相反的方向预留偏差，即反变形法。②采用合理的拼装顺序和焊接顺序控制变形，不同的工件应采用不同的顺序。收缩量大的焊缝应当先焊。长焊缝采取对称焊、逐步退焊、分中逐步退焊、跳焊等焊接顺序。③采用夹具或专用胎具，将构件固定后再进行焊接，即刚性固定法。④构件翘曲可用机械矫正法或氧气乙炔火焰加热法进行矫正。⑤减小不均匀加热，以小电流快速不摆动焊代替大电流慢速摆动焊，小直径焊条代替大直径焊条，多层焊代替单层焊；采用线能量高的焊接方法。⑥采用对称施焊法和锤击焊缝法（底层及表面不锤击）。

四、钢柱底脚有空隙

现象：钢柱底脚有空隙主要表现为钢柱底脚与基础接触不紧密，有空隙。

原因分析：基础标高不准确，表面未找平；钢柱底部因焊接变形而不平。

预防措施：柱脚基础标高要准确，表面应仔细找平。

柱脚基础可采用五种方法施工：①柱脚基础支承面一次浇筑到设计标高并找平，不再浇筑水泥砂浆找平层。②将柱脚基础混凝土浇筑到比设计标高低40～60mm处，然后用细石混凝土找平至设计标高。找平时应采取措施，保证细石面层与基础混凝土紧密结合。③预先按设计标高安置好柱脚支座钢板，并在钢板下浇筑水泥砂浆。④预先将柱脚基础浇筑到比设计标高低40～60mm处，当柱安装到钢垫板（每叠数量不得超过3块）上后，再浇筑细石混凝土。⑤预先按设计标高埋置好柱脚支座配件（型钢梁、预制混凝土梁、钢轨等），在柱子安装以后，再浇筑水泥砂浆。

五、柱地脚螺栓位移

现象：柱地脚螺栓位移是指钢柱底部预留孔与预埋螺栓不对中。

原因分析：样板尺寸有误或孔距不准确；固定措施不当，导致浇筑混凝土时发生位移。

预防措施：①在浇筑混凝土前，预埋螺栓位置应用定型卡盘卡住，以免浇筑混凝土时发生错位；②钢柱底部预留孔应放大样，确定孔位后再作预留孔。

六、柱地脚螺栓丝长不够

现象：柱地脚螺栓丝长不够主要表现为轻型钢柱安装时螺母和垫板不能正确就位。

原因分析：螺栓未正确固定，导致浇筑混凝土时发生位移；下料时计算有误。

预防措施：①浇筑混凝土前，应将地脚螺栓固定，以免浇筑混凝土时下滑或上移；②地脚螺栓加工前应计算好套丝长度，应包括上下螺母和垫板的厚度、标高调整的余量、外露丝长等；③设计时注意使抗剪键高度小于底板与基础顶面的预留空隙。

七、钢屋架、天窗架不垂直

现象：钢屋架、天窗架垂直偏差过大。

原因分析：钢屋架或天窗架在制作时或拼装过程中，产生较大的侧向弯曲，加之安装工艺不合理，使垂直偏差超过允许值。

预防措施：①严格检查构件几何尺寸，超过允许值应及时处理好再吊装。②应严格按照合理的安装工艺安装。③钢屋架校正方法可用全站仪或线坠法。④天窗架垂直偏差可采用全站仪或线坠对天窗架两支柱进行校正。

八、安装螺栓孔错位

现象：安装螺栓孔错位主要表现为安装孔不重合，螺栓穿不进去。

原因分析：螺栓孔制作偏差大；钢部件小拼累积偏差大，或螺栓紧固程度不一。

预防措施：①不论粗制螺栓或精制螺栓，其螺栓孔在制作时尺寸、位置必须准确，对螺栓孔及安装面应做好修整，以便于安装。②钢结构构件每端至少应有两个安装孔。为了避免钢构件本身挠度导致孔位偏移，一般采用钢冲子预先使连接件上下孔重合。施拧螺栓工艺是：第一个螺栓第一次必须拧紧，当第二个螺栓拧紧后，再检查第一个螺栓并继续拧紧，保持螺栓紧固程度一致。紧固力矩大小应该按规定要求，不可擅自决定。

九、高强度螺栓连接板拼装不严密

现象：高强度螺栓连接板拼装不严密表现为高强度螺栓连接板接触面有间隙，违反了摩擦性连接收力原理。

原因分析：①钢构件连接板接触面有飞边、毛刺、焊接飞溅物等；②连接板面不平整，制作、拼装、组装焊接变形；③连接板厚出现公差，制造、安装的组装累积偏差造成间隙，施拧工艺不合格；制孔工艺不合格。

预防措施：①钢构件拼装前，应清除飞边、毛刺、焊接飞溅物、油漆等。②钢构件在制作、拼装、组装焊接过程中必须采取合理焊接工艺，尽量减少焊接变形。③连接板厚度出现的公差一般很小，紧固后基本能解决间隙问题。如果螺栓不能自由穿入，则钢板的孔壁与螺栓产生挤压力，使钢板压紧力达不到设计要求，因此钻孔必须精确，使螺栓能自由穿入。④高强度螺栓初拧、复拧的目的是把各层钢板压紧，达到密贴，一般初拧扭矩最好是终拧扭矩的50%。拧紧次序，应从螺栓中部向两端向四周扩展，依次对称紧固，从节点刚度大的部位向约束较小的部位进行。⑤工字钢连接应按上翼缘→下翼缘→腹板次序紧固。同一连接面上的螺栓紧固，应由接缝中间向两端交叉进行。有两个连接构件时，应先紧固主要构件，后紧固次要构件。高层钢结构柱梁的高强度螺栓紧固顺序：顶层→底层→中间层次。⑥高强度螺栓扳手的扭矩值很容易变动，所以必须经常检查扭矩扳子的预定扭矩值。⑦冲孔工艺不但使钢板表面局部不平整，孔边还会产生裂纹，降低钢结构的疲劳强度，所以必须采用钻孔工艺，以使板层密贴，有良好的面接触。

第九节　市政工程的质量通病及其预防措施

一、管道位置

现象：管道位置偏移或产生积水。

原因分析：测量差错，施工走样和意外的避让原有构筑物，在平面上产生位置偏移，立面上产生积水甚至倒坡现象。

预防措施：①施工前要认真按照施工测量规范和规程进行交接桩复测与保护。②施工放样要结合水文地质条件，按照埋置深度和设计要求以及有关规定放样，且必须进行复测检验，其误差符合要求后才能交付施工。③施工时要严格按照样桩进行，沟槽和平基要做好轴线和纵坡测量验收。④施工过程中如意外遇到构筑物须避让时，应在适当的位置增设连接井，其间以直线连通，连接井转角应大于135°。

二、管道渗漏水

现象：管道渗漏水，闭水试验不合格。

原因分析：基础不均匀下沉，管材及其接口施工质量差、闭水段端头封堵不严密、井体施工质量差等原因均可产生漏水现象。

预防措施：①管道基础条件不良将导致管道和基础出现不均匀沉陷，一般造成局部积水，严重时会出现管道断裂或接口开裂。认真按设计要求施工，确保管道基础的强度和稳定性。当地基地质水文条件不良时，应进行换土改良处置，以提高基槽底部的承载力。如果槽底土壤被扰动或受水浸泡，应先挖除松软土层和超挖部分用杂砂石或碎石等稳定性好的材料回填密实。地下水位以下开挖土方时，应采取有效措施做好抗槽底部排水降水工作，确保干槽开挖，必要时可在槽坑底预留 20cm 厚土层，待后续工序施工时随挖随清除。②管材质量差，存在裂缝或局部混凝土松散，抗渗能力差，容量产生漏水。因此要求：所用管材要有质量部门提供合格证和力学试验报告等资料；管材外观质量要求表面平整无松散露骨和蜂窝麻面形象。③安装前再次逐节检查，对已发现或有质量疑问的应责令退场或经有效处理后方可使用。④管接口填料及施工质量差，管道在外力作用下产生破损或接口开裂。防治措施：选用质量良好的接口填料并按试验配合比和合理的施工工艺组织施工；抹带施工时，接口缝内要洁净，必要时应凿毛处理，再按照施工操作规程认真施工。⑤检查井施工质量差，井壁和与其连接管的结合处渗漏，预防措施：检查井砌筑砂浆要饱满，勾缝全面不遗漏；抹面前清洁和湿润表面，抹面时及时压光收浆并养护；遇有地下水时，抹面和勾缝应随砌筑及时完成，不可在回填以后再进行内抹面或内勾缝；与检查井连接的管外表面应先湿润且均匀刷一层水泥原浆，并坐浆就位后再做好内外抹面，以防渗漏。规划预留支管封口不密实，因其在井内而常被忽视，如果采用砌砖墙封堵时，应注意做好以下几点：砌堵前应把管口 0.5m 左右范围内的管内壁清洗干净，涂刷水泥原浆，同时把所用的砖块润湿备用；砌堵砂浆标号应不低于 M7.5，且具良好的稠度；勾缝和抹面用的水泥砂浆标号不低于 M15。管径较大时应内外双面较小时只做外单面勾缝或抹面。抹面应按防水的五层施工法施工。一般情况下，在检查井砌筑之前进行封砌，以利于保证质量。

三、检查井质量差

现象：检查井变形、下沉，构配件质量差。

原因分析：①检查井基层处理不到位，导致检查井受力后下沉；②检查井砌筑质量差，位置不准确，高度未严格控制；③检查井盖安装时砂浆不饱满，轻重型号混用，爬梯位置随意，偏差较大。

预防措施：①认真做好检查井的基层和垫层，采取破除管道后再做流槽的做法(流槽不是水管，而是做井的时候砌筑或混凝土浇筑而成)，防止井体下沉。②检查井砌筑质量应控制好井室和井口中心位置及其高度，防止井体变形。③检查井井盖与座要配套；安装时坐浆要饱满；轻重型号和面底不错用，铁爬安装要控制好上、下第一步的位置，偏差不要太大，平面位置准确。

四、回填土质量

现象：回填土沉陷。

原因分析：检查井周边回填不密实，不按要求分层夯实，填料质量欠佳、含水量控制不好等原因影响压实效果，工后造成过大的沉降。

预防措施：①管槽回填时必须根据回填的部位和施工条件选择合适的填料和压（夯）实机械。②沟槽较窄时可采用人工或蛙式打夯机夯填、不同的填料、不同的填筑厚度应选用不同的夯压器具，以取得最经济的压实效果。③填料中的淤泥、树根、草皮及其腐殖物既影响压实效果，又会在土中干缩、腐烂形成孔洞，这些材料均不可作为填料，以免引起沉陷。④控制填料含水量大于最佳含水量2%左右；遇地下水或雨后施工必须先排干水，再分层随填随压密实。

第十节　智能建筑的质量通病及其预防措施

一、预埋管道堵塞

现象：主体预埋的电视、电话管线堵塞。

原因分析：①电视、电话分包单位进场时间较晚，未在土建做地面找平层前穿线；②未做好预埋交接，与分包单位的责任未划清。

预防措施：①应要求电视、电话等分包单位跟上砌体进度，并应在土建施工地面找平层前进场安装。②做好预埋的交接工作，分清责任，进行签认。

二、消防设备安装不牢

现象：消防栓、手动报警按钮、插孔电话等设备安装不牢固。

原因分析：①消防火灾报警设备安装时，土建装修未完成。②土建装修完成后，没有安排水电工进行检查固定。

预防措施：①必须配合土建装修工程的施工进度进行安装。②工程验收前应重新检查固定，在贴瓷砖墙上打孔，必要时应要求土建配合，在螺钉固定位置的墙面瓷砖上切口。

三、探头反应慢

现象：烟、温度探头产生误报或返回信号慢，电压太低。

原因分析：①因潮湿，易产生误动作。②线路连接错误，线路连接不牢，线路长，线径较小。

预防措施：①必须保持安装场所干燥。②线路颜色必须分清，连接牢固。计算线路的电压损失，必要时需加大线径，测量线路末端的电压。

四、镀锌线槽连接

现象：弱电镀锌线槽的连接质量问题。

原因分析：①镀锌线槽材质比较薄，连接板不配套。②弯头、三通现场制作质量较差，连接板没有加弹簧垫圈。

预防措施：①订货时应注意配套，到现场交接验收。②连接板螺母应在线槽外侧，镀锌线槽连接板处不需要接跨接线，但每边应不少于1个弹簧垫圈。

五、显示灯的安装不符合设计

现象：消防疏散通道、安全出口楼层显示灯的安装距离不符合设计。

原因分析：①消防疏散通道、安全出口指示灯指示方向错误，位置不合。②楼层无显示灯或层号牌。

预防措施：①图纸会审时，应注意消防疏散通道指示灯安装位置和指示方向是否正确，汽车车库流与人流疏散方向分别设置方向灯，高层建筑的疏散走道和安全出口处应设灯光疏散批示标志，疏散走道的标灯间距不宜大于20m。②楼层应设显示灯或层号牌。

资源8.65

资源8.66

资源8.67

参 考 文 献

[1] 中华人民共和国住房和城乡建设部，中华人民共和国国家质量监督检验检疫总局. 建设工程监理规范：GB/T 50319—2013 [S]. 北京：中国建筑工业出版社，2013.

[2] 中华人民共和国住房和城乡建设部，中华人民共和国国家质量监督检验检疫总局. 建筑工程施工质量验收统一标准：GB 50300—2013 [S]. 北京：中国建筑工业出版社，2014.

[3] 中国建设监理协会. 建设工程监理概论 [M]. 3版. 北京：知识产权出版社，2019.

[4] 中国建设监理协会. 建设工程质量控制 [M]. 4版. 北京：中国建筑工业出版社，2019.

[5] 中国建设监理协会. 建设工程投资控制 [M]. 4版. 北京：中国建筑工业出版社，2019.

[6] 中国建设监理协会. 建设工程监理相关法规文件汇编 [M]. 4版. 北京：中国建筑工业出版社，2019.

[7] 中国建设监理协会. 建设工程进度控制 [M]. 4版. 北京：中国建筑工业出版社，2019.

[8] 何亚伯. 土木工程监理 [M]. 武汉：武汉大学出版社，2015.

[9] 关群，马海滨，何夕平. 建设工程监理 [M]. 武汉：武汉大学出版社，2018.

[10] 张向东，齐锡晶. 工程建设监理概论 [M]. 3版. 北京：机械工业出版社，2016.

[11] 马志芳. 工程建设监理概论 [M]. 北京：人民邮电出版社，2015.

[12] 李峰，等. 建设工程质量控制 [M]. 2版. 北京：中国建筑工业出版社，2013.

[13] 庄民泉，林密，等. 建设监理概论 [M]. 北京：中国电力出版社，2010.

[14] 刘志麟，等. 工程建设监理案例分析教程 [M]. 2版. 北京：北京大学出版社，2017.

[15] 张瑞生. 建筑工程质量控制与检验 [M]. 武汉：武汉理工大学出版社，2017.

[16] 闫超君，张茹，张亦军. 建筑工程质量控制与安全管理 [M]. 郑州：黄河水利出版社，2013.

[17] 米胜国. 建设工程质量控制 [M]. 北京：石油工业出版社，2013.

[18] 苑敏. 建设工程质量控制 [M]. 北京：中国电力出版社，2014.

[19] 林滨滨，郑嫣. 建设工程质量控制与安全管理 [M]. 北京：清华大学出版社，2019.

[20] 王先恕. 建筑工程质量控制 [M]. 南京：南京大学出版社，2015.